Zero
Basis

零基础学
微信小程序开发

岂超凡◎著

 机械工业出版社
China Machine Press

图书在版编目（CIP）数据

零基础学：微信小程序开发 / 岂超凡著 . —北京: 机械工业出版社，2020.1（2021.10 重印）

ISBN 978-7-111-64170-4

I. 零… II. 岂… III. 移动终端－应用程序－程序设计 IV. TN929.53

中国版本图书馆 CIP 数据核字（2019）第 253334 号

零基础学：微信小程序开发

出版发行：机械工业出版社（北京市西城区百万庄大街 22 号 邮政编码：100037）

责任编辑：赵 静 责任校对：殷 虹

印 刷：北京捷迅佳彩印刷有限公司 版 次：2021 年 10 月第 1 版第 2 次印刷

开 本：185mm × 260mm 1/16 印 张：21.25

书 号：ISBN 978-7-111-64170-4 定 价：79.00 元

客服电话：（010）88361066 88379833 68326294 投稿热线：（010）88379604

华章网站：www.hzbook.com 读者信箱：hzjsj@hzbook.com

前　言

　　微信小程序 2016 年由微信创始人张小龙提出，2017 年第一批微信小程序正式上线。随着互联网的高速发展以及微信小程序"用完即走"的良好用户体验，微信小程序迅速发展、聚集了大量的用户和开发者。越来越多的人想要开发一款属于自己的微信小程序，微信小程序开发者也成为稀缺人才，很多相关人员和零基础人员也想快速踏入微信小程序的行列。本书将帮助你快速掌握微信小程序的开发知识点，通过实战项目，快速掌握微信小程序开发。

　　本书从微信小程序的结构及其常用的 API 开始，讲解了微信开发工具各面板的功能和使用、常用框架的搭建、UI 组件的功能和使用、API 的使用、事件的监听和处理、数据的交互和处理等知识点。书中包含大量的实战项目，方便读者更快地掌握微信小程序的知识运用、项目接口和各种功能模块的编写思路。

　　因作者水平和成书时间有限，书中难免有疏漏和不当之处，敬请指正。

本书特色

1.内容覆盖全面

　　本书涵盖了微信小程序前端开发的相关技术，从微信的页面功能和框架讲起，介绍了微信小程序的数据展示处理、事件处理、UI 组件的功能和使用、API 的使用等，并在之后的实战项目中进行综合应用，由浅入深，从初步学习到彻底掌握，让初学者一步一步地快速掌握微信小程序开发。

2.大量实战项目

　　本书涵盖了大量不同类型的实战项目以及多个 Demo，以便读者根据项目的难易程度，由易到难地进行全方位的综合练习。从项目开发的角度，引导初学者快速掌握微信小程序开发的思考方式和相关知识点的使用技巧，掌握框架的搭建以及项目的调试。

3.讲解循序渐进

　　本书根据微信小程序的知识点进行了整体梳理，然后拆分出项目结构、数据处理、事件处理、UI 组件和 API 使用，分步骤、分模块地进行讲解，最后通过由易到难的项目进行综合练习，方便初学者快速理解、掌握。

4.配有视频讲解

　　为了提高学习效果，作者针对书中内容专门录制了大量视频（见华章官网），供读者快速掌握案例开发，加快学习进度。

5.读者交流学习

读者可以加入 QQ 群——21948169，群内有众多编程爱好者，大家可以在里面讨论问题、分享经验、结交朋友，一起更快更好地学习。

本书内容及体系结构

本书分为两篇。第一篇为基础知识，包括第 1～4 章。

第 1 章主要介绍微信小程序的发展历程以及开发微信小程序需要哪些准备工作。通过创建"Hello World"项目让读者掌握微信小程序的项目创建和管理，以及开发工具各功能面板的使用。

第 2 章主要讲解微信小程序的项目配置、各文件的功能和使用。读者可以了解数据展示和事件处理的方法，掌握微信小程序和各个页面的生命周期，并且通过通信录项目了解循环数据的搭建和模板的使用。

第 3 章主要介绍微信小程序中常用的 UI 组件的功能和使用，并且通过计算器项目让读者了解控件的使用、事件的响应和数据的展示处理。

第 4 章分类介绍微信小程序提供的 API 及其使用，通过九宫格选图项目，让读者掌握 API 的使用以及控件的摆放。

第二篇为实战案例，包括第 5～10 章，通过实战项目帮助读者掌握微信小程序开发，巩固前面所学的知识。

第 5 章通过新闻阅读项目，让读者掌握使用 tabBar 进行结构搭建，掌握滚动视图的使用、数据的获取和处理、用户信息的获取以及对项目 UI 控件的排列和使用。

第 6 章通过单车共享项目，让读者掌握地图 API 的综合使用、项目框架的搭建，以及 API 的使用。

第 7 章通过视频快讯项目，让读者掌握 tabBar 项目的结构搭建、滚动视图的使用、重复样式的代码抽取，熟悉项目开发的流程。

第 8 章通过云音乐项目，让读者学会使用音乐播放 API、自定义音乐播放控件、了解页面之间的跳转逻辑、掌握项目 UI 控件的排列和使用、熟悉项目开发的流程。

第 9 章通过对商城购物的讲解，让读者能够根据整体项目代码的逻辑进行拆分，学会调试项目。

第 10 章通过对外卖配送的讲解，让读者加深对整体项目代码的拆分思路的理解，学习如何对功能页面搭建框架，以及如何调试项目。

读者对象

- ❏ 微信小程序开发人员
- ❏ 前端设计工程师
- ❏ JavaScript 程序员
- ❏ 互联网创业人员
- ❏ 移动端程序员

目　　录

励志照亮人生　编程改变命运

第二篇　实战案例

励志照亮人生 编程改变命运

第一篇
基础知识

第1章 认识微信小程序

当今，微信的普及程度已经很高了，几乎所有人的手机里都会安装微信，每天都有很多人使用微信聊天、工作、支付。2017年，微信发布了微信小程序，它属于微信公众号体系。

1.1 微信小程序介绍

微信小程序是一种依托微信而建的、不需要安装的、随用随走的轻应用。随着网络的高度发展以及浏览器内核的优化，轻应用的微信小程序在这几年快速发展，像点餐，查、发快递，公交、地铁出行等小程序已经融入人们的生活，并且众多功能类的公众号，都开发出了对应的微信小程序，如中通快递的小程序等。

1.1.1 什么是微信小程序

"微信之父"张小龙这样定义微信小程序：微信小程序是一种不需要安装、下载即可使用、用完不需要卸载的应用，用户可以通过扫一扫或者搜索来打开应用，不使用的时候直接关闭即可，体现了"触手可及"的梦想和"用完即走"的理念。

从目前来看，微信小程序的实现方式是对HTML进行UI元素和功能的封装，用户打开的小程序其实是一个特殊的网页，并且微信对浏览器的内核做了专门的优化，这样使微信小程序的流畅度和用户体验感比普通的HTML页面更快，响应更好。例如，调用微信小程序提供的传感器API即可使用手机的传感器等。

在未来的发展中，个人移动设备的普及和数据网络传输速度的提升，使得网页类的应用体验和流畅度逼近原生应用，而且一套代码同时适配各种平台，可以大大地降低开发时间和开发成本，这些因素都会使网页应用开发更加普及。

1.1.2 微信小程序的发展历史

2016年1月11日，张小龙指出，越来越多的产品通过公众号来做，因为在这里开发、获取用户和传播的成本更低。拆分出来的服务号并没有提供更好的服务，所以微信内部正在研究新的形态——

微信小程序。

2016 年 9 月 21 日，微信小程序正式开启内测。在微信生态下，触手可及、用完即走的微信小程序引起广泛关注。

2017 年 1 月 9 日，万众瞩目的第一批微信小程序正式上线。

2018 年 12 月 28 日，微信更新 6.6.6 版本增加微信小游戏，使用户可以像使用微信小程序一样体验微信小游戏。

1.1.3　微信小程序的功能和应用场景

根据微信开发文档提供的 API 来看，像获取用户信息、拍照、图片选取、地图展示导航、视频录制播放、音频录制播放等都是可以实现的；而且因为微信小程序是依托网页来开发的，所以在网页端可以实现的，在小程序端也可以实现。微信小程序对应用的大小是有要求的，一般要求上传后的小于 1MB，所以一些音视频都需要从网络获取，而不能直接存放在本地。借助微信与其他公众号的账号体系，可以使用微信小程序来做功能，而使用公众号等来做运营、推广。

微信小程序目前已经拥有了广泛的应用场景，小到像商家平台的在线购物，出行的公交、地铁扫码，大到像 58 同城等租房求职，都可以通过微信小程序来完成。

1.2　微信小程序开发准备

了解了微信小程序的应用场景和功能后，是不是已经迫不及待地想要开发一款自己的微信小程序了。开发微信小程序需要掌握 HTML、CSS 和简单的 JavaScript 知识，下面就先来介绍一下开发微信小程序需要哪些准备工作。

1.2.1　基础准备

要进行微信小程序开发，首先要成为小程序开发者。登录微信公众平台，注册成为小程序开发者。具体操作如下：

打开网址 https://mp.weixin.qq.com/，单击"立即注册"->"小程序"，然后填写信息、激活邮箱，如图 1-1、1-2 所示。

目前，微信小程序的注册发布主体包含企业、政府、媒体、其他组织等机构，个人也可以注册发布小程序。主体一经确认不能修改，所以要慎重。

个人账号无法进行微信认证，其他类型的账号必须进行微信认证才可以发布微信小程序。个人账号目前可以发布微信小程序，但是不具备支付功能。微信认证的官方时间为 10～15 个工作日，但是实际上一般 1～3 个工作日即可完成。

登录微信小程序账号，在"设置"->"基本设置"中可以对微信小程序的信息进行编辑、修改，但需要注意的是，修改是有次数限制的，具体可以参见"说明"部分。如小程序的名称一年只能修改 2 次，小程序的头像一个月只能修改 5 次。具体如图 1-3 所示。

在"服务类目"中，各个主体的服务类目各有不同，并且个人开发者的服务类目会随相关政策的变化而变化。

图 1-1　注册小程序

图 1-2　注册成为小程序开发者

图 1-3　小程序基本配置

　　在"暂停服务设置"中，可以对已经上线的小程序进行"可以访问""不可以访问"等操作。

　　微信为小程序开发提供了专门的开发工具，在这个开发工具中，可以进行开发调试、代码编写、运行效果演示及程序发布配置等。小程序开发工具登录网址 https://developers.weixin.qq.com/

miniprogram/dev/devtools/download.html 并根据电脑对应的操作系统进行下载安装即可，其中
Windows 系统分为 32 位和 64 位系统，苹果电脑系统为 mac 系统。如图 1-4 所示。

　　如果你有自己熟悉的 IDE 开发工具，也可以用它来编写代码，但是调试、运行效果演示、发
布配置等功能还是要在微信小程序开发工具中进行。

图 1-4　下载小程序开发工具

1.2.2　开发准备

　　登录微信小程序账号，在"用户身份"中可以增加、删除、编辑微信成员用户，也可以进行用
户相应权限的设置。成员人数是有限制的，如个人开发最多可以绑定 5 个开发者、10 个体验者，
已认证小程序最多可以绑定 20 个开发者、40 个体验者。如图 1-5 所示。

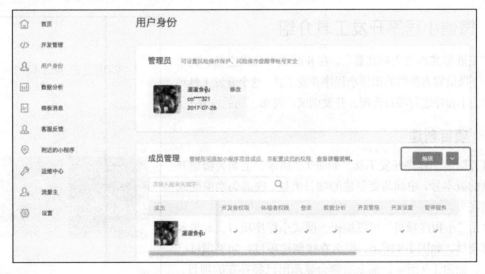

图 1-5　小程序用户身份配置

　　在"设置"->"开发设置"中，可以查看小程序的 AppID，它是小程序的唯一标识符，在创建

微信小程序的时候要用到。

"服务器域名"配置，即微信小程序访问服务器时用到的域名，注意每个月只能修改 5 次，且只能使用 https，不能使用 IP 地址或端口号，只能使用域名的方式。如图 1-6 所示。

图 1-6 小程序 AppID 和域名配置

1.3 微信小程序开发工具介绍

"工欲善其事必先利其器"，在开始编写代码之前，先来了解一下微信官方提供的微信小程序开发工具，这个开发工具可以对微信小程序进行项目管理、开发调试、发布、功能设置等。

1.3.1 项目创建

打开微信小程序开发工具，如图 1-7 所示。上面为微信开发工具的版本号，中间为要创建的项目类型，底部为当前登录的微信账号。

单击"小程序项目"可以编辑、调试小程序项目。如果本地没有项目，如图 1-8 所示，那么直接创建项目；如果项目已经存在，如图 1-9 所示，那么右侧会显示出已经存在的项目，包括程序的首页截图，项目的 Logo、名称和路径，单击右下角的"+"创建新的项目。

图 1-7 微信开发工具首页

也可以单击"管理项目",然后单击右下角的"新增"来创建新的项目,如图 1-10 所示。

图 1-8　本地不存在项目　　　　　　　　　　图 1-9　本地存在项目

图 1-10　利用项目管理新增项目

如果已经打开了项目,可以单击菜单栏中的"项目"->"新建项目"来新建项目。如图 1-11 所示。

图 1-8 中"项目目录"栏指的是项目存放的路径。AppID 就是我们在 1.2.2 节开发准备中所提到的(在"设置"->"开发设置"中查看 AppID),不填写 AppID 的话会有部分功能不能使用,如预览、上传等。"项目名称"即项目的名字,与发布后显示的名字无关。

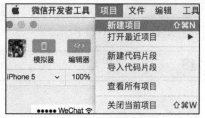

勾选"建立普通快速启动模板",系统会帮你建立一个小的 Demo。

需要注意的是,最好将每一个项目都单独存放在一个目录下,同一个目录下不要存放多个项目,并且项目名称与项

图 1-11　利用菜单栏新建项目

目路径中最好不要使用中文。

1.3.2　项目删除

如果想删除项目，首先到如图 1-10 所示的项目管理页面，然后单击项目后面的"垃圾桶"图标进行删除，或者选中项目，单击左下角的"删除"。

单击菜单栏中的"查看所有项目"，如图 1-12 所示，可以进入如图 1-9 所示的页面，然后单击"管理项目"进入如图 1-10 所示的项目管理页面。

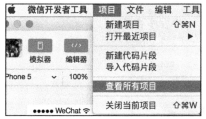

注意，微信小程序提供的项目删除功能不会删除本地文件，所以建议再手动删除本地项目文件。

图 1-12　利用菜单栏查看所有项目

1.3.3　开发工具界面介绍

打开项目，如图 1-13 所示。

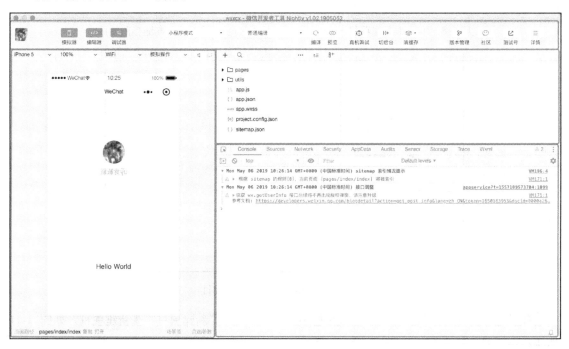

图 1-13　打开项目

上面为工具栏，左侧为模拟器窗口，右上为代码编辑窗口，右下为调试窗口。

工具栏如图 1-14 所示。

图 1-14　工具栏

从左往右开始介绍工具栏：首先是当前开发者的微信头像，可以查看接收的信息。然后是控制模拟器、编辑器、调试器窗口的开关，单击可以进行对应窗口的打开、关闭操作。往右是开发模式的选择，这里创建的是小程序，所以显示的是小程序模式。再往右是编译、预览，可以自定义编译模式来模拟用户进入小程序的状态，如扫描进入，单击分享进入等。预览则会生成一个二维码，用手机微信 App 扫描可以在真机上进行演示。

真机调试即手机远程调试，与预览效果差不多，区别是远程调试的打印日志会显示在电脑端的调试面板中。

切后台是模拟用户进入后台的各种效果、用户来电等情况。清缓存是模拟用户清除登录信息、存储信息、授权信息等情况。

模拟器窗口如图 1-15 所示。

左上角可以切换模拟器的屏幕尺寸，以查看不同分辨率下的页面展示效果，也可以进行自定义操作。往右是一个百分比，指定屏幕的缩放显示比例。单击右上图标可以把窗口独立出来，方便调整位置。

编辑窗口如图 1-16 所示。

左侧为文件目录，右侧为当前打开的文件内容。

调试窗口如图 1-17 所示，与网页端的调试一模一样。

单击窗口右上角的按钮可以使窗口独立出来，方便开发者移动位置。

图 1-15　模拟器窗口

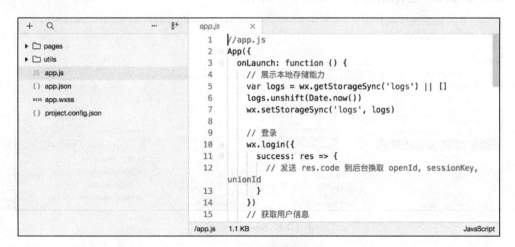

图 1-16　编辑窗口

1.3.4　项目调试介绍

Console 面板：用于打印调试，如图 1-18 所示。

图 1-17　调试窗口

图 1-18　Console 面板

当代码有错误的时候，错误信息会显示在 Console 面板中。同时，当执行 console.log()打印代码的时候，也会把里面的内容显示在 Console 面板中，也可以在 Console 面板中输入 JavaScript 代码并执行。

Sources 面板：进行断点调试，如图 1-19 所示。

图 1-19　Sources 面板

左侧显示的是项目的文件目录；中间是某个文件的内容，文件内容的左侧有行数标识，点击行数标识可以添加断点，进行断点调试；右侧 Watch 可以查看某个元素值的变化，Watch 上面的按钮控制单步执行和断点执行。

Network 面板：用于网络查看，如图 1-20 所示。

图 1-20 Network 面板

查看发送的网络请求及参数、接收到的响应信息等具体情况，也可以看到每个请求的用时等详细情况。

Wxml 面板：用于查看页面元素，如图 1-21 所示。

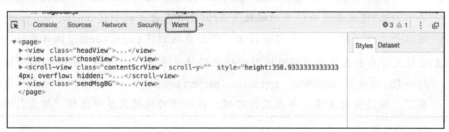

图 1-21 Wxml 面板

查看页面上的元素的结构，查看 CSS 样式等，调试面板左上角的图标可以快速地选择要查看的 Wxml 元素。

AppData 面板：用于查看当前页面的全局数据，如图 1-22 所示。

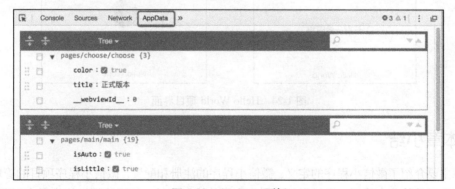

图 1-22 AppData 面板

可以实时地查看当前页面的数据值，方便观察数据的变化情况。

1.4　项目实战："Hello World" 项目

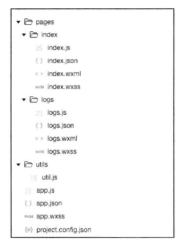

　　本节创建了一个原始项目，创建项目的步骤如下：

　　（1）利用微信内置的模板，创建一个 Demo 项目。详细步骤同 1.3.1 节描述的项目创建那样。切记在创建的项目中勾选"建立普通快速启动模板"（如图 1-8 所示）。利用系统模板创建出来的项目的结构如图 1-23 所示。

　　（2）在模拟器中运行，单击"获取头像昵称"，模拟器会展示当前用户的头像昵称，在下面显示"Hello World"文字。

　　（3）使用"Xml 面板"查看元素，使用"Sources 面板"对项目进行断点调试。项目界面如图 1-24 所示。

图 1-23　系统项目模板目录

注意

❑ 此模板会自动创建 index 页面和 logs 页面，其中首页展示的是 index 页面，点击用户头像会跳转到 logs 页面，utils 为工具类。

❑ 其中 app.js、app.json、app.wxss、project.config.json 为系统文件，模板会自动创建，如果不勾选"建立普通快速启动模板"，则需要开发者手动创建 app.js、app.json、app.wxss 这三个文件，但不论是否勾选该项，都会自动创建 project.config.json 文件。

❑ 项目文件存放在创建项目时填写的项目路径目录下，项目的文件结构与项目的层级结构一致。app.js、app.json、app.wxss、project.config.json 文件单独存放在项目路径文件夹下。快速查看方法：单击鼠标右键，在打开的快捷菜单中选择"硬盘打开"。

图 1-24　Hello World 项目界面

1.5　本章小结

　　本章主要介绍了微信小程序的定义、微信小程序的注册和配置、微信小程序项目的管理、微信小程序开发工具的基本使用。通过微信小程序内置的模板项目，练习使用微信小程序开发工具。

第 2 章　微信小程序项目结构配置

微信小程序在快速创建的时候就提供了一个简单的 Demo 项目，项目文件结构如图 2-1 所示。本章将基于微信小程序提供的这个 Demo 项目，深入地了解微信小程序项目文件的作用和配置，以及项目框架搭建的合理性。

2.1　文件介绍

微信团队为微信小程序的文件创建了单独的后缀类型：.wxml和.wxss。这两种文件后缀只有微信小程序能够识别，但是这两种文件又分别与网页中的.html 和.css 文件对应，并且使用方法也几乎一致。在以.js 和.json 为后缀的文件中，微信团队并没有对其做后缀的更改，与网页中的文件后缀一致。在微信小程序中，代码文件就是这四种，并且每一个独立的页面都拥有这四个文件（.wxml、.wxss、.js、.json）。同一个页面，这四个文件的文件名必须相同，微信团队在内部对这四个文件进行了关联，并且每一个页面都有其独立的作用域。因为微信小程序运行在微信应用的内核中，如果用浏览器打开的话，会无法解析，所以微信小程序只能运行在微信应用中。

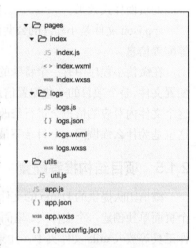

图 2-1　Demo 项目文件结构

2.1.1　.wxml 后缀的结构文件

.wxml 文件是微信团队自创的一种文件格式，这个文件的功能与网页端的.html 文件的功能是一样的，都是用来存放页面上的组件、元素的。不同的地方是微信小程序的.wxml 文件不能存放 JavaScript 代码，并且没有头和体的概念，只能存放组件和行内 CSS 样式。

2.1.2　.wxss 后缀的样式文件

.wxss 文件是微信团队自创的一种文件格式，这个文件的功能与网页端的.css 文件的功能是一样的，都是用来设置元素样式的。而且，网页的布局、元素、属性、选择器等都与网页端的.css 文件一致，也就是说，完全可以将网页的布局和选择器用于微信小程序的布局和选择器，且两者的布局和选择器可以互用。

app.wxss 文件是一个外链的样式文件，可以不必在其他文件中单独引入而直接作用其样式，对应的样式级别也是最低的，一般用来存放全局的公共样式。

2.1.3　.js 后缀的逻辑文件

.js 文件书写业务逻辑代码，单击、滑动、上下拉刷新等事件执行代码。.js 文件用 JavaScript

代码书写，遵从 JavaScript 语法和规范。

官方在 JavaScript 的基础上增加了一些封装，例如 APP({})和 Page({})等，还提供了丰富的 API，如图片选择、扫一扫等，使得微信小程序开发起来更加简单、方便。

app.js 文件是比较特殊的，它是微信小程序的入口文件，掌控整个小程序的生命周期，同时有一些全局的属性、变量也存放在这个文件中。

2.1.4 .json 后缀的配置文件

.json 是一种数据格式，微信小程序单独把.json 数据拿出来，根据定义的.json 数据字段来创建不同的页面样式效果。

app.json 文件是小程序的公共配置文件，决定了可以加载的页面、导航栏样式、网络超时时间等配置信息。

在微信小程序中有一个特殊的.json 文件，即 project.config.json，这个文件是整个微信小程序的配置文件，整个项目的一些配置信息都存放在这个文件夹中。当在微信开发工具中进行配置修改时，这个文件内对应的值也会进行修改，并且在一个项目目录下，只能存在一个 project.config.json 文件，这也是为什么强调同一个目录下最好只有一个项目，以防 project.config.json 文件冲突。

2.1.5 项目结构推荐配置

微信团队提供的 Demo 的文件目录分得非常清晰，页面单独存放在 pages 文件夹下，然后每一个页面单独创建一个文件夹，里面的四个文件的文件名与文件夹名称一致。把用到的一些第三方插件工具等放入 utils 文件夹中，如果要使用图片的话，还可以单独创建一个 images 文件夹，把使用到的图片放在 images 文件夹中。

全局的文件 app.js、app.json、app.wxss、project.config.json 文件单独放在项目文件夹中即可，注意这几个文件是不可以更改文件名的，并且是唯一的。如图 2-2 所示。

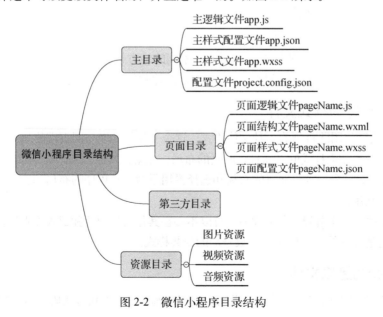

图 2-2　微信小程序目录结构

2.2　微信小程序配置

一个项目的网络请求超时时间、导航栏的样式等，一般都是统一的。对于统一的信息，修改一个地方就能达到所有的地方都被修改的效果，这样做才是最合理的，否则，一个地方一个地方地修改不仅麻烦还容易遗漏。在微信小程序中，app.json 和 app.wxml 就是用来进行统一的样式配置的。

2.2.1　样式配置

app.json 文件是统一的项目配置文件，每一个页面的配置文件为 pageName.json。app.json 文件的具体代码如下：

```
{
  "pages":[
    "pages/index/index",
    "pages/logs/logs"
  ],
  "window":{
    "backgroundTextStyle":"light",
    "navigationBarBackgroundColor": "#fff",
    "navigationBarTitleText": "WeChat",
    "navigationBarTextStyle":"black"
  }
}
```

pages 用来存放用到的所有页面的路径，写的是 pageName.wxml 的路径，但是不需要写后缀，系统会自动查找页面对应的其他文件。注意，最后一个不需要用 "," 分隔。第一个页面路径为首页显示的页面。

window 是窗口的样式设置，用来设置微信小程序的状态栏、标题、导航栏等的样式。颜色只接受十六进制的颜色值。其属性如表 2-1 所示，各属性对应的位置如图 2-3 所示。

表 2-1　window 的配置项

属性	类型	默认值	描述
navigationBarBackgroundColor	HexColor	#000000	导航栏背景颜色，如#000000
navigationBarTextStyle	string	white	导航栏标题颜色，仅支持 black/white
navigationBarTitleText	string		导航栏标题文字内容
navigationStyle	string	default	导航栏样式，仅支持以下值：default 为默认样式；custom 为自定义样式，这种情况下只保留右上角胶囊按钮
backgroundColor	HexColor	HexColor	窗口的背景色
backgroundTextStyle	string	dark	下拉 loading 的样式，仅支持 dark/light
backgroundColorTop	string	#ffffff	顶部窗口的背景色，仅 iOS 支持
backgroundColorBottom	string	#ffffff	底部窗口的背景色，仅 iOS 支持
enablePullDownRefresh	boolean	false	是否开启当前页面下拉刷新
onReachBottomDistance	number	50	页面上拉触底事件触发时距页面底部距离，单位为像素（px）

图 2-3　window 各属性的位置

　　tabBar 是多 tab 应用时使用的，用户可以在微信小程序的底部切换页面，建议最少 2 个，最多 5 个。其属性如表 2-2 所示，各属性对应的位置如图 2-4 所示。

表 2-2　tabBar 属性

属性	类型	必填	默认值	描述
color	HexColor	是		tab 上的文字默认颜色，仅支持 16 进制颜色
selectedColor	HexColor	是		tab 上的文字选中时的颜色，仅支持 16 进制颜色
backgroundColor	HexColor	是		tab 的背景色，仅支持 16 进制颜色
borderStyle	string	否	black	tabBar 上边框的颜色，仅支持 black/white
list	Array	是		tab 的列表，详见 list 属性说明，最少 2 个、最多 5 个
position	string	否	bottom	tabBar 的位置，仅支持 bottom/top

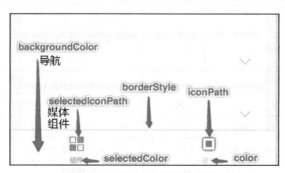

图 2-4　tabBar 各属性的位置

其中 list 存放的是单个 tab 页面的图标、文字和路径，属性如表 2-3。

表 2-3　list 属性

属性	类型	必填	描述
pagePath	string	是	页面路径，必须先在 pages 中定义
text	string	是	tab 上按钮文字
iconPath	string	否	图片路径，icon 大小限制为 40kB，建议尺寸为 81*81 像素，不支持网络图片，当 postion 为 top 时，不显示 icon
selectedIconPath	string	否	选中时的图片路径，icon 大小限制为 40kB，建议尺寸为 81*81 像素，不支持网络图片，当 postion 为 top 时，不显示 icon

2.2.2　其他配置

networkTimeout 用于网络超时设置。多长时间内接收不到服务器的数据响应，即为网络超时。其属性如表 2-4 所示。

表 2-4　networkTimeout 属性

属性	类型	必填	默认值	描述
request	number	否	60000	wx.request 的超时时间，单位：毫秒
connectSocket	number	否	60000	wx.connectSocket 的超时时间，单位：毫秒
uploadFile	number	否	60000	wx.uploadFile 的超时时间，单位：毫秒
downloadFile	number	否	60000	wx.downloadFile 的超时时间，单位：毫秒

debug 调试信息设置值只有"true"或"false"，默认为"true"。在开发者工具的控制面板中，调试信息以 info 的形式给出，帮助开发者快速定位一些常见的错误问题。

2.2.3　页面配置

上面所说的配置都是全局的配置，如果想单独设置某个页面的样式，就要配置该页面的 pageName.json，这个配置会覆盖 app.json 对应的属性的配置，属性如表 2-5。

表 2-5　页面配置属性

属性	类型	默认值	描述
navigationBarBackgroundColor	HexColor	#000000	导航栏背景颜色，如#000000
navigationBarTextStyle	string	white	导航栏标题颜色，仅支持 black/white
navigationBarTitleText	string		导航栏标题文字内容
navigationStyle	string	default	导航栏样式，仅支持以下值：default 为默认样式；custom 为自定义样式，这种情况下只保留右上角胶囊按钮
backgroundColor	HexColor	#ffffff	窗口的背景色
backgroundTextStyle	string	dark	下拉 loading 的样式，仅支持 dark/light

（续）

属性	类型	默认值	描述
enablePullDownRefresh	boolean	false	是否开启当前页面下拉刷新
onReachBottomDistance	number	50	页面上拉触底事件触发时距页面底部距离，单位为像素
disableScroll	boolean	false	设置为 true 则页面整体不能上下滚动。只在页面配置中有效，无法在 app.json 中设置

注意 在页面配置中没有网络超时和pages的配置，也没有tabBar的配置，这意味着在二级页面是没有办法使用系统的tabBar的。

2.3 生命周期函数

用户使用微信小程序时，可能会把它分享出去，也可能会把它放入后台。这样的每一个状态，在微信提供的系统函数中都有唯一对应的系统函数。整体生命周期如图 2-5 所示。

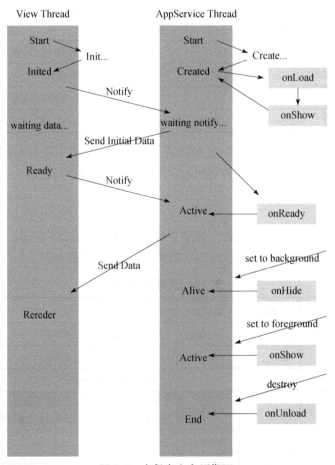

图 2-5 小程序生命周期图

2.3.1　小程序的生命周期函数

微信小程序的生命周期函数监听的是整个微信小程序的状态，所以微信小程序生命周期的系统函数都要在 app.js 中调用，并且要放入 "APP({ })"。

- ❑ onLaunch: function() { }：当微信小程序初始化完成时，会触发此函数，且全局只触发一次。
- ❑ onShow: function() { }：当微信小程序启动，或者从后台进入前台时，会触发此函数。
- ❑ onHide: function() { }：当微信小程序从前台进入后台时，会触发此函数。
- ❑ onError: function(msg) { }：当微信小程序发生错误，或者 API 调用失败时，会触发此函数。msg 会携带错误信息。

2.3.2　各页面的生命周期函数

页面的生命周期函数监听的是当前页面的状态，所以各页面的生命周期函数都要在 pageName.js 中调用，并且要放入 "Page({ })"。

- ❑ onLoad: function(){}：当页面初始化完成时，会触发此函数，且一个页面只会在创建完成后触发一次。
- ❑ onReady: function(){}：当页面初次渲染完成时，会触发此函数。
- ❑ onShow: function(){}：监听页面的显示，只要页面显示就会触发此函数。
- ❑ onHide: function(){}：监听页面的隐藏，只要页面隐藏就会触发此函数。
- ❑ onUnload: function(){}：监听页面的卸载，只要页面被释放掉就会触发此函数。
- ❑ onPullDownRefresh: function(){}：当用户进行下拉刷新时，会触发此事件。
- ❑ onReachBottom: function(){}：当用户进行上拉刷新时，会触发此事件。
- ❑ onShareAppMessage: function(){}：当用户单击进行分享时，会触发此事件。

2.4　数据渲染

把 JavaScript 中的数据直接在 HTML 中显示，这样就可以动态地设置、修改 HTML 中 DOM 的元素值，方便把逻辑代码与界面分开，达到解耦的效果。

2.4.1　数据绑定

在 DOM 元素中，将.js 文件中 data 里面的 key 存放在两个大括号 "{{}}" 中（"{{key}}"），在页面渲染的时候，会自动把.js 中 data 里面的 key 对应的值渲染到页面中。

.wxml 文件的代码如下：

```
<view> {{ key }} </view>  <!-- 显示效果为 hello world -->
```

.js 文件的代码如下：

```
Page({
  data:{
    key: "hello world"
  }
})
```

组件属性引用也要写在两个大括号中。

.wxml 文件的代码如下：

```
<view id="item-{{id}}">   </view>
Page({
  data:{
    id: number,
  }
})
```

在两个大括号中也可以是一些简单的算术运算符、三目运算符、比较运算符等，代码如下：

```
<!-- 三目运算符 -->
<view hidden="{{ flag ? true : false }}"> </view>
<!-- 算术运算 -->
<view> {{ num1 + num2}} </view>     <!-- 显示内容为 3 -->
Page({
  data:{
    num1:1,
    num2:2,
  }
})
<!-- 字符串运算 -->
<view> {{"hello" + key}} </view>          <!-- 显示效果为 hello world -->
```

2.4.2　条件渲染

可以使用 wx:if=" {{ key }}"来控制整体组件的显示和隐藏效果。key 值会自动转为 boolean 类型，当为 true 时则组件显示，当为 false 时则组件隐藏。也可以使用<block wx:if="{{ key }}"> </block>来控制整个 block 标签内部的显示和隐藏。block 并不是一个组件，而是一个包装元素、组件的标签。

使用 hidden 样式隐藏的话，组件始终会被创建渲染，而使用 wx:if 则不会，所以在高频率的切换中，最好使用 hidden 来处理。

2.4.3　列表渲染

循环渲染可以传递一个数组，一次渲染出多个同类型的组件。默认数组当前项的下标变量名为 index，数组当前每一项的变量名默认为 item，可以通过 item 获取当前项的内容，代码如下：

```
<view wx:for="{{array}}" wx:for-index="ind" wx:for-item="itemName">
  {{ind}}: {{itemName.message}}
</view>
Page({
  data:{
    array:[
        {message:'qi'},      // 一个 item
        {message:'chao'},,    // 一个 item
        {message:'fan'},,     // 一个 item
        ]
    }
  })
      <!--显示效果 -->
```

```
1:qi
2:chao
3:fan
```

使用 wx:for 时列表的位置会动态改变，所以为了保存组件的特征和状态，需要使用 wx:key 来指定列表中项目的唯一标识符，如果不提供 wx:key 会提出一个警告。也可以使用<block wx:for="{{array}}"> </block>来循环创建整个 block 内部的内容。

2.5 事件

事件一般是把用户交互的行为传递给代码逻辑层，代码逻辑层处理用户交互的行为后，再表现在界面上，例如当用户单击注册按钮，那么单击注册按钮就是一个事件。在微信小程序中，微信专门定义了很多事件，可以把这些事件绑定到任意元素上。微信小程序事件如表 2-6 所示。

表 2-6　微信小程序事件

类型	触发条件
touchstart	手指触摸动作开始
touchmove	手指触摸后移动
touchcancel	手指触摸动作被打断，如来电提醒、弹窗
touchend	手指触摸动作结束
tap	手指触摸后马上离开
longpress	手指触摸后，超过 350 ms 再离开，如果指定了事件回调函数并触发了这个事件，tap 事件将不被触发
longtap	手指触摸后，超过 350 ms 再离开（推荐使用 longpress 事件代替）
transitionend	会在 WXSS transition 或 wx.createAnimation 动画结束后触发
animationstart	会在一个 WXSS animation 动画开始时触发
animationiteration	会在一个 WXSS animation 一次迭代结束时触发
animationend	会在一个 WXSS animation 动画完成时触发
touchforcechange	在支持 3D Touch 的 iPhone 设备中，重按时会触发

所有的事件类型为 EventHandle。当某个元素需要添加对应事件时，只需要在元素内添加即可在对应的.js 文件中接收到事件触发函数。事件绑定和事件冒泡如图 2-6 所示。

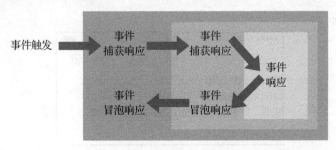

图 2-6　事件绑定与冒泡

事件绑定以"bind"或"catch"开头，然后再加上事件类型，例如 bindtap、catchtap。以 bind 开头的事件绑定不会阻止冒泡事件向上冒泡，以 catch 开头的事件绑定会阻止冒泡事件向上冒泡。

事件捕获以"capture-bind"或"capture-catch"开头，然后加上冒号再添加事件类型，例如 capture-bind:tap、capture-catch：tap。以 capture-bind 开头的事件捕获不会中断取消，以 capture-catch 开头的事件捕获会中断取消。

2.6 模板使用

有些页面的样子可能很类似，遇到这些页面时可以使用模板，把一样的元素单独拿出，方便其他页面重复利用。模板示例代码如下：

```
<!--index.wxml-->
<!-- 定义模板 -->
<template name='tempName'>
  <view>
    <text>城市：{{city}}</text>
    <text>邮编：{{encode}}</text>
  </view>
</template>
<!-- 使用模板 -->
<template is="tempName" data='{{...item1}}'/>
<template is="tempName" data='{{...item2}}'/>
<template is="tempName" data='{{...item3}}'/>
// index.js
Page({
  data: {
    item1: {
      city: '北京',
      encode: '100000'
    },
    item2: {
      city: '上海',
      encode: '200000'
    },
    item3: {
      city: '广州',
      encode: '510000'
    },
  },
})
```

效果如图 2-7 所示。

图 2-7 模板示例

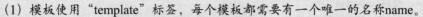

注意	(1) 模板使用"template"标签，每个模板都需要有一个唯一的名称name。 (2) 模板使用的格式是is='定义的模板名称'。 (3) 模板传递数据时需要在数据前加"...",并且不能传递数组,只能传递字典。

2.7 引用

在每个项目中,都可能会用到一些第三方文件,或者一些自己封装的文件,如果想使用这些文件就需要引用。在微信小程序中,提供了两种引用外部文件的方式,一种是 import,另一种是 include。

import:有作用域的概念,例如 A import B, B import C,那么 A 可以使用 B 中的内容也可以使用 C 中的内容。但是 B 不能使用 A 中的内容,C 也不能使用 B 中的内容。使用格式如下:

```
<import src='文件的路径'>
```

include:可以将目标文件除了 template 标签和.wxss 以外的整个代码拷贝一份,放到 include 位置。使用格式如下:

```
<include src='文件的路径'>
```

以下代码

```
<!-- index.wxml -->
<include src='head.wxml'>
<view>页面</view>
<include src='footer.wxml'>
<!-- 引用的文件 -->
<!-- head.wxml -->
<view>head</view>
<!-- footer.wxml -->
<view>footer</view>
```

等价于:

```
<!-- index.wxml -->
<view>head</view>
<view>页面</view>
<view>footer</view>
```

2.8 项目实战:通信录

展示一个本地的通信录。在.js 文件中书写数据,在.wxml 中通过 wx:for 来展示数据和 DOM 元素,在.wxss 中书写样式。项目效果如图 2-8 所示。

在写 wx:for 之前,首先完成一个组件的样式效果,然后直接加载数据,即可呈现所有的效果,代码如下:

.wxml 文件的代码:

```
<!-- 利用无意义的 block 标签来循环创建多个 -->
<block>
  <!-- 设置其中的一个 -->
  <view class='content'>
```

```
        <view class='name'>姓名：遛遛食</view>
        <view class='phone'>手机号：18500000000</view>
    </view>
</block>
```

图 2-8　通信录效果界面

.wxss 书写的样式：

```
/* 整体的样式 */
.content{
    width: 100%;/*让宽度充满整个屏幕*/
    padding: 10px 20px;/*设置内容的间距*/
    border-bottom: 1px solid lightgray;/*设置底部的线条*/
}
.content .name{
    color: black;
    font-size: 17px;
}
.content .phone{
    color: gray;
    font-size: 14px;
}
```

完成后的效果如图 2-9 所示。

图 2-9　通信录的一个效果

然后通过 wx:for 和.js 文件中的数据来达到多种效果。

.js 文件内容：

```
Page({
  data: {
    // 设置通信列表数据，"content"为数组名，"name"和"phone"为 json 数据的一个 key
    content:[{ "name": "qi", "phone": "18500000001" },
      { "name": "chao", "phone": "18500000002" },
      { "name": "fan", "phone": "18500000003" },
      { "name": "遛", "phone": "18500000004" },
      { "name": "遛", "phone": "18500000005" },
      { "name": "食", "phone": "18500000006" },
      { "name": "qichaofan", "phone": "18500000007" },
      { "name": "溜溜食", "phone": "18500000008" },
      { "name": "liuliushi", "phone": "18500000009" },
      { "name": "qi", "phone": "18500000001" },
      { "name": "chao", "phone": "18500000002" },
      { "name": "fan", "phone": "18500000003" },
      { "name": "遛", "phone": "18500000004" },
      { "name": "遛", "phone": "18500000005" },
      { "name": "食", "phone": "18500000006" },
      { "name": "qichaofan", "phone": "18500000007" },
      { "name": "溜溜食", "phone": "18500000008" },
      { "name": "liuliushi", "phone": "18500000009" },
    ],
  },
})
```

.wxml 中根据数据来展示内容：

```
<!--content 为.js 内的 content 数组，index 为默认下标 -->
<block wx:for="{{content}}" wx:key="{{index}}">
  <!--一个通信录数据 -->
  <view class='content'>
    <!--item 为默认的每一个数据，通过".name"取出数据 -->
    <view class='name'>姓名: {{item.name}}</view>
    <!--item 为默认的每一个数据，通过".phone"取出数据 -->
    <view class='phone'>手机号: {{item.phone}}</view>
  </view>
</block>
```

完成效果如图 2-10 所示。

2.9　本章小结

本章主要讲解了微信小程序各个文件的作用，如何搭建一个项目的整体框架，微信小程序生命周期的各个函数何时会触发调用，页面生命周期的各个函数何时会触发调用，以及在数据和逻辑分离后，数据如何动态渲染到页面上。相同的页面可以通过模板来创建。最后通过通信录项目把之前学到的知识点进行综合。需要注意的是，在列表渲染的时候，要先完成一个结构的搭建，然后再通过 block 列表渲染出多个。

图 2-10 通信录页面

第 3 章　微信小程序 UI 组件

　　一个页面是由各种 UI 组件组成的，UI 组件的各种样式、排列组成了许多漂亮的页面。可以说 UI 组件对于页面，就像骨架对于人体一样，起到了支撑的作用。本章主要介绍微信小程序提供了哪些 UI 组件，借助微信小程序已经封装好的一些 UI 组件，可以方便快速地进行页面的搭建。

3.1　基础视图组件

　　本节将介绍微信小程序最基础的视图组件，以及一些在微信小程序中会经常使用的视图组件，如 view、scroll-view、image、text、label、textarea、cover-view、cover-image。属性与值要写在.wxml 中，不能写在.wxss 中。

3.1.1　view 视图容器

　　view 组件类似于 HTML 中的 div 标签是最基础的 UI 组件，一般使用 view 来进行页面内容的区块划分。view 组件本身没有任何样式，全部需要通过 css 来手动定义。view 示例代码如下：

```
<!--index.wxml-->
<view class='red'>
  <view class='green'>green</view>
  <view class='blue'>blue</view>
</view>
<view class='orange'></view>
/**index.wxss**/
/* class='red'样式 */
.red{
  width: 100%;
  /* height: 100px; */
  background-color: red;
}
/* class='green'样式 */
.green{
  width: 100px;
  height: 100px;
  background-color: green;
}
/* class='blue'样式 */
.blue{
  width: 100px;
  height: 100px;
  background-color: blue;
}
```

```
/* class='orange'样式 */
.orange{
  width: 100%;
  height: 100px;
  background-color: orange;
}
```

效果如图 3-1 所示。

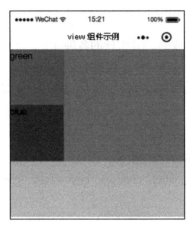

图 3-1 view 组件示例

view 组件的属性见表 3-1。

表 3-1 view 组件属性

属性名	类型	默认值	说明
hover-class	string	none	指定按下去的样式类。当 hover-class="none"时，没有点击态效果
hover-stop-propagation	boolean	false	指定是否阻止本节点的祖先节点出现点击态
hover-start-time	number	50	按住后多久出现点击态，单位：毫秒
hover-stay-time	number	400	手指松开后点击态保留时间，单位：毫秒

其中"hover-start-time"和"hover-stay-time"是为了满足长按触发的条件，"hover-class"可以帮助用户区分是否进行了单击操作。

注意 类型为number的只需要填写数值即可。数值需要写在引号中。

3.1.2 scroll-view 滚动视图容器

scroll-view 与 view 相同的地方在于两者都没有样式，都需要通过 css 手动自定义样式；不同的地方在于，如果 view 指定了大小，那么当内部的组件大于 view 的大小时，会默认超出显示，或者设置为不显示，并且 view 可以不指定大小，scroll-view 必须指定大小，而且，当内部的组件大于 scroll-view 的大小时，不会超出显示，可以进行滑动来查看多余的内容。一般 scroll-view 用于列表的展示，来进行滑动查看。scoll-view 示例代码如下：

```
<!--index.wxml-->
<scroll-view scroll-y='true'>
  <view class='red'>red</view>
```

```
  <view class='blue'>blue</view>
  <view class='green'>green</view>
</scroll-view>
/**index.wxss**/
/* scroll-view样式 */
scroll-view{
  width: 100%;
  height: 150px;
}
/* class='red'样式 */
.red{
  width: 100px;
  height: 100px;
  background-color: red;
}
/* class='blue'样式 */
.blue{
  width: 100px;
  height: 100px;
  background-color: blue;
}
/* class='green'样式 */
.green{
  width: 100px;
  height: 100px;
  background-color: green;
}
```

效果如图 3-2 所示。

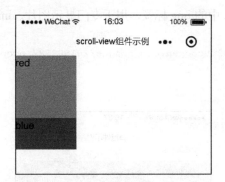

图 3-2　scroll-view 组件示例

scroll-view 组件的属性见表 3-2。

表 3-2　scroll-view 组件属性

属性名	类型	默认值	说明
scroll-x	boolean	false	允许横向滚动
scroll-y	boolean	false	允许纵向滚动
upper-threshold	number/string	50	距顶部/左边多远时，触发 scrolltoupper 事件

（续）

属性名	类型	默认值	说明
lower-threshold	number/string	50	距底部/右边多远时，触发 scrolltolower 事件
scroll-top	number/string		设置竖向滚动条位置
scroll-left	number/string		设置横向滚动条位置
scroll-into-view	string		值应为某子元素 id（id 不能以数字开头）。设置哪个方向可滚动，则在哪个方向滚动到该元素
scroll-with-animation	boolean	false	设置滚动条位置时使用动画过渡
enable-back-to-top	boolean	false	iOS 点击顶部状态栏、安卓双击标题栏时，滚动条返回顶部，只支持竖向
bindscrolltoupper	eventhandle		滚动到顶部/左边时触发
bindscrolltolower	eventhandle		滚动到底部/右边时触发
bindscroll	eventhandle		滚动时触发，event.detail = {scrollLeft, scrollTop, scrollHeight, scrollWidth, deltaX, deltaY}

注意　（1）在属性类型为boolean的属性中可以简写为只写属性，如scroll-y＝true可以简写为scroll-y。
（2）如果要填写boolean属性的值，要在等号后面添加一个空格，如scroll-y＝　true等号后面要添加一个空格隔开，否则报错。

3.1.3　image 图片容器

image 组件类似于 HTML 中的 img 标签，用于专门显示图片。image 示例代码如下：

```
<!--index.wxml-->
<image src='http://img02.tooopen.com/images/20150928/tooopen_sy_143912755726.jpg'
mode='aspectFit'></image>
```

效果如图 3-3 所示。

图 3-3　image 组件示例

image 组件的属性见表 3-3。

表 3-3 image 组件属性

属性名	类型	默认值	说明
src	string		图片资源地址
mode	string	scaleToFill	图片裁剪、缩放的模式
lazy-load	boolean	false	图片懒加载，在即将进入一定范围（上下三屏）时才开始加载
binderror	eventhandle		当错误发生时触发，event.detail = {errMsg}
bindload	eventhandle		当图片载入完毕时触发，event.detail = {height, width}

其中 mode 是图片的填充模式，即图片如何在 image 组件中展示，如图 3-4 所示。

图 3-4 mode 填充样式

3.1.4 text 文本组件

text 文本组件与 HTML 中的 span 标签的用法一致,用来存放文本,且没有任何的样式和意义。一般会给 text 添加行内样式,已达到在一行文本中特殊显示的效果。text 示例代码如下:

```
<!--index.wxml-->
<view>
    我是<text style='font-size: 40px;color: red;'>text</text>标签
</view>
```

效果如图 3-5 所示。

图 3-5 text 组件示例

text 组件属性见表 3-4。

表 3-4 text 组件属性

属性名	类型	默认值	说明
selectable	boolean	false	文本是否可选
space	string		显示连续空格,有效值 ensp 中文字符空格一半大小 emsp 中文字符空格大小 nbsp 根据字体设置的空格大小
decode	boolean	false	是否解码

3.1.5 cover-view 覆盖视图容器

cover-view 与 view 组件使用是一样的,区别在于在可覆盖的原生组件中如 map、video、canvas 等组件使用 view 会被覆盖到视图下面,但是使用 cover-view 则不会被覆盖,并且 cover-view 中只能嵌套 cover-view 和 cover-image,其他组件如 text、view 等添加上去也会被覆盖。

3.1.6 cover-image 覆盖图片容器

cover-image 与 image 组件使用是一样的,区别在于在可覆盖的原生组件中如 map、video、canvas 等组件使用 image 会被覆盖到视图下面,但是使用 cover-image 则不会被覆盖。

3.1.7 icon 图标组件

微信小程序很贴心地把一些常用的图标变成了代码形式,这样可以减少网络交互和图片占用,提升用户的体验,同时还可以减少程序的体积大小。icon 组件示例代码如下:

```
<!--index.wxml-->
<icon type="success" size="30"/>
<icon type="success_no_circle" size="30"/>
<icon type="info" size="30"/>
<icon type="warn" size="30"/>
<icon type="waiting" size="30"/>
<icon type="cancel" size="30"/>
<icon type="download" size="30"/>
<icon type="search" size="30"/>
<icon type="clear" size="30"/>
/**index.wxss**/
icon{
  margin: 2px;
}
```

效果如图 3-6 所示。

图 3-6　icon 组件示例

icon 组件属性见表 3-5。

表 3-5　icon 组件属性

属性名	类型	默认值	说明
type	string		icon 的类型，有效值：success、success_no_circle、info、warn、waiting、cancel、download、search、clear
size	number/string	23	icon 的大小
color	string		icon 的颜色，同 css 的 color

3.2　高级视图组件

本节所讲的组件都存在默认的样式，而且多用于与用户的交互，有一些组件存在很多属性，需要反复练习以加深记忆。

3.2.1　swiper 轮播容器

swiper 是微信小程序提供的一个轮播容器，一般用于图片轮播，而且微信小程序还提供了很多属性来自定义轮播容器的样式。swiper 示例代码如下：

```
<!--index.wxml-->
<swiper indicator-dots indicator-color='rgba(255,255,255,1)' indicator-active-
color='rgba(100,100,100,1)' autoplay interval='3000' circular>
  <block wx:for="{{imgUrls}}">
```

```
    <swiper-item>
      <image src="{{item}}" width="355" height="150"/>
    </swiper-item>
  </block>
</swiper>
// index.js
Page({
  data: {
    imgUrls: [
      'http://img02.toopen.com/images/20150928/toopen_sy_143912755726.jpg',
      'http://img06.toopen.com/images/20160818/toopen_sy_175866434296.jpg',
      'http://img06.toopen.com/images/20160818/toopen_sy_175833047715.jpg'
    ]
  },
})
```

效果如图 3-7 所示。

图 3-7　swiper 组件示例

swiper 属性见表 3-6。

表 3-6　swiper 组件属性

属性名	类型	默认值	说明
indicator-dots	boolean	false	是否显示面板指示点
indicator-color	color	rgba(0, 0, 0, .3)	指示点颜色
indicator-active-color	color	#000000	当前选中的指示点颜色
autoplay	boolean	false	是否自动切换
current	number	0	当前所在滑块的 index
interval	number	5000	自动切换时间间隔
duration	number	500	滑动动画时长
circular	boolean	false	是否采用衔接滑动
vertical	boolean	false	滑动方向是否为纵向
previous-margin	string	"0px"	前边距，可用于露出前一项的一小部分，接受 px 和 rpx 值
next-margin	string	"0px"	后边距，可用于露出后一项的一小部分，接受 px 和 rpx 值

（续）

属性名	类型	默认值	说明
display-multiple-items	number	1	同时显示的滑块数量
skip-hidden-item-layout	boolean	false	是否跳过未显示的滑块布局，设为 true 可优化复杂情况下的滑动性能，但会丢失隐藏状态滑块的布局信息
bindchange	eventhandle		current 改变时会触发 change 事件，event.detail = {current, source}
bindtransition	eventhandle		swiper-item 的位置发生改变时会触发 transition 事件，event.detail = {dx: dx, dy: dy}
bindanimationfinish	eventhandle		动画结束时会触发 animationfinish 事件，event.detail = {dx: dx, dy: dy}

注意

（1）circular 指最后一张图片是衔接滑动到第一张图片，还是平移到第一张图片，建议使用 true。

（2）当 vertical 为 true 时，面板指示点会跑到右侧。

（3）swiper 以每一个 swiper-item 组件为单位，所以 swiper 一般与 swiper-item 配合使用。

（4）swiper-item 内部不仅可以存放 image 组件也可以存放其他的组件。

3.2.2 progress 进度条组件

progress 进度条组件通常用来显示当前的任务进度，如播放视频的进度，下载的进度等。progress 进度条组件示例如下：

```
<!--index.wxml-->
<progress percent="20" show-info />
<progress percent="40" stroke-width="12" />
<progress percent="60" color="pink" />
<progress percent="80" active />
progress{
  margin: 10px 0;
}
```

效果如图 3-8 所示。

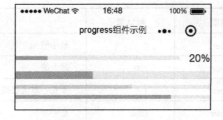

图 3-8 progress 组件示例

progress 组件属性见表 3-7。

励志照亮人生   编程改变命运

表 3-7　progress 组件属性

属性名	类型	默认值	说明
percent	number		百分比 0~100
show-info	boolean	false	在进度条右侧显示百分比
border-radius	number/string	0	圆角大小
font-size	number/string	16	右侧百分比字体大小
stroke-width	number/string	6	进度条线的宽度
color	string	#09BB07	进度条颜色（请使用 activeColor）
activeColor	string	#09BB07	已选择的进度条的颜色
backgroundColor	string	#EBEBEB	未选择的进度条的颜色
active	boolean	false	进度条从左往右的动画
active-mode	string	backwards	backwards:动画从头播；forwards：动画从上次的结束点续播

3.2.3　slider 滑动选择器组件

slider 组件是一个滑动选择器组件，一般应用于数量的选择，音量、亮度的调整等。与 progress 组件不同的地方在于上面增加了一个滑块。slider 滑动选择器组件示例如下：

```
<!--index.wxml-->
<slider min='0' max='10' step='2' value='4' color='red' activeColor='blue'
block-size='20' block-color='gray' show-value> </slider>
```

效果如图 3-9 所示。

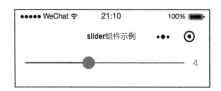

图 3-9　slider 组件示例

slider 组件属性见表 3-8。

表 3-8　slider 组件属性

属性名	类型	默认值	说明
min	number	0	最小值
max	number	100	最大值
step	number	1	步长，取值必须大于 0，并且可被(max - min)整除
disabled	boolean	false	是否禁用
value	number	0	当前取值
color	color	#e9e9e9	背景条的颜色（请使用 backgroundColor）

（续）

属性名	类型	默认值	说明
selected-color	color	#1aad19	已选择的颜色（请使用 activeColor）
activeColor	color	#1aad19	已选择的颜色
backgroundColor	color	#e9e9e9	背景条的颜色
block-size	number	28	滑块的大小，取值范围为 12~28
block-color	color	#ffffff	滑块的颜色
show-value	boolean	false	是否显示当前取值
bindchange	eventhandle		完成一次拖动后触发的事件，event.detail = {value}
bindchanging	eventhandle		拖动过程中触发的事件，event.detail = {value}

注意　show-value是在slider组件的右侧显示当前slider的取值。

3.2.4　switch 开关组件

switch 开关组件不能自定义大小，在一些设置中，通常用于控制某种功能的开关。switch 开关组件示例如下：

```
<!--index.wxml-->
<switch>开关组件</switch>
<switch color='red'>自定义颜色</switch>
```

效果如图 3-10 所示。

图 3-10　switch 组件示例

switch 组件属性见表 3-9。

表 3-9　switch 组件属性

属性名	类型	默认值	说明
checked	boolean	false	是否选中
disabled	boolean	false	是否禁用
type	string	switch	样式，有效值：switch, checkbox
color	string	#04BE02	switch 的颜色，同 css 的 color
bindchange	eventhandle		checked 改变时触发 change 事件，event.detail={value}

3.2.5 map 地图组件

map 地图组件直接调用微信小程序提供的地图组件，把地图展示到页面中。微信小程序也很贴心地为地图组件提供了一整套的属性，来完成大头针、路线绘制、导航、地址查询等功能。这里使用的是腾讯地图。map 地图组件示例如下：

```
<!--index.wxml-->
<map id='map' longitude="113.324520" latitude="23.099994" scale='18'></map>
/**index.wxss**/
#map{
  width: 100%;
  height: 200px;
}
```

效果如图 3-11 所示。

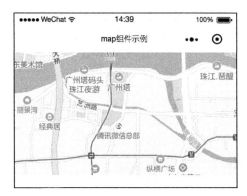

图 3-11　map 组件示例

map 组件的属性很多，而且有些属性又有其子属性，所以我们先介绍 map 的子属性，然后再分别介绍其子属性的属性，一些将要废弃的属性不再介绍。

map 组件的子属性见表 3-10。

表 3-10　map 组件属性

属性名	类型	默认值	说明
longitude	number		中心经度
latitude	number		中心纬度
scale	number	16	缩放级别，取值范围为 5～18
markers	Array.<marker>		标记点
covers	Array.<cover>		**即将废弃，请使用 markers**
polyline	Array.<polyline>		路线
circles	Array.<circle>		圆
controls	Array.<control>		控件（即将废弃，建议使用 cover-view 代替）
include-points	Array.<point>		缩放视野以包含所有给定的坐标点

（续）

属性名	类型	默认值	说明
show-location	boolean	false	显示带有方向的当前定位点
polygons	Array.<polygon>		多边形
enable-3D	boolean	false	展示 3D 楼块（工具暂不支持）
show-compass	boolean	false	显示指南针
enable-overlooking	boolean	false	开启俯视
enable-zoom	boolean	true	是否支持缩放
enable-scroll	boolean	true	是否支持拖动
enable-rotate	boolean	false	是否支持旋转
bindtap	eventhandle		点击地图时触发
bindmarkertap	eventhandle		点击标记点时触发，会返回 markers 的 id
bindcontroltap	eventhandle		点击控件时触发，会返回 controls 的 id
bindcallouttap	eventhandle		点击标记点对应的气泡时触发，会返回 markers 的 id
bindupdated	eventhandle		在地图渲染更新完成时触发
bindregionchange	eventhandle		视野发生变化时触发
bindpoitap	eventhandle		点击地图 poi 点时触发

注意　（1）设置scale缩放级别只影响了第一次加载显示的级别，还可以再次进行地图放大缩小显示。
（2）show-location的设置要在真机上才能看出效果，在模拟器上看不出效果。

markers：标记点，在地图组件上添加标记，传递的是一个数组，数组里面的每个元素都是一个对象。markers 属性的子属性见表 3-11。

表 3-11　markers 属性的子属性

属性名	说明	类型	必填	备注
id	标记点 id	number	否	markers 点击事件回调会返回此 id。建议为每个 markers 设置 number 类型 id，保证更新 markers 时有更好的性能
latitude	纬度	number	是	浮点数，范围-90～90
longitude	经度	number	是	浮点数，范围-180～180
title	标注点名	string	否	
zIndex	显示层级	number	否	
iconPath	显示的图标	string	是	项目目录下的图片路径，支持相对路径写法，以/开头表示相对小程序根目录；也支持临时路径和网络图片

（续）

属性名	说明	类型	必填	备注
rotate	旋转角度	number	否	顺时针旋转的角度，范围 0°～360°，默认为 0°
alpha	标注的透明度	number	否	默认 1，不透明，范围 0～1
width	标注图标宽度	number/string	否	默认为图片实际宽度
height	标注图标高度	number/string	否	默认为图片实际高度
callout	自定义标记点上方的气泡窗口	Object	否	可识别换行符
label	为标记点旁边增加标签	Object	否	可识别换行符
anchor	经纬度在标注图标的锚点，默认底边中点	Object	否	{x, y}，x 表示横向（范围 0～1），y 表示竖向（范围 0～1）。{x: .5, y: 1}表示底边中点

markers 中的 callout 和 label 又有其子属性。callout 的子属性见表 3-12。label 的子属性见表 3-13。

表 3-12　markers 属性的 callout 的子属性

属性	说明	类型
content	文本	string
color	文本颜色	string
fontSize	文字大小	number
borderRadius	边框圆角	number
borderWidth	边框宽度	number
borderColor	边框颜色	string
bgColor	背景色	string
padding	文本边缘留白	number
display	'BYCLICK':点击显示;'ALWAYS':常显	string
textAlign	文本对齐方式。有效值:left, right, center	string

表 3-13　markers 属性的 label 的子属性

属性	说明	类型
content	文本	string
color	文本颜色	string
fontSize	文字大小	number
x	label 的坐标（废弃）	number
y	label 的坐标（废弃）	number
anchorX	label 的坐标，原点是 marker 对应的经纬度	number

（续）

属性	说明	类型
anchorY	label 的坐标，原点是 marker 对应的经纬度	number
borderWidth	边框宽度	number
borderColor	边框颜色	string
borderRadius	边框圆角	number
bgColor	背景色	string
padding	文本边缘留白	number
textAlign	文本对齐方式。有效值:left, right, center	string

polyline 是在 map 地图上画一条自定义的线条，这个线条也是由多个定位点组成的，属性见表 3-14。

表 3-14　polyline 属性的子属性

属性名	说明	类型	必填	备注
points	经纬度数组	array	是	[{latitude: 0, longitude: 0}]
color	线的颜色	string	否	16 进制
width	线的宽度	number	否	
dottedLine	是否虚线	boolean	否	默认 false
arrowLine	带箭头的线	boolean	否	默认 false，开发者工具暂不支持该属性
arrowIconPath	更换箭头图标	string	否	在 arrowLine 为 true 时生效
borderColor	线的边框颜色	string	否	
borderWidth	线的厚度	number	否	

polygon 是在 map 地图上画一个闭合的多边形，这个闭合的多边形是由多个定位点组成的，属性见表 3-15。

表 3-15　polygon 属性的子属性

属性名	说明	类型	必填	备注
points	经纬度数组	array	是	[{latitude: 0, longitude: 0}]
strokeWidth	描边的宽度	number	否	
strokeColor	描边的颜色	string	否	16 进制
fillColor	填充颜色	string	否	16 进制
zIndex	设置多边形 Z 轴数值	number	否	

circle 是在 map 地图上画一个圆，这个圆只需要知道圆心和半径大小即可，属性见表 3-16。

表 3-16　circle 属性的子属性

属性名	说明	类型	必填	备注
latitude	纬度	number	是	浮点数，范围−90～90
longitude	经度	number	是	浮点数，范围−180～180
color	描边的颜色	string	否	16 进制
fillColor	填充颜色	string	否	16 进制
radius	半径	number	是	
strokeWidth	描边的宽度	number	否	

在地图组件中也可以获取地图的上下文 "wx.createMapContext(string mapId, Object this)"，然后调取 API 来获取地图的一些信息。

- ❑ MapContext.getCenterLocation()：获取地图中心的经纬度，使用 gcj02 坐标系。
- ❑ MapContext.moveToLocation()：将地图中心移动到当前定位点。
- ❑ MapContext.translateMarker()：平移 marker，带动画。
- ❑ MapContext.includePoints()：缩放视野展示所有经纬度。
- ❑ MapContext.getRegion()：获取当前地图的视野范围。
- ❑ MapContext.getScale()：获取当前地图的缩放级别。

3.3　表单组件

表单组件与 HTML 中的表单组件基本类似，微信在其基础上做了一些封装，并且增加了一些组件，3.2.4 节中的 switch 开关组件也属于表单组件。表单组件通常用于用户信息填写，然后把用户填写的信息提交给服务器，但是在实际开发中，可以把数据记录下来，之后在发送的网络请求中，携带这些信息。

3.3.1　form 表单组件

form 表单本身只是一个容器，没有任何样式，用于提交用户输入的信息或选择的选项结果。当单击 button 组件中的 formType 属性值为 submit 时，会触发 form 表单的 bindsubmit 对应的事件；当单击 button 组件中的 formType 属性值为 reset 时，会触发 form 表单的 bindreset 对应的事件。form 表单本身没有任何样式，尽量不要给 form 表单设置样式，需要时可以用 view 组件来包裹 form 组件，用 view 组件的样式替代 form 组件的样式。form 表单组件示例如下：

```
<!--index.wxml-->
<form bindsubmit='formSubmit' bindreset='formReset' >
<button formType='submit'>提交</button>
<button form-type='reset'>重置</button>
</form>
// index.js
Page({
  formSubmit: function () {
    console.log('form 发生了 submit 事件')
```

```
  },
  formReset: function () {
    console.log('form发生了reset事件')
  }
})
```

form 表单组件示例如图 3-12 所示。

图 3-12　form 表单示例

3.3.2　button 按钮组件

　　button 是按钮组件，微信小程序直接提供了几种样式类型。在大部分的普通单击事件中，是不需要使用 button 组件的，可以通过向 view 组件添加单击事件的方式来实现类似按钮单击的效果，所以 button 组件主要在表单提交中以及一些 API 功能的单击中使用，例如：获取用户信息，跳转到授权页面等。button 按钮组件示例如下：

```
<!--index.wxml-->
<button size='default'>size=default</button>
<button size='mini'>size=mini</button>
<button type='primary'>type=primary</button>
<button type='default'>type=default</button>
<button type='warn'>type=warn</button>
```

button 按钮组件示例如图 3-13 所示。

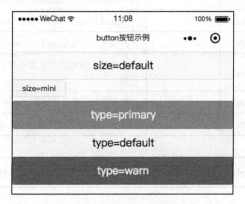

图 3-13　button 按钮示例

button 按钮属性见表 3-17。

表 3-17　button 按钮属性

属性	类型	默认值	说明
size	string	default	按钮的大小
type	string	default	按钮的样式类型
plain	boolean	false	按钮是否镂空，背景色透明
disabled	boolean	false	是否禁用
loading	boolean	false	名称前是否带 loading 图标
form-type	string		用于<form>组件，点击分别会触发<form>组件的 submit/reset 事件
open-type	string		微信开放能力
hover-class	string	button-hover	指定按钮按下去的样式类。当 hover-class="none"时，没有点击态效果
hover-stop-propagation	boolean	false	指定是否阻止本节点的祖先节点出现点击态
hover-start-time	number	20	按住后多久出现点击态，单位：毫秒
hover-stay-time	number	70	手指松开后点击态保留时间，单位：毫秒
lang	string	en	指定返回用户信息的语言，zh_CN 简体中文，zh_TW 繁体中文，en 英文
session-from	string		会话来源，open-type="contact"时有效
send-message-title	string	当前标题	会话内消息卡片标题，open-type="contact"时有效
send-message-path	string	当前分享路径	会话内消息卡片点击跳转小程序路径，open-type="contact"时有效
send-message-img	string	截图	会话内消息卡片图片，open-type="contact"时有效
app-parameter	string		打开 APP 时，向 APP 传递的参数，open-type=launchApp 时有效
show-message-card	boolean	false	是否显示会话内消息卡片，设置此参数为 true，用户进入客服会话会在右下角显示"可能要发送的小程序"提示，用户点击后可以快速发送小程序消息，open-type="contact"时有效
bindgetuserinfo	eventhandle		用户点击该按钮时，会返回获取到的用户信息，回调的 detail 数据与 wx.getUserInfo 返回的一致，open-type="getUserInfo"时有效
bindcontact	eventhandle		客服消息回调，open-type="contact"时有效
bindgetphonenumber	eventhandle		获取用户手机号回调，open-type=getPhoneNumber 时有效
binderror	eventhandle		当使用开放能力时，发生错误的回调，open-type=launchApp 时有效
bindopensetting	eventhandle		打开授权设置页后回调，open-type=openSetting 时有效
bindlaunchapp	eventhandle		打开 APP 成功的回调，open-type=launchApp 时有效

注意　虽然微信小程序给button组件提供了样式，但仍可以通过css样式进行修改。

3.3.3　checkbox 多选项组件

checkbox 的使用与 HTML 中 checkbox 的使用几乎一模一样，一般用于选项的多项选择。建议将不同组的 checkbox 分别嵌套在不同的 checkbox-group 中，方便管理、区分，当 checkbox-group 内的 checkbox 改变的时候，会触发 checkbox-group 的 bindchange 事件。checkbox 多选项组件示例如下：

```
<!--index.wxml-->
<checkbox-group bindchange="checkboxChange" style='margin-left:20px;'>
  <checkbox value='北京' checked>北京</checkbox><view></view>
  <checkbox value='上海'>上海</checkbox><view></view>
  <checkbox value='广州'>广州</checkbox><view></view>
  <checkbox value='深圳'>深圳</checkbox><view></view>
  <checkbox value='杭州'>杭州</checkbox><view></view>
</checkbox-group>
// index.js
Page({
  checkboxChange: function(e){
    console.log(e.detail.value);
  }
})
```

checkbox 多选项组件示例如图 3-14 所示。

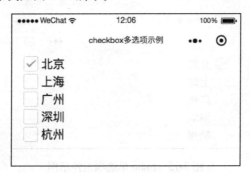

图 3-14　checkbox 多选项组件示例

checkbox 多选项组件属性见表 3-18。

表 3-18　checkbox 多选项属性

属性	类型	默认值	说明
value	string		<checkbox>标识，选中时触发<checkbox-group>的 change 事件，并携带<checkbox>的 value
disabled	boolean	false	是否禁用
checked	boolean	false	当前是否选中，可用来设置默认选中
color	string	#09BB07	checkbox 的颜色，同 css 的 color

3.3.4　radio 单选项组件

radio 的使用与 HTML 中 radio 的使用几乎一模一样，一般用于选项的单项选择。建议将不同组的 radio 分别嵌套在不同的 radio-group 中，方便管理、区分，当 radio-group 内的 radio 改变的时候，会触发 radio-group 的 bindchange 事件。

与 checkbox 多选项组件的区别在于：checkbox 一般为正方形，radio 一般为圆形。checkbox 可以选择多个，而 radio 只能选择一个。radio 单选项组件示例如下：

```
<!--index.wxml-->
<radio-group bindchange="radioChange" style='margin-left:20px;'>
  <radio value='北京' checked>北京</radio><view></view>
  <radio value='上海'>上海</radio><view></view>
  <radio value='广州'>广州</radio><view></view>
  <radio value='深圳'>深圳</radio><view></view>
  <radio value='杭州'>杭州</radio><view></view>
</radio-group>
// index.js
Page({
  radioChange: function(e){
    console.log(e.detail.value);
  }
})
```

radio 单选项组件示例如图 3-15 所示。

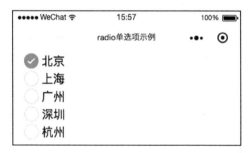

图 3-15 radio 单选项组件示例

radio 单选项组件属性见表 3-19。

表 3-19 radio 单选项属性

属性	类型	默认值	说明
value	string		\<radio\>标识，当该\<radio\>选中时，\<radio-group\>的 change 事件会携带\<radio\>的 value
disabled	boolean	false	是否禁用
checked	boolean	false	当前是否选中，可用来设置默认选中
color	string	#09BB07	radio 的颜色，同 css 的 color

3.3.5 label 扩展组件

label 组件是用来辅助 button、checkbox、radio、switch 组件的。使用 label 的 for 属性可以查找 label 组件对应的 id 值的组件，单击 label 组件，就等于触发了其对应的 id 值的组件，相当于扩大了这些选择组件的触发范围。label 扩展组件示例如下：

```
<!--index.wxml-->
<label for="beijing">
  北京
</label>
<label for="shanghai">
  上海
</label>
<checkbox-group>
  <checkbox value='北京' id='beijing'>北京</checkbox>
  <checkbox value='上海' id='shanghai'>上海</checkbox>
</checkbox-group>
<radio-group>
性别：
  <label for='nan'>男</label>
  <radio value='男' id='nan' checked></radio>
  <label for='nv'>女</label>
  <radio value='女' id='nv'></radio>
</radio-group>
<label for='switch'>
  点我也可以开关
  <switch id='switch'></switch>
</label>
```

label 扩展组件示例如图 3-16 所示。

图 3-16 label 扩展组件示例

3.3.6 input 输入框组件

input 输入框组件与 HTML 中 input 的作用一样，都是具有让用户进行文字等输入功能的输入框。微信团队为 input 输入框组件增加了很多属性，使 input 组件使用起来更加简单、方便。input 输入框组件示例如图 3-17 所示。

```
<!--index.wxml-->
<input placeholder="一输入文字就会消失" auto-focus cursor-spacing='50' type='text'/>
```

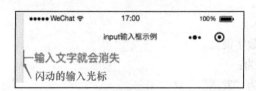

图 3-17 input 输入框组件示例

input 输入框组件属性见表 3-20 所示。

表 3-20　input 输入框组件属性

属性	类型	默认值	必填	说明
value	string		是	输入框的初始内容
type	string	text	否	input 的类型
password	boolean	false	否	是否是密码类型
placeholder	string		是	输入框为空时占位符
placeholder-style	string		是	指定 placeholder 的样式
placeholder-class	string	input-placeholder	否	指定 placeholder 的样式类
disabled	boolean	false	否	是否禁用
maxlength	number	140	否	最大输入长度，设置为−1 时不限制最大长度
cursor-spacing	number	0	否	指定光标与键盘的距离，取 input 距离底部的距离和 cursor-spacing 指定的距离的最小值作为光标与键盘的距离
auto-focus	boolean	false	否	（即将废弃，请直接使用 focus）自动聚焦，拉起键盘
focus	boolean	false	否	获取焦点
confirm-type	string	done	否	设置键盘右下角按钮的文字，仅在 type='text'时生效
confirm-hold	boolean	false	否	点击键盘右下角按钮时是否保持键盘不收起
cursor	number		是	指定 focus 时的光标位置
selection-start	number	−1	否	光标起始位置，自动聚集时有效，需与 selection-end 搭配使用
selection-end	number	−1	否	光标结束位置，自动聚集时有效，需与 selection-start 搭配使用
adjust-position	boolean	true	否	键盘弹起时，是否自动上推页面
bindinput	eventhandle		是	键盘输入时触发，event.detail = {value, cursor, keyCode}，keyCode 为键值，2.1.0 起支持，处理函数可以直接 return 一个字符串，将替换输入框的内容
bindfocus	eventhandle		是	输入框聚焦时触发，event.detail = {value, height}，height 为键盘高度，基础库 1.9.90 起支持
bindblur	eventhandle		是	输入框失去焦点时触发，event.detail = {value: value}
bindconfirm	eventhandle		是	点击完成按钮时触发，event.detail = {value: value}

type 的有效值为：

❏ text：普通的文本输入。

❏ number：数字输入。

❏ Idcard：身份证输入。

❏ digit：带小数点的数字键盘。

confirm-type 的有效值为：

❏ send：右下角按钮为"发送"。

❏ search：右下角按钮为"搜索"。

❑ next：右下角按钮为"下一个"。

❑ go：右下角按钮为"前往"。

❑ done：右下角按钮为"完成"。

注意　在模拟器中没有键盘弹出。

3.3.7　textarea 多行输入框组件

textarea 多行输入框组件与 HTML 中 textarea 的作用一样，都是让用户进行输入的，与 input 组件不同的地方在于 textarea 组件可以查看、输入多行文字，input 组件只能输入单行内容。微信团队为 textarea 多行输入框组件增加了很多属性，使 textarea 组件使用起来更加简单、方便。textarea 组件有很多属性与 input 组件一样。

textarea 多行输入框组件示例如图 3-18 所示。

```
<!--index.wxml-->
<textarea value='我是 textarea 多行输入框，我可以输入多行文字' auto-focus cursor-spacing=
'50' auto-height></textarea>
```

图 3-18　textarea 多行输入框组件示例

textarea 多行输入框组件属性见表 3-21。

表 3-21　textarea 输入框组件属性

属性	类型	默认值	必填	说明
value	string		否	输入框的内容
placeholder	string		否	输入框为空时占位符
placeholder-style	string		否	指定 placeholder 的样式，目前仅支持 color,font-size 和 font-weigh
placeholder-class	string	textarea-placeholder	否	指定 placeholder 的样式类
disabled	boolean	false	否	是否禁用
maxlength	number	140	否	最大输入长度，设置为-1 时不限制最大长度
auto-focus	boolean	false	否	自动聚焦，拉起键盘
focus	boolean	false	否	获取焦点
auto-height	boolean	false	否	是否自动增高，设置 auto-height 时，style.height 不生效
fixed	boolean	false	否	如果 textarea 在 position:fixed 的区域，需要显示指定属性 fixed 为 true

（续）

属性	类型	默认值	必填	说明
cursor-spacing	number	0	否	指定光标与键盘的距离，取 textarea 距离底部的距离和 cursor-spacing 指定的距离的最小值作为光标与键盘的距离
cursor	number	−1	否	指定 focus 时的光标位置
show-confirm-bar	boolean	true	否	是否显示键盘上方带有"完成"按钮那一栏
selection-start	number	−1	否	光标起始位置，自动聚集时有效，需与 selection-end 搭配使用
selection-end	number	−1	否	光标结束位置，自动聚集时有效，需与 selection-start 搭配使用
adjust-position	boolean	true	否	键盘弹起时，是否自动上推页面
bindfocus	eventhandle		否	输入框聚焦时触发，event.detail = {value, height}，height 为键盘高度，基础库 1.9.90 起支持
bindblur	eventhandle		否	输入框失去焦点时触发，event.detail = {value, cursor}
bindlinechange	eventhandle		否	输入框行数变化时调用，event.detail = {height: 0, heightRpx: 0, lineCount: 0}
bindinput	eventhandle		否	当键盘输入时，触发 input 事件，event.detail = {value, cursor, keyCode}，keyCode 为键值，目前工具还不支持返回 keyCode 参数。bindinput 处理函数的返回值并不会反映到 textarea 上
bindconfirm	eventhandle		否	点击完成时，触发 confirm 事件，event.detail = {value: value}

3.3.8　picker 滚动选择器组件

picker 组件是一种从页面底部弹出的滚动选择器，根据 mode 属性的不同进行不同的参数设置，以达到滚动选择不同数据的效果，目前系统自带的有时间选择器、日期选择器和区域选择器，还有可以通过自定义参数来设置的普通选择器和多列选择器。

picker 有一个参数为 mode，通过设置 mode 的值可以区分不同类型的选择器。

1.普通选择器 mode 值为 selector 参数：

❑ range：Array/Object 类型，默认值为空。

❑ range-key：String 类型，当 range 是一个对象数组时，通过指定 key 来作为选择器显示的内容。

❑ value：Number 类型，默认值为 0，value 表示选择器弹出后，默认选择器数组的下标。

❑ bindchange：EventHandle 类型，当选择器改变选择数值时会触发对应的事件，event.detail.value 取出的是选择器数组的下标，而非值。

❑ disabled：Boolean 类型，默认值为 false，当设置为 true 时，单击不会弹出选择器。

❑ bindcancel：EventHandle 类型，单击"取消"或遮罩层时会触发对应的事件，单击"确定"时不会触发对应的事件。

普通选择器示例代码如下：

```
<!--index.wxml-->
<view>普通选择器: </view>
<picker mode='selector' range='{{array}}' value='4' bindchange='bindchange' bindcancel='bindcancel'>
```

```
<view class='center'>单击选择:{{value}}</view>
</picker>
/**index.wxss**/
.center{
  text-align: center
}
// index.js
Page({
  data:{
    array:[1,2,3,4,5,6,7,8,9],
    value: '',
  },
  // 选择数值更改
  bindchange: function(e){
    var value = this.data.array[e.detail.value];
    this.setData({
      value: value
    })
  },
  bindcancel: function(){
    console.log('选择器隐藏');
  }
})
```

普通选择器示例如图 3-19 所示。

2.多列选择器 mode 值为 multiSelector 参数:

❑ range:二维 Array/二维 Object 类型,默认值为空, 当 mode 值为 multiSelector 时,range 必须是二维 Array/二维 Object,例如:[['A','B','C'],['1','2','3']]。

❑ range-key:String 类型,当 range 是一个二维对象数 组时,通过指定 key 来作为选择器显示的内容。

❑ value:Array 类型,默认值为[],value 表示选择器弹 出后,默认选择器数组的下标,value 每一项对应 range 中的每一项。

❑ bindchange:EventHandle 类型,当选择器改变选择 数值时会触发对应的事件,event.detail[0]取出的是选 择器某一列的下标,event.detail[1]取出的是选择器某 一行的下标,而非值。

❑ bindcolumnchange:EventHandle 类型,当某一列的 值发生改变时,会触发 bindcolumnchange 对应的事 件,event.detail.column 的值表示改变了第几列, event.detail.value 的值表示改变了对应的下标。

❑ disabled:Boolean 类型,默认值为 false,当设置为 true 时,单击不会弹出选择器。

❑ bindcancel:EventHandle 类型,单击"取消"或遮罩

图 3-19 普通选择器组件示例

层时会触发对应的事件，单击"确定"时不会触发对应的事件。

多项选择器示例代码如下：

```
<!--index.wxml-->
<view>多项选择器: </view>
<picker mode='multiSelector' range='{{array}}' value='{{[4,2]}}' bindchange='bindchange'
bindcolumnchange='bindcolumnchange' bindcancel='bindcancel'>
  <view class='center'>单击选择:{{col}}--{{value}}</view>
</picker>
/**index.wxss**/
.center{
  text-align: center
}
// index.js
Page({
  data:{
    array:[['a','b','c','d','e','f'],
           [1,2,3,4,5,6,7,8,9]],
    col: '',
    value: '',
  },
  // 选择数值更改
  bindchange: function(e){
    console.log(e.detail.value);
    var selArr = e.detail.value;
    var col = this.data.array[0][selArr[0]];
    var value = this.data.array[1][selArr[1]];
    this.setData({
      col: col,
      value: value
    })
  },
  // 更改值调用函数
  bindcolumnchange: function(e){
    console.log(e.detail);
  },
  bindcancel: function(){
    console.log('选择器隐藏');
  }
})
```

多项选择器示例如图 3-20 所示。

3.时间选择器 mode 值为 time 参数：

❏ value：String 类型，默认值为 0，表示选中的时间，格式为"hh:mm"。

❏ start：String 类型，表示最早的时间，字符串格式为"hh:mm"。早于这个时间的将不能被选中。

❏ end：String 类型，表示最晚的时间，字符串格式为"hh:mm"。晚于这个时间的将不能被选中。

❏ bindchange：EventHandle 类型，当选择器改变选择数值时会触发对应的事件，event.detail.value 取出的是当前选择的时间。

❏ disabled：Boolean 类型，默认值为 false，当设置为 true 时，单击不会弹出选择器。

❏ bindcancel：EventHandle 类型，单击"取消"或遮罩层时会触发对应的事件，单击"确定"

时不会触发对应的事件。

时间选择器示例代码如下：

```
<!--index.wxml-->
<view>时间选择器：</view>
<picker mode='time' value='12:12' start='9:00' end='17:00' bindchange='bindchange'>
<view class='center'>单击选择:{{selTime}}</view>
</picker>
/**index.wxss**/
.center{
  text-align: center
}
// index.js
Page({
  data:{
    selTime:'12:12'
  },
  // 选择数值更改
  bindchange: function(e){
    console.log(e.detail.value);
    this.setData({
      selTime: e.detail.value
    })
  },
})
```

时间选择器示例如图 3-21 所示。

图 3-20 多项选择器组件示例

图 3-21 时间选择器组件示例

4.日期选择器 mode 值为 date 参数：

- value：String 类型，默认值为 0，表示选中的日期，格式为"YYYY-MM-DD"。
- start：String 类型，表示最早的日期，字符串格式为"YYYY-MM-DD"。早于这个日期的将不能被选中。
- end：String 类型，表示最晚的日期，字符串格式为"YYYY-MM-DD"。晚于这个日期的将不能被选中。
- fields：String 类型，默认值 day，表示选择器的颗粒度，"year"选择器的颗粒度为年，"month"选择器的颗粒度为月，"day"选择器的颗粒度为天。
- bindchange：EventHandle 类型，当选择器改变了选择数值时会触发对应的事件，event.detail.value 取出的是当前选择的日期。
- disabled：Boolean 类型，默认值为 false，当设置为 true 时，单击不会弹出选择器。
- bindcancel：EventHandle 类型，单击"取消"或遮罩层时会触发对应的事件，单击"确定"时不会触发对应的事件。

日期选择器示例代码如下：

```
<!--index.wxml-->
<view>日期选择器: </view>
<picker mode='date' value='2018-10-01' start='1993-01-01' end='2028-12-12' bindchange='bindchange'>
<view class='center'>单击选择:{{selTime}}</view>
</picker>
/**index.wxss**/
.center{
  text-align: center
}
// index.js
Page({
  data:{
   selTime:'2018-10-01'
  },
  // 选择数值更改
  bindchange: function(e){
    console.log(e.detail.value);
    this.setData({
      selTime: e.detail.value
    })
  },
})
```

日期选择器示例如图 3-22 所示。

5.区域选择器 mode 值为 region 参数：

- value：Array 类型，默认值为[]，表示选中的省市区，传对应的数字即可，如[3,2,1]，注意不要越界，下标从 0 开始。
- custom-item：String 类型，为每一列的顶部添加一个自定义的项。
- bindchange：EventHandle 类型，当选择器改变选择数值时会触发对应的事件，通过 event.detail 来获取选择的数据，有邮编、各级邮编、各级名称，并以数组的形式返回。

❑ disabled：Boolean 类型，默认值为 false，当设置为 true 时，单击不会弹出选择器。

❑ bindcancel：EventHandle 类型，单击"取消"或遮罩层时会触发对应的事件，单击"确定"时不会触发对应的事件。

图 3-22　日期选择器组件示例

区域选择器示例代码如下：

```
<!--index.wxml-->
<view>区域选择器: </view>
<picker mode='region' value='{{[3,2,1]}}' custom-item='qcf' bindchange='bindchange'>
<view class='center'>单击选择:{{selArea}}</view>
</picker>
/**index.wxss**/
.center{
  text-align: center
}
// index.js
Page({
  data:{
    selArea:'',
  },
  // 选择数值更改
  bindchange: function(e){
    console.log(e.detail);
    var areaArr = e.detail.value;
    var area='';
    for(var i=0;i<areaArr.length;i++){
      area += areaArr[i];
```

```
    }
    this.setData({
      selArea: area
    })
  },
})
```

区域选择器示例如图 3-23 所示。

图 3-23 区域选择器组件示例

3.3.9 picker-view 嵌入式滚动选择器组件

picker-view 组件与 picker 组件一样都是滚动选择器，不同的地方在于 picker-view 组件可以嵌套在页面中使用，而 picker 组件只能从底部弹出，选择完成后消失。picker-view 组件的定制化更高，使用起来也更麻烦一些，因为 picker-view 没有 mode 参数，所有数据都需要手动添加上去。通常与 picker-view-column 一起使用，picker-view-column 放在 picker-view 内部，用来表示一组数据。

picker-view 嵌入式滚动选择器组件示例如下：

```
<!--index.wxml-->
<view>picker-view 选择器：</view>
<view>
  <!-- 结果展示 -->
  <view>{{year}}年{{month}}月{{day}}日</view>
  <!-- picker-view 组件 -->
  <picker-view indicator-style="height: 50px;" style="width: 100%; height: 300px;"
value="{{value}}" bindchange="bindChange">
```

```
    <!-- 年选择 -->
      <picker-view-column>
        <view wx:for="{{years}}" style="line-height: 50px">{{item}}年</view>
  </picker-view-column>
  <!-- 月选择 -->
      <picker-view-column>
        <view wx:for="{{months}}" style="line-height: 50px">{{item}}月</view>
  </picker-view-column>
  <!-- 日选择 -->
      <picker-view-column>
        <view wx:for="{{days}}" style="line-height: 50px">{{item}}日</view>
      </picker-view-column>
    </picker-view>
</view>
// index.js
const date = new Date()// 获取当前时间
const years = [];// 定义年数组
const months = [];// 定义月数组
const days = [];// 定义日数组
// 设置年份数据，从 1990 年到现在
for (let i = 1990; i <= date.getFullYear(); i++) {
  years.push(i)
}
// 设置月份数据
for (let i = 1; i <= 12; i++) {
  months.push(i)
}
// 设置日份数据
for (let i = 1; i <= 31; i++) {
  days.push(i)
}
Page({
  data: {
    years: years,
    year: date.getFullYear(),
    months: months,
    month: 2,
    days: days,
    day: 2,
    value: [9999, 1, 1],
  },
  bindChange: function (e) {
const val = e.detail.value
// 进行赋值操作
    this.setData({
      year: this.data.years[val[0]],
      month: this.data.months[val[1]],
      day: this.data.days[val[2]]
    })
  }
})
```

picker-view 嵌入式滚动选择器组件示例如图 3-24 所示。

图 3-24 picker-view 嵌入式滚动选择器示例

picker-view 属性见表 3-22。

表 3-22   picker-view 嵌入式滚动选择器属性

属性	类型	说明
value	Array.<number>	数组中的数字依次表示 picker-view 内的 picker-view-column 选择的是第几项（下标从 0 开始），数字大于 picker-view-column 可选项长度时，选择最后一项
indicator-style	string	设置选择器中间选中框的样式
indicator-class	string	设置选择器中间选中框的类名
mask-style	string	设置蒙层的样式
mask-class	string	设置蒙层的类名
bindchange	eventhandle	滚动选择时触发 change 事件，event.detail = {value}；value 为数组，表示 picker-view 内的 picker-view-column 当前选择的是第几项（下标从 0 开始）
bindpickstart	eventhandle	当滚动选择开始时触发事件
bindpickend	eventhandle	当滚动选择结束时触发事件

3.4   媒体组件

媒体组件主要介绍相机的使用，音频、视频等流媒体类的组件使用，图片的使用在 3.1.3 中已经介绍过了。

3.4.1　camera 相机组件

　　camera 调用的是手机自带的相机，并且此组件在第一次调用的时候，需要用户授权允许之后才可以使用，否则会调用失败。一个页面中只能插入一个 camera 组件。camera 属性见表 3-23。

表 3-23　camera 相机属性

属性	类型	默认值	说明
mode	string	normal	有效值为 normal 相机模式和 scanCode 扫码模式
device-position	string	back	有效值为 front 前置摄像头和 back 后置摄像头
flash	string	auto	闪光灯，值为 auto, on, off
bindstop	eventhandle		摄像头在非正常终止时触发，如退出后台等情况
binderror	eventhandle		用户不允许使用摄像头时触发
bindscancode	eventhandle		在扫码识别成功时触发，仅在 mode="scanCode"时生效

> **注意**　在 mode 为"scanCode"时，不能进行拍照，只能进行二维码扫描，在 mode 为"normal"时，"bindscancode"事件不会触发。

　　微信小程序对组件和 API 进行了严格的划分，例如 camera 组件只是打开相机的组件，而要进行拍照等，还需要相应的 API 调用才可以进行。如果不在页面中使用 camera 组件而直接调用相应的 API 是不可以的，因为获取不到对应的上下文。

　　在 JavaScript 文件中需要获取到相机上下文才能进行相机 API 的操作，获取相机上下文的代码为"wx.createCameraContext"。

　　拍照 API 代码如下：

```javascript
// Camera.js 文件
CameraContext.takePhoto({
    // 成像质量参数：high: 高质量。normal: 普通质量（默认值）。low: 低质量。
    quality: 'high',
    success: function(res){
      // 成功
        // res.tempImagePath 为图片临时地址
    },
    fail: function(err){
      // 失败 err 为失败原因
    },
    complete: function(){
      // 请求完成，对错都会跑到这个函数
    }
})
```

　　录像开始 API 代码如下：

```javascript
// Camera.js 文件
CameraContext.startRecord({
    timeoutCallback: function(res){
      // 超过 30s 或页面 onHide 时会结束录像跑到这个函数
```

```
// res.tempThumbPath 为封面图片临时路径
// res.tempVideoPath 为视频文件临时路径
}
success: function(res){
    // 成功 调用成功
},
fail: function(err){
    // 失败 err为失败原因
},
complete: function(){
    // 请求完成，对错都会跑到这个函数
}
})
```

录像结束 API 代码如下：

```
// Camera.js 文件
CameraContext.stopRecord({
    success: function(res){
        // 成功结束录像
        // res.tempThumbPath 为封面图片临时路径
        // res.tempVideoPath 为视频文件临时路径
    },
    fail: function(err){
        // 失败 err为失败原因
    },
    complete: function(){
        // 请求完成，对错都会跑到这个函数
    }
})
```

注意　每个函数之间要用英文逗号 "，" 隔开，否则会报错。

3.4.2　audio 音频组件

audio 是专门用来播放音频的一个组件，audio 组件默认是有样式的，上面的播放功能按钮等都可以进行交互，控制音频播放。同时，微信团队也专门提供了 API 以方便使用代码对音频进行控制。

因为一个页面中可以存在多个 audio 组件，所以在使用时要添加一个 id 属性来进行区分。audio 属性见表 3-24。

表 3-24　audio 组件属性

属性	类型	默认值	说明
id	string	normal	audio 组件的唯一标识符
src	string		要播放音频的资源地址
loop	boolean		是否循环播放
controls	boolean		是否显示默认控件
poster	string		默认控件上的音频封面的图片资源地址，如果 controls 属性值为 false，则设置 poster 无效

(续)

属性	类型	默认值	说明
name	string	未知音频	默认控件上的音频名字，如果 controls 属性值为 false，则设置 name 无效
author	string	未知作者	默认控件上的作者名字，如果 controls 属性值为 false，则设置 author 无效
binderror	eventhandle		当发生错误时触发 error 事件，detail = {errMsg:MediaError.code}
bindplay	eventhandle		当开始/继续播放时触发 play 事件
bindpause	eventhandle		当暂停播放时触发 pause 事件
bindtimeupdate	eventhandle		当播放进度改变时触发 timeupdate 事件，detail = {currentTime, duration}
bindended	eventhandle		当播放到末尾时触发 ended 事件

audio 默认样式如图 3-25 所示。

图 3-25 audio 默认样式

如果不想采用默认样式也可以只给 audio 组件设置 "scr" 和 "id"，手动来搭建样式。

在 JavaScript 文件中需要获取到对应 audio 组件的上下文，之后才能调用对应的 API 来进行控制，获取 audio 组件对应的上下文代码为 "wx.createInnerAudioContext('idName')"。API 的操作需要在 1.6.0 以上的版本中进行。

❑ 播放 API：InnerAudioContext.play()。

❑ 暂停 API：InnerAudioContext.pause() 暂停后再播放会从暂停处开始播放。

❑ 停止 API：InnerAudioContext.stop() 停止后再播放会从头开始播放。

❑ 跳转到某个时间 API：InnerAudioContext.seek(number) 跳转设置的时间，单位为秒，可以使用小数点精确到毫秒。

微信团队还提供了 API 来监听 audio 的播放结束、播放暂停等事件，都是以回调函数的方式。

❑ 监听开始播放 API：InnerAudioContext.onCanplay(function callback)。

❑ 监听播放 API：InnerAudioContext.onPlay(function callback)。

❑ 取消监听播放 API：InnerAudioContext.offPlay(function callback)。

❑ 监听暂停播放 API：InnerAudioContext.onPause(function callback)。

❑ 取消监听暂停播放 API：InnerAudioContext.offPause(function callback)。

❑ 监听播放停止 API：InnerAudioContext.onStop(function callback)。

❑ 监听音频跳转 API：InnerAudioContext.offSeeked(function callback)。

3.4.3 video 视频组件

video 是专门用来播放视频的一个组件，video 组件默认自带了样式，并且上面有播放、暂停、进度条和全屏按钮，这些组件也可以通过属性设置来显示隐藏。样式如图 3-26 所示。

图 3-26　video 默认样式

video 属性见表 3-25。

表 3-25　video 组件属性

属性	类型	默认值	说明
src	string		要播放视频的资源地址
duration	number		指定视频时长
controls	boolean	true	是否显示默认播放控件（播放/暂停按钮、播放进度、时间）
danmu-list	Array.<object>		弹幕列表
danmu-btn	boolean	false	是否显示弹幕按钮，只在初始化时有效，不能动态变更
enable-danmu	boolean	false	是否显示弹幕，只在初始化时有效，不能动态变更
autoplay	boolean	false	是否自动播放
loop	boolean	false	是否循环播放
muted	boolean	false	是否静音播放
initial-time	number	0	指定视频初始播放位置
page-gesture	boolean	false	在非全屏模式下，是否开启亮度与音量调节手势（废弃，见 vslide-gesture）
direction	number		设置全屏时视频播放的方向，不指定则根据宽高比自动判断
show-progress	boolean	true	若不设置，宽度大于 240 时才会显示
show-fullscreen-btn	boolean	true	是否显示全屏按钮
show-play-btn	boolean	true	是否显示视频底部控制栏的播放按钮
show-center-play-btn	boolean	true	是否显示视频中间的播放按钮
enable-progress-gesture	boolean	true	是否开启控制进度的手势
object-fit	string	contain	当视频大小与 video 容器大小不一致时，视频的表现形式

（续）

属性	类型	默认值	说明
poster	string		视频封面的图片网络资源地址。若 controls 属性值为 false，则设置 poster 无效
show-mute-btn	boolean	false	是否显示静音按钮
title	string		视频的标题，全屏时在顶部展示
play-btn-position	string	bottom	播放按钮的位置
enable-play-gesture	boolean	false	是否开启播放手势，即双击切换播放/暂停
auto-pause-if-navigate	boolean	true	当跳转到其他小程序页面时，是否自动暂停本页面的视频
auto-pause-if-open-native	boolean	true	当跳转到其他微信原生页面时，是否自动暂停本页面的视频
vslide-gesture	boolean	false	在非全屏模式下，是否开启亮度与音量调节手势（同 page-gesture）
vslide-gesture-in-fullscreen	boolean	true	在全屏模式下，是否开启亮度与音量调节手势
bindplay	eventhandle		当开始/继续播放时触发 play 事件
bindpause	eventhandle		当暂停播放时触发 pause 事件
bindended	eventhandle		当播放到末尾时触发 ended 事件
bindtimeupdate	eventhandle		播放进度变化时触发，event.detail = {currentTime, duration}。触发频率 250ms 一次
bindfullscreenchange	eventhandle		视频进入和退出全屏时触发，event.detail = {fullScreen, direction}，direction 有效值为 vertical 或 horizontal
bindwaiting	eventhandle		视频出现缓冲时触发
binderror	eventhandle		视频播放出错时触发
bindprogress	eventhandle		加载进度变化时触发，只支持一段加载。event.detail = {buffered}，百分比

在对视频的处理中，微信团队提供了两个特有的 API。

保存视频需要用户授权：wx.saveVideoToPhotosAlbum，代码示例如下：

```
//Video.js 文件
wx.saveVideoToPhotosAlbum({
  filePath: '视频的路径',
  success: funcation(res){
    // 成功保存
  },
  fail: funcation(err){
    // 失败 err 为失败原因
  },
  complete: function(){
  // 完成，对错都会跑到这个函数
  }
})
```

拍摄视频或选择视频：wx.chooseVideo，代码示例如下：

```
//Video.js 文件
wx.chooseVideo({
    //album 为相册选取，camera 为相机拍摄
    sourceType: ['album','camera'],
    //1.6.0 以上才可以使用是否压缩选择的视频文件
    compressed: 'true',
    // 最长拍摄时间，单位为秒
    maxDuration: '60',
    // 调用前置摄像头(front)还是后置摄像头(back)
    camera: 'back',
    success: funcation(res){
        // 拍摄成功
        //res.tempFilePath 视频的临时文件路径
        //res.duration 视频的时间长度
        //res.size 视频的大小
        //res.height 视频的高度
        //res.width 视频的宽度
    },
    fail: funcation(err){
        // 失败 err 为失败原因
    },
    complete: function(){
        // 完成，对错都会跑到这个函数
    }
})
```

在 JavaScript 文件中需要获取到对应 video 的上下文，然后才能调用对应的 API 来进行控制，获取 video 对应的上下文代码为 "wx.createVideoContext('idName','Object this')"。

- ❏ 播放视频 API：VideContext.play()。
- ❏ 暂停视频 API：VideContext.pause()。
- ❏ 停止视频 API：VideContext.stop()。
- ❏ 跳转到某个时间 API：VideoContent.seek(number)。
- ❏ 倍速播放 API：VideContext.playbackRate(number)，倍速播放目前只支持 0.5/0.8/1.0/1.25/1.5。
- ❏ 退出全屏 API：VideoContent.exitFullScreen()。
- ❏ 进入全屏 API：VideoContent.requestFullScreen({direcation:number})number 为 0 时竖屏，为 90 时屏幕逆时针 90 度，为-90 时屏幕顺时针 90 度。
- ❏ iOS 显示状态栏 API：VideoContent.showStatusBar()。
- ❏ iOS 隐藏状态栏 API：VideoContent.hideStatusBar()。

3.5　画布组件 canvas

微信小程序的 canvas 与 HTML 中的 canvas 在使用上基本一致，只是对其进行了封装，使用起来更加简单、方便。注意，canvas 也是原生组件，层级最高，页面的其他组件除了 "cover-view" 和 "cover-image"，无论 z-index 设置得多大，都无法覆盖在其上。canvas 属性见表 3-26。

表 3-26　canvas 组件属性

属性	类型	默认值	说明
canvas-id	string		canvas 组件的唯一标识符必须填写
disable-scroll	boolean	false	当在 canvas 中移动时且有绑定手势事件时，禁止屏幕滚动以及下拉刷新
bindtouchstart	eventhandle		手指触摸动作开始
bindtouchmove	eventhandle		手指触摸后移动
bindtouchend	eventhandle		手指触摸动作结束
bindtouchcancel	eventhandle		手指触摸动作被打断，如来电提醒、弹窗
bindlongtap	eventhandle		手指长按 500 ms 后触发，触发了长按事件后进行移动不会触发屏幕的滚动
binderror	eventhandle		当发生错误时触发 error 事件，detail = {errMsg}

3.6　项目实战：计算器

编写一个类似于苹果计算器的微信小程序，并实现逻辑运算，适配 iPhone8 的屏幕尺寸，项目效果如图 3-27 所示。

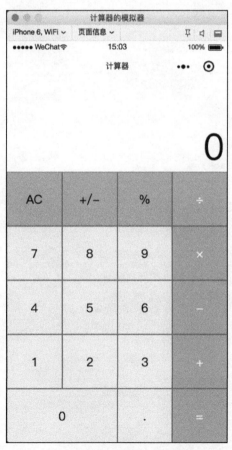

图 3-27　计算器项目示例

　　首先搭建项目的界面，因为还没有学习如何获取屏幕的大小，所以在搭建界面的时候只适配 iPhone8 的屏幕尺寸。把底部的按钮大小高度设置成固定大小 90px。

　　整个内容分为上面的数字显示和下面的按钮排列，因为上面的数字显示是从左下角开始的，所以在这里，flex 布局 flex-direction 等于 column-reverse，以左下角为屏幕原点，由下往上布局。

　　因为功能按钮的样式比较统一，所以使用 wx:for 循环来进行布局，每个按钮都使用 view 组件加手势单击的方式。

```
// index.wxml 文件
<!--index.wxml-->
<!-- 整体 -->
<view class='body'>
  <!-- 底部的按钮 -->
  <view class='bottom'>
    <!-- 通过block 和 wx:for 来循环创建 -->
    <block wx:for='{{array}}' wx:key='{{index}}'>
      <!-- 每一个按钮单元 -->
      <view class='item {{index<3? "gray":""}} {{(index==3 || index ==7 || index==11
|| index == 15 || index == 18)? "orange":""}} {{index==16? "twoItem":""}}' bindtap='bindtap'
data-index="{{index}}">{{item}}</view>
    </block>
  </view>
  <!-- 顶部显示结果 -->
  <view class='end'>
    <text>{{currentEnd}}</text>
  </view>
</view>
// index.wxss 文件
/**index.wxss**/
.body{
  width: 100%;
  height: 100vh;
  background-color: black;
  /* 使用 flex 布局 */
  display: flex;
  flex-direction: column-reverse;
}
/* 顶部显示结果 */
.end{
  width: 100%;
  height: 25%;/* 动态设置 */
  /* background-color: red; */
  position: relative;
}
.end text{
  position: absolute;
  bottom: 0;
  right: 5px;
  font-size: 60px;
  color: white;
}
/* 底部的按钮 */
.bottom{
```

```
  width: 100%;
  height: 450px;/* 5×90px */
  background-color: green;
}
/* 按钮的整体样式 设置高度为 90px */
.bottom .item{
  display: inline-block;
  width: 25%;
  height: 90px;
  background-color: #eeeeee;
  /* 字体设置 */
  color: black;
  text-align: center;
  line-height: 90px;
  font-size: 20px;
  /* 边框设置 */
  border: 1px solid #777777;
  box-sizing: border-box;
}
.bottom .gray{
  background-color: orange;
  color: black;
}
.bottom .orange{
  background-color: orange;
  color: white;
}
/* 单独占两个位置 */
.bottom .twoItem{
  width: 50%;
}
// index.js 文件
// index.js
Page({
  data: {
  // 底部功能按钮数组
    array: ['AC', '+/-', '%',"÷",
           '7','8','9','×',
           '4','5','6','-',
           '1','2','3','+',
           '0','.','='],
  currentEnd: '0',// 当前的结果
  }
})
```

此时的界面如图 3-27 所示，已经把计算器的界面搭建完成了。下面就来写最复杂的页面逻辑。

在写页面逻辑之前要思考清楚，如何实现这个功能。在一个大的功能实现之前，可以先思考如何完成最最基础的功能，然后一步一步考虑各种复杂情况的出现，再用代码来保证复杂情况出现时如何处理。对计算器的思考如下：

（1）界面上数字的显示情况只有一种，并把界面上数字的显示与运算区分开来。

例如：2+3*4，这个运算的界面上只显示 2、3、4 和最后的运算结果 14，如果用户一输入就得

出结果的话，那么这个结果就变成了（2+3）*4=20。所以，使用一个 String 类型来专门保存用户输入的信息，当用户单击"="时再把记录的 String 进行运算。

把 String，"2+3*4"变为运算内容需要使用 JavaScript 中的 eval()函数，但是此函数在微信小程序中被舍弃了，所以使用一个第三方 Binding.js 文件来代替 eval()函数。

（2）界面上数字的显示有两个特殊的地方需要进行单独处理，一个是"+/-"的取反，一个是"."添加小数点。

当用户单击"+/-"时，需要对当前显示的数字进行取反操作，同时，要取出记录用户输入的 String 的最后一个数字，然后取反再放回，如果最后一位是运算符的话，不需要处理。

当用户单击"."时，需要把当前显示的数字转为 String 后拼接"."显示，同时，把记录用户输入的 String 也拼接"."。如果最后一位是运算符的话，不需要处理。

（3）当用户单击"AC"时，需要把记录用户输入的 String 和当前展示的数字清空。

（4）当用户单击"="时，需要判断用户输入的 String 的最后一位是否是运算符和"."小数点，如果是运算符和"."小数点，则去除最后一位再进行运算，并且把记录用户输入的 String 清空。

（5）当用户单击"%""÷""×""+""-"运算符时，需要判断记录用户输入的 String 是否是空的，如果是，则需要在记录用户输入的 String 的最前面添加"0"。需要判断记录用户输入的 String 的最后一位是否是运算符，如果是就替换成当前输入的运算符。需要判断记录用户输入的 String 的最后一位是否是小数点，如果是需要在最后一位添加"0"。其他情况直接把用户输入的运算符记录下来即可。

（6）当用户单击数字时，需要判断记录用户输入的 String 是否是空的，如果是则直接把用户单击的数字，当作显示的数字即可，同时记录用户输入的 String 添加上用户单击的数字。需要判断记录用户输入的 String 的最后一位是否是运算符，如果是则直接把用户单击的数字，当做显示的即可，同时记录用户输入的 String 添加上用户单击的数字，如果不是，说明当前已经有显示的数字，需要判断当前显示的数字是否是 0，如果是把用户单击的数字当作显示的数字即可，同时记录用户输入的 String 添加上用户单击的数字。如果不是 0，则需要把当前显示的数字转为 String 再拼接上用户单击的数字。流程如图 3-28 所示。

```
// index.js
// 微信小程序不能使用 eval 函数了，所以引用一个代替 eval 函数的
var Binding = require('../../tools/Binding.js');
Page({
  data: {
    // 底部功能按钮数组
    array: ['AC', '+/-', '%','÷',
            '7','8','9','×',
            '4','5','6','-',
            '1','2','3','+',
            '0','.','='],
    currentEnd: '0',// 当前的结果
    operator: '',// 记录运算符式
  },
  bindtap: function(res){
  // 获取单击的
  // console.log(res.currentTarget.dataset.index);
    var index = res.currentTarget.dataset.index;
```

```
// 取出当前的值
var currentEnd = this.data.currentEnd;
// 查看当前的运算符
```

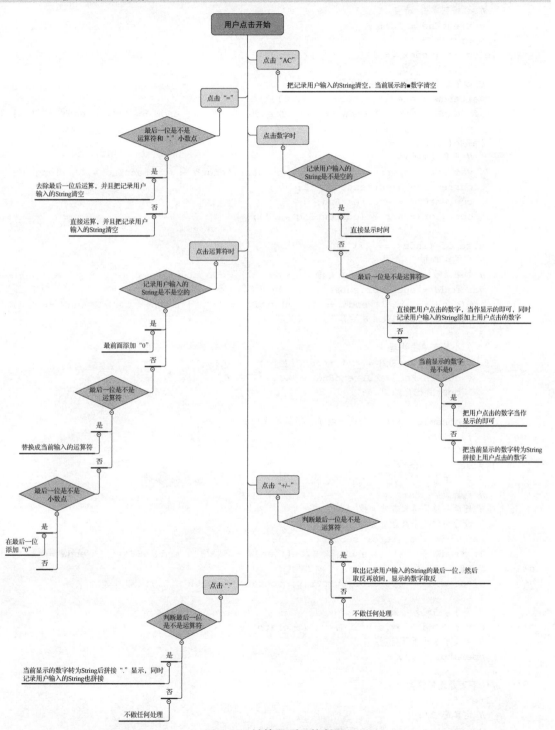

图 3-28 计算器项目流程图

```
var operator = this.data.operator;
// 下面处理单击事件
if (index == 0){
  //AC 按钮单击 清空
  currentEnd = '0';
  operator = '';
}else if (index == 1){
  // 正负取反
  // 如果最后一位是运算符就不做处理
  var endW = operator.substr(-1, 1);
  if (endW == '%' || endW == '/' || endW == '*' || endW == '+' || endW == '-') {
    console.log("最后是运算符，不做处理");
  }else{
    // 正负取反处理
    var str = operator.substr(0, operator.length - (currentEnd + '').length);
    currentEnd = currentEnd * 1;
    currentEnd = -currentEnd;
    operator = str + (currentEnd + '');
  }
} else if (index == 17) {
  // 小数点单击
  // 如果最后一位是运算符就不做处理
  var endW = operator.substr(-1, 1);
  if (endW == '%' || endW == '/' || endW == '*' || endW == '+' || endW == '-') {
    console.log("最后是运算符，不做处理");
  } else {
    // 小数点单击处理
    if ((currentEnd + '').indexOf('.') == -1) {
      currentEnd = currentEnd + '.';
      operator += '.';
    } else {
      console.log('已经是小数了，不做处理');
    }
  }
} else if (index == 18) {
  // 等号单击
  // 判断最后一位
  // 最后一位是运算符就去掉
  // 最后一位是小数点也去掉
  var endW = operator.substr(-1, 1);
  if (endW == '%' || endW == '/' || endW == '*' || endW == '+' || endW == '-' ||
endW == '.') {
    operator = operator.substr(0, operator.length - 1);
  }
  // 等号单击运算结果
  currentEnd = wx.binding.eval(operator);
  // 再次单击从新开始
  operator = '';
}
/* 下面是运算符类 */
else if (index == 2) {
  // 运算符'%';
  operator = this.fuhaoFun(operator,'%');
```

```
  } else if (index == 3) {
    // 运算符'/';
    operator = this.fuhaoFun(operator, '/');
  } else if (index == 7) {
    // 运算符'*';
    operator = this.fuhaoFun(operator, '*');
  } else if (index == 11) {
    // 运算符'-';
    operator = this.fuhaoFun(operator, '-');
  } else if (index == 15) {
    // 运算符'+';
    operator = this.fuhaoFun(operator, '+');
  }
  /* 剩下的都是数字 */
  else if (index == 16){
    // 数字 0
    currentEnd = this.yunsuanFun(operator, currentEnd, 0);
    operator += '0';
  }else if (index == 4) {
    // 数字 7
    currentEnd = this.yunsuanFun(operator, currentEnd, 7);
    operator += '7';
  }else if (index == 5) {
    // 数字 8
    currentEnd = this.yunsuanFun(operator, currentEnd, 8);
    operator += '8';
  }else if (index == 6) {
    // 数字 9
    currentEnd = this.yunsuanFun(operator, currentEnd, 9);
    operator += '9';
  }else if (index == 8) {
    // 数字 4
    currentEnd = this.yunsuanFun(operator, currentEnd, 4);
    operator += '4';
  }else if (index == 9) {
    // 数字 5
    currentEnd = this.yunsuanFun(operator, currentEnd, 5);
    operator += '5';
  }else if (index == 10) {
    // 数字 6
    currentEnd = this.yunsuanFun(operator, currentEnd, 6);
    operator += '6';
  }else if (index == 12) {
    // 数字 1
    currentEnd = this.yunsuanFun(operator, currentEnd, 1);
    operator += '1';
  }else if (index == 13) {
    // 数字 2
    currentEnd = this.yunsuanFun(operator, currentEnd, 2);
    operator += '2';
  }else if (index == 14) {
    // 数字 3
    currentEnd = this.yunsuanFun(operator,currentEnd,3);
```

```
      operator += '3';
    }
    console.log(operator+'====='+currentEnd);
    // 所有情况处理完赋值
    this.setData({
      currentEnd: currentEnd,
      operator: operator,
    })
},
// 输入是数字的时候进行运算
yunsuanFun: function (operator,currentEnd,num){
  // 判断是否是重新开始的
  if (operator.length == 0){
    currentEnd = num;
    return currentEnd;
  }
  // 不是重新开始的运算
  var endW = operator.substr(-1,1);
  if (endW == '%' || endW == '/' || endW == '*' || endW == '+' || endW == '-'){
    currentEnd = num;
  }else{
    if (currentEnd == 0) {
      // 初始时单击数字
      currentEnd = num;
    }else{
      currentEnd = currentEnd + '' + num;
    }
  }
  return currentEnd;
},
// 输入是运算符的时候进行运算
fuhaoFun: function(operator,fuhao){
  // 单击了等号后单击了运算符
  if(operator.length == 0){
    operator = 0+fuhao;
    return operator;
  }
  // 判断是否是运算符
  var endW = operator.substr(-1, 1);
  if (endW == '%' || endW == '/' || endW == '*' || endW == '+' || endW == '-') {
    // 把最后一个运算符进行替换掉
    operator = operator.substr(0,operator.length-1);
    operator += fuhao;
  }else if(endW == '.'){
    // 最后一位为小数点的情况
    operator = operator + '0' + fuhao;
  }else{
    // 直接添加运算符
    operator += fuhao;
  }
  return operator;
  }
}))
```

var Binding 为引入的第三方工具，以此来代替 JavaScript 中的 eval()函数。data:{}存放的是全局数据，即需要与 wxml 文件进行数据展示的数据。在 data 中的数据为全局数据，在赋值时需要使用 this.setData 的方式；在取值时要使用 this.data.数据的方式，其中 this 为当前页面对象。在 wxml 中给所有的 view 组件单击事件添加 data-index="{{index}}"标识符，然后在 bindtap:function(res)触发事件中的 currentTarget.dataset.index 中获取标识符，来区分单击的到底是哪个 view。通过 if 判断语句来执行不同的 view 对应的不同操作。对于一些公共的、经常用到的代码，通过函数的方式抽取出来，使用的时候通过 this.函数名来调用，以此来减少代码冗余，例如 yunsuanFun 和 fuhaoFun。在代码调试阶段，可以使用断点调试的方式或者 console.log 打印的方式，来查看获取到的数据是否正确，如果使用 console.log 打印的方式，需要在完成后注释掉，或者删除掉。

3.7　本章小结

本章主要介绍了微信小程序经常用到的 UI 组件，并且把常用的组件分为了基础组件、高级组件、表单组件、媒体组件和画布 Canvas。从这些类别中区分记忆各种不同的组件功能及其对应的属性和样式的设置使用，并且还介绍了媒体组件中几个常用到的 API。最后介绍了一个计算器实战项目，此项目比较考验逻辑思维能力，以及对一些代码逻辑的细节、健壮性进行了优化。对于复杂的逻辑功能，要学会进行拆解，一步一步来实现，在实现过程中可以对代码进行抽取，以此来减少代码量，提高可扩展性。计算器项目还对 UI 组件的使用和布局有较高的要求，通过 for 循环和嵌套的三目运算符来实现不同的样式效果和布局搭建。

第4章　微信小程序 API

本章将讲解微信小程序中经常用到的 API，API 是微信团队封装提供的一些接口功能，开发人员调用这些接口，可以实现相应的模块功能，例如视频和音频的 API，只需要调用一些 API，即可实现对视频音频的控制。

微信小程序提供了很多 API 以方便开发者使用，省去了一些底层代码逻辑的书写和兼容性的配置，这也是微信小程序跨平台和功能点的强大之处。

4.1　页面导航

页面导航指的是页面与页面之间的互相跳转，例如页面 A 跳转到页面 B，页面 B 跳转到页面 C，页面 C 返回页面 B 或页面 A。

在微信小程序中，页面之间的跳转类似于路由跳转，都是通过传递一个 URL 地址来确认跳转页面的。页面之间传递参数也是通过在 URL 后添加 key1=value1&key2=value2…，这与网页中的路由跳转和 get 请求都是一致的。接收参数时，是在页面的 onLoad 方法中接收的。

```
Page({
  onLoad: function(option){
    console.log(option.query)// option.query 为"? "后的内容且以对象的方式接收
  }
})
```

在微信小程序中存在一个页面栈的概念，例如页面 A 跳转到页面 B，页面 B 跳转到页面 C，相当于在页面栈中依次添加了页面 A、页面 B、页面 C，当单击左上角的返回时，相当于从页面栈中再依次取出页面 B、页面 A。如图 4-1 所示。页面栈只能先进后出，后进先出。

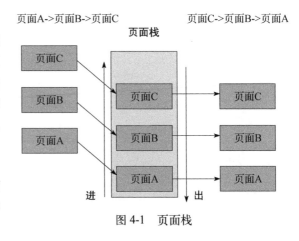

图 4-1　页面栈

4.1.1　wx.navigateTo

wx.navigateTo：进入页面栈，把跳转页面置于当前页面栈的最顶部。但是不能跳转到存在 tabBar 的页面。

```
wx.navigateTo({
  url: '页面路径',
  success: funcation(){
```

```
    // 跳转成功
  },
  fail: funcation(){
    // 跳转失败
  },
  complete: funcation(){
    // 不管成功失败都会执行
  }
})
```

4.1.2　wx.navigateBack

wx.navigateBack：跳出页面栈，关闭当前页面，与微信内置导航栏上的返回键功能一样，区别是可以通过设置"delta"一次返回多个页面，但是 delta 的值要小于页面栈中总页面的数量，可以通过 API "getCurrentPages()" 获取当前页面的页面栈。

```
wx.navigateBack({
  delta: number, // 返回页面数
  success: funcation(){
    // 跳转成功
  },
  fail: funcation(){
    // 跳转失败
  },
  complete: funcation(){
    // 不管成功失败都会执行
  }
})
```

4.1.3　wx.switchTab

wx.switchTab：专门用来切换 tabBar，会跳转到 tabBar 对应的页面中，并且关闭其他非 tabBar 页面。

```
wx.switchTab({
  url: '页面路径',
  success: funcation(){
    // 跳转成功
  },
  fail: funcation(){
    // 跳转失败
  },
  complete: funcation(){
    // 不管成功失败都会执行
  }
})
```

4.1.4　wx.redirectTo

wx.redirectTo：首先把当前页面从页面栈中取出释放掉，然后把要跳转的页面添加到页面栈的最顶部，也可以理解为把页面栈最顶部的页面替换掉。但是不能跳转到存在 tabBar 的页面。

```
wx.redirectTo({
  url: '页面路径',
  success: funcation(){
    // 跳转成功
  },
  fail: funcation(){
    // 跳转失败
  },
  complete: funcation(){
    // 不管成功失败都会执行
  }
})
```

4.1.5　wx.reLaunch

wx.reLaunch：会把当前页面栈中的页面全部清空，然后把要跳转的页面添加到页面栈中。但是不能跳转到存在 tabBar 的页面。

```
wx.reLaunch ({
  url: '页面路径',
  success: funcation(){
    // 跳转成功
  },
  fail: funcation(){
    // 跳转失败
  },
  complete: funcation(){
    // 不管成功失败都会执行
  }
})
```

4.2　网络请求

客户端与服务器进行交互时，发送的网络数据，称为网络请求。例如，获取用户钱包余额、头像信息等，都需要客户端向服务器发送请求，服务器查询数据库后再把数据传递给客户端。如图 4-2 所示。

在 1.2.2 节中，已经讲解了微信小程序对服务器的配置，在微信开发工具的右上角"详情"单击展开的最底部，如图 4-3 所示。

勾选则可以发送任何域名，不勾选则只能发送配置过的域名。

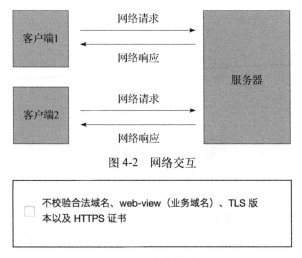

图 4-2　网络交互

图 4-3　域名效验

4.2.1　发送网络请求

发送网络请求时，调用微信小程序的发送网路请求 API "wx.request" 即可，参数如表 4-1。

表 4-1　wx.request 请求参数

属性	类型	默认值	说明
url	string		开发者服务器接口地址，必须填写
data	string/object/ArrayBuffer		请求的参数
header	Object		设置请求的 header，header 中不能设置 Referer。content-type 默认为 application/json
method	string	GET	HTTP 请求方法
dataType	string	json	返回的数据格式
responseType	string	text	响应的数据类型
success	function		接口调用成功的回调函数
fail	function		接口调用失败的回调函数
complete	function		接口调用结束的回调函数（调用成功、失败都会执行）

其中 method 请求方法有"OPTIONS""GET""HEAD""POST""PUT""DELETE""TRACE" "CONNECT"其使用与 HTML 中的请求是一致的。

每个 wx.request 都是一个请求任务，可以通过其 API "requestTask.abort()"将其取消。

```
// 获取请求任务
const requestTask = wx.request({
})
// 取消请求任务
requestTask.abort()
```

4.2.2　文件的上传、下载

文件的上传、下载与网络请求类似，都是客户端向服务器发送请求，服务器响应数据，不同的是文件一般数据较大，网络请求一般数据较小。微信团队针对文件的上传、下载也提供了专门的 API 来方便调用。

文件下载的 API：wx.downloadFile，代码如下：

```
// 下载请求任务
wx.downloadFile({
  url: '下载请求文件的地址',
  header: '请求的头部设置，可以不设置',
  filePath: '文件下载后存储的路径',
  success: funcation(){
    // 文件下载成功
  },
  fail: funcation(){
    // 文件下载失败
  },
  complete: funcation(){
    // 不管成功失败都会执行
  }
})
```

监听下载进度的代码如下：

```
// 获取下载请求任务
const downloadtTask = wx. downloadFile ({
})
// 监听下载请求任务
downloadtTask.onProgressUpdate(funcation(res){
    res.progress              // 下载的进度百分比
    res.totalBytesWritten      // 已经下载的数据长度
    res.totalBytesExpectedToWrite  // 需要下载的数据总长度
})
```

取消下载的代码如下：

```
// 获取下载请求任务
const downloadtTask = wx. downloadFile ({
})
// 取消下载请求任务
downloadtTask.abort()
```

文件上传的 API：wx.uploadFile，代码如下：

```
// 上传请求任务
wx.uploadFile({
    url: '上传请求文件的地址',
    header: '请求的头部设置，可以不设置',
    filePath: '上传文件的路径',
    name: '文件的名称',
    formData: '额外的 form data',
    success: funcation(){
        // 文件上传成功
    },
    fail: funcation(){
        // 文件上传失败
    },
    complete: funcation(){
        // 不管成功失败都会执行
    }
})
```

监听上传进度的代码如下：

```
// 获取上传请求任务
const uploadFile = wx.uploadFile ({
})
// 监听上传请求任务
uploadFile.onProgressUpdate(funcation(res){
    res.progress              // 上传进度的百分比
    res.totalBytesSent         // 已经上传的数据长度
    res.totalBytesExpectedToSent  // 需要上传的数据总长度
})
```

取消上传的代码如下：

```
// 获取上传请求任务
const uploadFile = wx.uploadFile ({
})
// 取消上传请求任务
uploadFile.abort()
```

4.3 文件的操作

微信小程序提供了一些常用 API 以让开发者方便地管理、获取文件，同时也提供了一个 FileSystemManager 文件管理者来操作文件。文件的操作针对的是当前的微信小程序，保存的文件等也保存在当前的微信小程序中，每一个微信小程序最多保存的文件大小为 10M。

4.3.1 文件保存与打开

把某个文件保存到微信小程序中，代码如下：

```
// 文件保存
wx.saveFile({
  tempFilePath: 'filePath',    // 需要保存的文件的临时路径
  success: funcation(res){
    // 文件保存成功
    res.savedFilePath            // 文件保存后的地址
  },
  fail: funcation(){
    // 文件保存失败
  },
  complete: funcation(){
    // 不管成功失败都会执行
  }
})
```

打开保存的文件，代码如下：

```
// 文件保存
wx.openDocument({
  filePath: 'filePath',       // 需要打开的文件路径
  fileType: 'fileType',       // 打开文件的文件类型，可以不填写
  success: funcation(res){
    // 文件打开成功
  },
  fail: funcation(){
    // 文件打开失败
  },
  complete: funcation(){
    // 不管成功失败都会执行
  }
})
```

fileType 的合法值，如表 4-2。

表 4-2　fileType 的合法值

值	说明
doc	doc 格式
docx	docx 格式
xls	xls 格式
xlsx	xlsx 格式
ppt	ppt 格式
pptx	pptx 格式
pdf	pdf 格式

4.3.2　文件信息获取

获取保存文件的列表，代码如下：

```
// 获取保存文件的列表
wx.getSavedFileList({
  success: funcation(res){
    // 保存文件列表获取成功
    res.fileList            // 数组类型，内部每一个元素即对应一个文件
    res.fileList[index].filePath   // 文件的路径
    res.fileList[index].size       // 文件的大小
    res.fileList[index].createTime // 文件保存时的时间戳，从 1970/01/01 08:00:00 到当前时间的
                                   // 秒数
  },
  fail: funcation(){
    // 保存文件列表获取失败
  },
  complete: funcation(){
    // 不管成功失败都会执行
  }
})
```

获取单个文件的信息，代码如下：

```
// 获取单个文件的信息
wx.getFileInfo({
  filePath: 'filePath',// 文件路径
  digestAlgorithm: 'md5/sha1',   // 计算文件的算法，可以不填写
success: funcation(res){
  // 获取文件信息成功
  res.size                 // 文件的大小
  res.digest               // 计算文件的值与上面"digestAlgorithm"的值对应
},
  fail: funcation(){
    // 获取文件信息失败
  },
```

```
complete: funcation(){
   // 不管成功失败都会执行
  }
})
```

4.3.3　文件管理者

微信团队除了提供一些文件操作的 API 之外，还提供了一个文件管理者 "wx.getFileSystem
Manger()"，文件管理者是全局唯一的，可以通过文件管理者来操作文件，如创建、删除、重命名
等操作，如表 4-3。

表 4-3　文件管理者操作 API

API	说明
FileSystemManager.access(Object object)	判断文件/目录是否存在
FileSystemManager.appendFile(Object object)	在文件结尾追加内容
FileSystemManager.saveFile(Object object)	将临时文件保存到本地。此接口会移动临时文件，因此调用成功后，tempFilePath 将不可用
FileSystemManager.getSavedFileList(Object object)	获取该小程序下已保存的本地缓存文件列表
FileSystemManager.removeSavedFile(Object object)	删除该小程序下已保存的本地缓存文件列表
FileSystemManager.copyFile(Object object)	复制文件
FileSystemManager.getFileInfo(Object object)	获取该小程序下的本地临时文件或本地缓存文件信息
FileSystemManager.mkdir(Object object)	创建目录
FileSystemManager.readdir(Object object)	读取目录内文件列表
FileSystemManager.readFile(Object object)	读取本地文件内容
FileSystemManager.rename(Object object)	重命名文件。可以把文件从 oldPath 移动到 newPath
FileSystemManager.rmdir(Object object)	删除目录
FileSystemManager.stat(Object object)	获取文件 Stats 对象
FileSystemManager.unlink(Object object)	删除文件
FileSystemManager.unzip(Object object)	解压文件
FileSystemManager.writeFile(Object object)	写文件

4.4　图片的操作

在 3.4.1 节中介绍了如何使用 API 来拍摄照片，本节将介绍如何获取相册图片和图片浏览，使
用户对图片进行更多的操作。图片的操作需要用户授权才可以进行。

4.4.1　图片选择

选择图片即打开用户的相册，让用户选取任意图片，也可以调用手机的系统相机来拍摄图片，
拍摄的图片会自动保存在用户相册。

```
// 图片选择
wx.chooseImage({
    count: 9,                         // 最多可以选择的图片张数
    sizeType: ['original','compressed'], // 选择图片的尺寸, original 为原图, compressed 为压缩图
    sourceType: ['album','camera'],   // 选择图片的来源, album 为相册选取, camera 为相机拍照
    success: funcation(res){
        // 图片选择成功
        res.tempFilePaths            // 数组类型, 选取图片的临时路径
        res.tempFiles                // 数组类型, 选取图片的本地临时文件
    },
    fail: funcation(){
        // 图片选择失败
    },
    complete: funcation(){
        // 不管成功失败都会执行
    }
})
```

选取图片在模拟器中为选取文件, 在真机中如图 4-4 所示, 单击左上角的拍摄照片可以进行拍照。

图 4-4　真机选择图片

4.4.2　图片预览

图片预览即单击图片, 全屏查看图片, 且可以进行缩放。如果图片预览传递的是一个数组, 则可以全屏左右滑动查看图片。

```
// 图片预览
wx.previewImage({
    urls: ['imageUrlOne','imageUrlTwo',…],    // 图片 url 地址
    current: 'imageUrlOne',                    // 当前显示图片的链接
    success: funcation(){
        // 图片预览成功
    },
    fail: funcation(){
        // 图片预览失败
    },
    complete: funcation(){
        // 不管成功失败都会执行
    }
})
```

4.4.3 图片信息获取

当获取一张图片的时候，可能需要获取到这张图片的一些信息，这时可以调用 wx.getImageInfo() 来获取图片的信息。

```
// 图片信息获取
wx.getImageInfo ({
    urls: 'imageUrl',                  // 图片 url 地址
    success: funcation(res){
        // 图片信息获取成功
        res.width                      // 图片的宽度，单位 px
        res.height                     // 图片的高度，单位 px
        res.path                       // 图片的本地路径
        res.type                       // 图片的格式
        orientation                    // 图片拍摄时的方向
    },
    fail: funcation(){
        // 图片信息获取失败
    },
    complete: funcation(){
        // 不管成功失败都会执行
    }
})
```

4.4.4 图片保存

把图片保存到用户的相册中，代码如下：

```
// 图片保存
wx.saveImageToPhotosAlbum({
    filrPath: 'imagePath',             // 图片路径，不支持网络路径
    success: funcation(){
        // 图片保存成功
    },
    fail: funcation(){
        // 图片保存失败
    },
```

```
    complete: funcation(){
        // 不管成功失败都会执行
    }
})
```

4.5　交互反馈

当用户单击微信小程序中的按钮时，即用户进行了单击操作，微信小程序会给出一个反馈的状态，这一过程称为用户交互。有时发出网络请求后，希望用户知道网络请求已经发出了，不希望用户再进行下一步的操作，而是等待服务器的响应数据，这时也会使用一个加载动作来告知用户正在进行操作，这样可以减少用户用服务器的交互，降低服务器的访问压力。

4.5.1　消息提示框

消息提示框可以弹出一个下面带有文字上面带有图片的提示框，文字和图片可以告知用户一些信息。内部的文字和图片等都可以自定义，如图4-5所示。

消息提示框显示的代码如下：

```
// 消息提示框显示
wx.showToast({
    title: 'title',       // 提示的内容
    icon: 'iconType',     // 显示的图标
    image: 'imageUrl',    // 优先级高于icon，填写图片路径，用于自定义提示图片
    duration: 1500,       // 提示的延迟时间
    mask: false,          // 是否显示透明蒙层，防止触摸穿透
    success: funcation(){
        // 消息提示框显示成功
    },
    fail: funcation(){
        // 消息提示框显示失败
    },
    complete: funcation(){
        // 不管成功失败都会执行
    }
})
```

消息提示框隐藏的代码如下：

```
// 消息提示框隐藏
wx.hideToast({
    success: funcation(){
        // 消息提示框隐藏成功
    },
    fail: funcation(){
        // 消息提示框隐藏失败
    },
    complete: funcation(){
        // 不管成功失败会执行
    }
})
```

4.5.2　加载提示框

加载提示框也可以自定义文字内容，但是不能自定义图片，上部的图片由微信团队来定义，不可修改。加载提示框一般用于发送网路请求等待服务器响应的过程中，如图 4-6 所示。

图 4-5　消息提示框

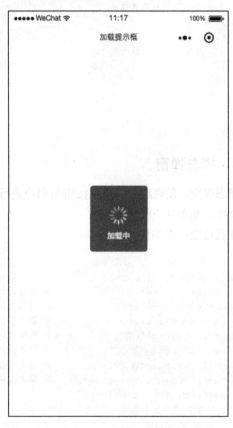

图 4-6　加载提示框

加载提示框显示的代码如下：

```
// 加载提示框显示
wx.showLoading({
    title: 'title',    // 提示的内容
    duration: 1500,    // 提示的延迟时间
    mask: false,       // 是否显示透明蒙层，防止触摸穿透
    success: funcation(){
        // 加载提示框显示成功
    },
    fail: funcation(){
        // 加载提示框显示失败
    },
    complete: funcation(){
        // 不管成功失败都会执行
    }
})
```

加载提示框隐藏的代码如下：

```
// 加载提示框隐藏
wx.hideLoading({
    success: funcation(){
        // 加载提示框隐藏成功
    },
    fail: funcation(){
        // 加载提示框隐藏失败
    },
    complete: funcation(){
        // 不管成功失败都会执行
    }
})
```

4.5.3　模态弹窗

模态弹窗，在底部可以设置按钮与用户进行交互。底部的按钮只能设置 2 个，且文字长度最多为 4 个字。如图 4-7 所示。

加载模态弹窗的代码如下：

```
// 加载模态弹窗
wx.showModal ({
    title: 'title',            // 提示的标题
    content: 'content',        // 提示的内容
    showCancel: true,          // 是否显示取消按钮
    cancelText: '取消',         // 取消按钮的文字，最多 4 个字符
    cancelColor: '#000000',    // 取消按钮的文字颜色
    confirmText: '确定',        // 确定按钮的文字，最多 4 个字符
    confirmColor: '#3cc51f',   // 确定按钮的文字颜色
    success: funcation(res){
        // 加载模态弹窗成功
        res.confirm            //boooolean 类型，true 表示用户单击了确定按钮
        res.camcel             //boooolean 类型，true 表示用户单击了取消按钮
    },
    fail: funcation(){
        // 加载模态弹窗失败
    },
    complete: funcation(){
        // 不管成功失败都会执行
    }
})
```

4.5.4　下弹操作菜单

下弹操作菜单是从微信小程序的底部弹出一个垂直排列的列表，可以单击列表来进行操作，如图 4-8 所示。

下弹操作菜单的代码如下：

```
// 下弹操作菜单
wx.showActionSheet({
```

```
itemList: [],    // 按钮的文字数组，最多可以存放 6 个
itemColor: '#000000',按钮的文字颜色，控制的是所有的文字
success: funcation(res){
  // 下弹操作菜单弹出成功
  res.tapIndex // 用户单击的按钮序号，从上到下的顺序，从 0 开始
},
fail: funcation(){
  // 下弹操作菜单弹出失败
},
complete: funcation(){
  // 不管成功失败都会执行
}
})
```

图 4-7　模态弹窗

图 4-8　下弹操作菜单

4.6　获取用户信息

有时可能需要获取用户的头像、昵称等信息，有时还需要获取用户的位置等，本章主要讲解如何调取 API 来获取用户的信息，需要注意的是用户授权成功后，才可以成功获取用户信息。

4.6.1　用户登录

wx.login 是用户登录 API，获取 code，传递给服务器后，可以用 code 换取用户的 openid 和

seeeion_key，这些都是用户的唯一标识和会话认证。

```
wx.login ({
   timeout: 0,                       // 设置超时时间，可以不设置
   success: funcation(res){
     // 登录成功
     res.code// 登录获取的 code
     // 发送给服务器 code
     wx.request({
           url: '自己服务器的地址',
       data: {
         code: res.code,
       }                             // 设置参数把 code 传递给服务器
     })
   },
   fail: funcation(){
     // 登录失败
   },
   complete: funcation(){
     // 不管成功失败都会执行
   }
})
```

wx.checkSession 检测用户授权登录是否过期，如果获取成功则说明没有过期，如果获取失败则说明已经过期，需要重新获取登录。

```
wx.checkSession ({
   success: funcation(){
     // 未过期
   },
   fail: funcation(){
     // 已经过期
     wx.login()    // 重新登录
   },
   complete: funcation(){
     // 不管成功失败都会执行
   }
})
```

4.6.2 用户信息

获取用户的头像、昵称等信息。其中字段"withCredentials"类型为 boolean 值，当为 true 时，需要此前调用了 wx.login，且登录状态没过期，此时返回的数据包含 encryptedData 等敏感信息；当为 false 时，不要求有登录状态，返回的数据不包含 encryptedData 等敏感信息。

```
wx.getUserInfo({
   withCredentials: false,
   lang: 'en',                       // 用户信息显示的语言
   success: funcation(res){
     // 获取用户信息成功
     var userInfo = res.userInfo     // 用户信息对象
     userInfo.nickName               // 用户昵称
```

```
    userInfo.avatarUrl        // 用户头像
    userInfo.gender           // 用户性别 0：未知，1：男，2：女
    userInfo.province         // 用户所在省份
    userInfo.city             // 用户所在城市
    userInfo.country          // 用户所在国家
  },
  fail: funcation(){
    // 获取用户信息失败
  },
  complete: funcation(){
    // 不管成功失败都会执行
  }
})
```

注意　此接口调用不在弹出授权界面。

微信小程序整体登录流程如图 4-9 所示。

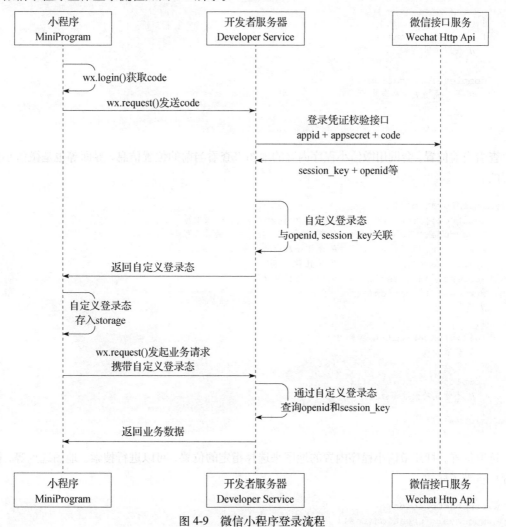

图 4-9　微信小程序登录流程

4.6.3　用户位置

在 3.2.6 节中我们讲解了 map 组件，本节将讲解通过 API 来获取用户的位置信息。获取位置信息需要用户授权。

获取当前用户位置的代码如下：

```
wx.getLocation({
    type: 'wgs84',      // 类型"wgs84"返回 gps 坐标，"gcj02"返回 wx.openLocation 坐标
    altitude: false,    // true 返回结果带高度信息，返回结果会变慢，false 返回结果不带高度信息
    success: funcation(res){
    // 获取成功
    res.latitude        // 纬度，范围-90°~90°，负数表示南纬
    res.longitude       // 经度，范围-180°~180°，负数表示西经
    res.speed           // 速度，单位 m/s
    res.accuracy        // 位置的精确度
    res.altitude        // 高度，单位 m

    },
    fail: funcation(){
      // 获取失败
    },
    complete: funcation(){
      // 不管成功失败都会执行
    }
})
```

查看当前位置。会调用微信小程序内置的地图来查看当前的位置信息，界面等也是微信小程序内置的。

```
wx.openLocation({
    latitude:' latitude',    // 使用 gcj02 坐标系，必须填写
    longitude:' longitude',  // 使用 gcj02 坐标系，必须填写
    scale: 18,               // 地图缩放比例，范围 5~18
    name: 'name',            // 位置名
    address: 'address',      // 位置的详细说明
    success: funcation(){
    // 获取成功
    },
    fail: funcation(){
      // 获取失败
    },
    complete: funcation(){
      // 不管成功失败都会执行
    }
})
```

选取位置。打开微信小程序内置的地图来选择指定的位置，可以进行搜索、地图选点等，微信小程序自带了样式。

```
wx.chooseLocation({
    success: funcation(res){
```

```
    // 选取成功
    res.name       // 位置名称
    res.address    // 位置的详细地址
    res.latitude   // 纬度，范围-90° ～90°，负数表示南纬。使用 gcj02 坐标系
    res.longitude  // 经度，范围-180° ～180°，负数表示西经。使用 gcj02 坐标系
  },
  fail: funcation(){
    // 选取失败
  },
  complete: funcation(){
    // 不管成功失败都会执行
  }
})
```

4.6.4 用户授权

之前讲了很多功能都需要用户授权，如相册、地图等。本节就来讲一下用户授权和注意点。当调用到用户授权的功能时，微信小程序会自动弹出对话框提示用户是否授权，但是此对话框只会弹出一次，一旦用户选择，将不再弹出。

❑ wx.openSetting：会调用起系统程序的设置界面，返回用户设置操作的结果，用户可以在此界面修改授权结果。

❑ wx.getSetting：会把用户已经授权的结果以 json 的形式返回给我们。

❑ wx.authorize：可以查看指定的某授权结果。

```
wx.authorize({
  scope: 'scope',// 需要获取权限的 scope
  success: funcation(){
    // 授权成功允许调用
  },
  fail: funcation(){
    // 授权失败不允许调用
  },
  complete: funcation(){
    // 不管成功失败都会执行
  }
})
```

scope 列表如表 4-4。

表 4-4 scope 列表

scope	对应接口	描述
scope.userInfo	wx.getUserInfo	用户信息
scope.userLocation	wx.getLocation, wx.chooseLocation	地理位置
scope.address	wx.chooseAddress	通信地址
scope.invoiceTitle	wx.chooseInvoiceTitle	发票抬头
scope.invoice	wx.chooseInvoice	获取发票

（续）

scope	对应接口	描述
scope.werun	wx.getWeRunData	微信运动步数
scope.record	wx.startRecord	录音功能
scope.writePhotosAlbum	wx.saveImageToPhotosAlbum, wx.saveVideoToPhotosAlbum	保存到相册
scope.camera	<camera/>组件	摄像头

4.7　设备信息 API

本节主要介绍微信小程序提供的获取用户设备信息的 API，如屏幕的尺寸、设备信息等，同时还会介绍一些拨打电话、获取用户剪切板等功能。微信团队针对一些接口，还设计了同步和异步的概念，同步操作执行完成后会再往下继续执行，异步操作不管执行的结果，直接往下执行，也就是说异步操作不确定什么时候执行完成。

4.7.1　获取设备信息

wx.getSystemInfo 异步获取设备的信息，在成功回调中有设备的信息。wx.getSystemInfoSync 同步获取设备的信息，在成功回调中有设备的信息。

```
wx.getSystemInfo({
  success: funcation(res){
    // 获取设备信息成功
    res.brand            // 手机品牌
    res.model            // 手机型号
    res.pixelRatio       // 设备像素比
    res.screenWidth      // 屏幕宽度
    res.screenHeight     // 屏幕高度
    res.windowWidth      // 可使用窗口宽度
    res.windowHeight     // 可使用窗口高度
    res.statusBarHeight  // 状态栏高度
    res.language         // 微信设置的语言
    res.version          // 微信版本号
    res.system           // 操作系统版本
    res.platform         // 客户端平台
    res.fontSizeSetting  // 用户字体大小设置
    res.SDKVersion       // 客户端基础版本号
    res.benchmarkLeveel  // 性能等级，越大越好
  },
  fail: funcation(){
    // 获取设备信息失败
  },
  complete: funcation(){
    // 不管成功失败都会执行
  }
})
```

4.7.2　屏幕亮度

wx.getScreenBrightness()：获取屏幕亮度，示例代码如下：

```
wx.getSystemInfo({
  success: funcation(res){
    // 获取成功
    res.value              // 屏幕亮度值，范围 0~1，值越大越亮
  },
  fail: funcation(){
    // 获取失败
  },
  complete: funcation(){
    // 不管成功失败都会执行
  }
})
```

wx.setScreenBrightness()：设置屏幕亮度，示例代码如下：

```
wx.setSystemInfo({
  value: 0.5,             // 屏幕亮度值，范围 0~1，值越大越亮
  success: funcation(){
    // 设置成功
  },
  fail: funcation(){
    // 设置失败
  },
  complete: funcation(){
    // 不管成功失败都会执行
  }
})
```

wx.setKeepScreenOn()：设置屏幕常量，只在当前小程序前台运行时有效，进入后台或关闭时失效。

```
wx.setKeepScreenOn({
  keepScreenOn: true,    // boolean 类型，是否保持屏幕常量
  success: funcation(){
    // 设置成功
  },
  fail: funcation(){
    // 设置失败
  },
  complete: funcation(){
    // 不管成功失败都会执行
  }
})
```

4.7.3　获取设备电量

wx.getBatteryInfo()异步获取设备电量信息，在成功回调中，会有设备的电量信息。wx.getBattery InfoSync()同步获取设备电量信息，在 iOS 上不可使用。

```
wx.getBatteryInfo({
    success: funcation(res){
        // 获取成功
        res.level// 设备电量，范围 1~100
        res.isCharging    //boolean 类型，是否正在充电
    },
    fail: funcation(){
        // 获取失败
    },
    complete: funcation(){
        // 不管成功失败都会执行
    }
})
```

4.7.4 设备剪切板

程序有时会有复制粘贴的需求，开发者也可以通过 API 来设置、获取设备的剪切板内容。

wx.getClipboardData()：获取设备的剪切板内容，示例代码如下：

```
wx.getClipboardData ({
    success: funcation(res){
        // 获取成功
        res.data              // 设备剪切板内容
    },
    fail: funcation(){
        // 获取失败
    },
    complete: funcation(){
        // 不管成功失败都会执行
    }
})
```

wx.setClipboardData()：设置设备的剪切板内容，示例代码如下：

```
wx.setClipboardData ({
    data: 'string',   // 设置设备剪切板内容
    success: funcation(){
        // 设置成功
    },
    fail: funcation(){
        // 设置失败
    },
    complete: funcation(){
        // 不管成功失败都会执行
    }
})
```

4.7.5 设备方向

看视频时有时需要监听设备的方向来进行不同的布局切换，这时可以通过微信团队提供的 API 来获取设备的方向进行对应的操作。

wx.startDeviceMotionListening()：开始监听设备方向的变化，示例代码如下：

```
wx.startDeviceMotionListening ({
  interval: 'normal',   // 监听设备方向变化回调函数的执行频率
  success: funcation(){
    // 设置成功
  },
  fail: funcation(){
    // 设置失败
  },
  complete: funcation(){
    // 不管成功失败都会执行
  }
})
```

interval 的有效值：

❑ game：适用于游戏类，回调频率在 20 ms/s 左右。

❑ ui：适用于更新 UI 类，回调频率在 60 ms/s 左右。

❑ normal：普通的回调频率，回调频率在 200 ms/s 左右。

wx.stopDeviceMotionListening()：停止监听设备方向的变化，示例代码如下：

```
wx.stopDeviceMotionListening ({
  success: funcation(){
    // 设置成功
  },
  fail: funcation(){
    // 设置失败
  },
  complete: funcation(){
    // 不管成功失败都会执行
  }
})
```

wx.onDeviceMotionChange()：监听设备方向的变化事件，频率根据 interval 的设置值确定，如果停止了监听设备方向的变化，则不会再有结果返回。示例代码如下：

```
wx.onDeviceMotionChange: funcation(res){
  res.alpha   // 当手机坐标 X/Y 和 地球 X/Y 重合时，绕着 Z 轴转动的夹角为 alpha，范围值为 [0,
              // 2*PI]。逆时针转动为正
  res.beta    // 当手机坐标 Y/Z 和地球 Y/Z 重合时，绕着 X 轴转动的夹角为 beta。范围值为 [-1*PI,
              // PI]。顶部朝着地球表面转动为正，也有可能朝着用户为正
  res.gamma   // 当手机 X/Z 和地球 X/Z 重合时，绕着 Y 轴转动的夹角为 gamma。范围值为 [-1*PI/2,
              // PI/2]。右边朝着地球表面转动为正
}
```

4.7.6　设备网络

获取设备网络的状态，可以在没有网络的时候给用户无网络的提示，以提醒用户网络状态。

wx.getNetworkType()：获取当前的网络类型，示例代码如下：

```
wx.getNetworkType({
  success: funcation(res){
    // 获取成功
```

```
    res.networkType   // 网络类型
  },
  fail: funcation(){
    // 获取失败
  },
  complete: funcation(){
    // 不管成功失败都会执行
  }
})
```

res.networkType 的合法值，如表 4-5。

表 4-5　res.networkType 的合法值

值	说明
wifi	wifi 网络
2G	2G 网络
3G	3G 网络
4G	4G 网络
unknown	Andriod 下不常见的网络类型
none	无网络

4.7.7　拨打电话

微信小程序可以直接调用 API 跳转到拨号页面，实现打电话的功能。

```
wx.makePhoneCall({
  phoneNumber: '手机号码'
  success: funcation(res){
    // 设置成功
  },
  fail: funcation(){
    // 设置失败
  },
  complete: funcation(){
    // 不管成功失败都会执行
  }
})
```

4.7.8　扫描二维码

微信小程序可以直接调用 API 跳转到二维码扫描页面，进行二维码的扫描。此页面由微信团队定义，开发者不能进行修改。

```
wx.scanCode({
  onlyFromCamera: false,        // 是否只能从相机扫码，不允许从相册选择图片
  scanType: ['barCode','qrCode'],  // 扫码类型"barCode"为一维码，"qrCode"为二维码，
                                    // "datamatrix"Data Matrix 码，"pdf417"PDF417 码
  success: funcation(res){
    // 获取成功
    res.result   // 所扫码内容
```

```
        res.scanType   // 所扫码类型
        res.charSet    // 所扫码字符集
        res.path       // 二维码携带的 path
        res.rawData    // 原始数据，base64 编码
    },
    fail: funcation(){
        // 获取失败
    },
    complete: funcation(){
        // 不管成功失败都会执行
    }
}))
```

4.8 其他常用的 API

本节主要介绍一些其他常用的 API。

4.8.1 微信支付

在微信小程序中支付都使用微信支付。当要发起微信支付的时候，需要告诉服务器，要进行微信支付了，服务器会调用微信服务器的支付，并返回必要的参数，开发者获取到参数之后，再让用户进行支付，用户支付的结果会直接在 API 中告知微信小程序，同时，微信服务器也会告知服务器支付的结果。流程图如 4-10 所示。

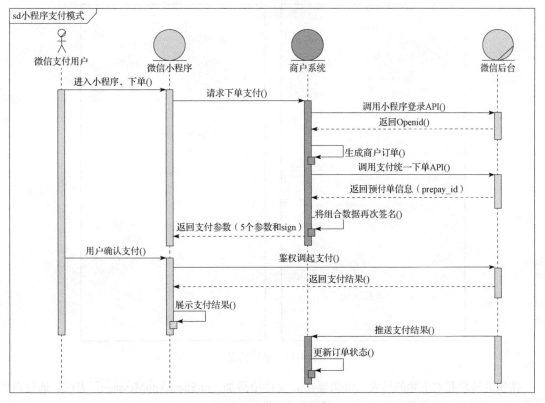

图 4-10 微信支付流程

```
wx.requestPayment({
    timeStamp: '',      // 时间戳
    nonceStr: '',       // 随机字符串
    package: '',        // 统一下单接口返回的 prepay_id 参数值
    signType: 'MD5',    // 签名算法有"MD5"和"HMAC-SHA256 两种
    paySign: '',        // 签名
  success: funcation(){
    // 获取成功
  },
  fail: funcation(){
    // 获取失败
  },
  complete: funcation(){
    // 不管成功失败都会执行
  }
})
```

在实际开发过程中，传递的参数都是服务器返回的，开发者要做的只是直接把参数一一对应填写上即可。

4.8.2　转发

在微信小程序中，经常有一些程序，单击页面的右上角，会弹出转发按钮，单击进行转发；还有些可以通过单击按钮的方式进行转发，如图 4-11 所示。

图 4-11　微信转发

按钮的转发和右上角的转发，都需要在.js 文件中添加"onShareAppMessage"方法，通过返回一个 json 来进行转发内容的设置。

```
<!--index.wxml-->
<button open-type='share'>转发</button>
// index.js
onShareAppMessage: function (res) {
console.log(res);
res.from          // 如果等于"button"则是按钮单击的分享，等于"menu"则是右上角的分享单击
    return{
        title: ' title',          // 转发的标题
        path: 'urlPath',          // 转发的页面路径
        imageUrl: ' imageUrl',    // 转发的图片地址
    }
  }
```

4.8.3 下拉刷新

很多程序都会有下拉刷新的功能，让用户手动更新界面数据，微信团队也很贴心地专门提供了一个下拉刷新的 API，可以直接调用此 API 来监听用户的下拉行为。

监听下拉刷新的代码如下：

```
// index.js
Page({
    onPullDownRefresh(){
    // 监听到下拉刷新
  }
})
```

开始下拉刷新的代码如下：

```
// index.js
wx.startPullDownRefresh({
  success: funcation(){
    // 下拉刷新开始成功
  },
  fail: funcation(){
    // 下拉刷新开始失败
  },
  complete: funcation(){
    // 不管成功失败都会执行
  }
})
```

结束下拉刷新的代码如下：

```
// index.js
wx.stopPullDownRefresh({
  success: funcation(){
    // 下拉刷新结束成功
  },
  fail: funcation(){
    // 下拉刷新结束失败
  },
  complete: funcation(){
    // 不管成功失败都会执行
  }
})
```

4.9　数据缓存

有时需要把一些数据保存在手机本地中，这时就需要使用数据缓存的功能了。注意，微信小程序的数据缓存最大为 1M。数据缓存接口分为同步接口和异步接口，同步接口会在名称的最后添加 Sync。例如，从本地移除指定的 key 异步接口为 wx.removeStorage()，同步接口为 wx.removeStorageSync()。下面只讲解异步 API。

设置本地缓存的 key：

```
// index.js
wx.setStorage({
  key: 'key,              // 缓存的 key 名称
  data: 'value',          // 缓存 key 对应的内容
})
```

获取本地缓存中指定的 key：

```
// index.js
var value = wx.getStorage('key'); // 设置缓存时的 key
```

移除本地缓存中指定的 key：

```
// index.js
wx.removeStorage({
  key: 'key',             // 要移除的 key 的名称
  success: funcation(){
    // 移除成功
  },
  fail: funcation(){
    // 移除失败
  },
  complete: funcation(){
    // 不管成功失败都会执行
  }
})
```

清除所有的缓存数据：

```
// index.js
wx.clearStorage({
  success: funcation(){
    // 清除成功
  },
  fail: funcation(){
    // 清除失败
  },
  complete: funcation(){
    // 不管成功失败都会执行
  }
})
```

4.10　项目实战：九宫格选图

进行图片的选择功能，选择之后可以进行删除和重新选择，单击预览大图等功能。在.js 文件中实现逻辑功能，在.wxml 中搭建界面框架，在.wxss 中书写样式。项目效果如图 4-12 所示。

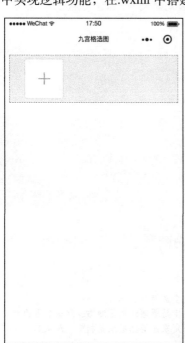

图 4-12　九宫格选图效果界面

（1）首先完成选择图片的界面搭建，以灰色方框为一个大的视图容器，将选中的图片和添加的图片载入代码如下：

```
<!-- index.wxml -->
<view class="addImv">
    <!-- 这个是选择添加图片 -->
    <view class="chooseView" bindtap="chooseImage" style="border-radius: 5px" >
        <image class="chooseImv" src="../../images/addImage.png"></image>
    </view>
</view>
/**index.wxss**/
/*选择图片 View*/
.addImv{
    margin: 20rpx 20rpx;
    background-color: #EEEEEE;
    border: 1px dashed gray;
    display: flex;
    flex-wrap: wrap;/*让多出的内容进行换行*/
    padding: 5rpx 40rpx;
}
/*添加图片*/
.addImv .chooseView{
```

```
        width: 160rpx;
        height: 160rpx;
        background-color: #ffffff;
        margin: 10rpx 23rpx;/*设置边距*/
        border: 1px solid lightgray;
        text-align: center;
        line-height: 180rpx;/*调整图片位置*/
}
/*添加图片内部图片*/
.addImv .chooseImv{
        width: 50rpx;
        height: 50rpx;
}
// 在.js中获取到选择后的图片临时地址
// index.js
Page({
    data: {
        imgArr: [],
    },
    onLoad: function () {
    },
    /** 选择图片 */
    chooseImage: function () {
        var that = this;
        wx.chooseImage({
            count: 9 - that.data.imgArr.length,      // 保证最多选择9张图片
            sizeType: ['original', 'compressed'],     // 可以指定是原图还是压缩图, 默认二者都有
            sourceType: ['album', 'camera'],          // 可以指定来源是相册还是相机, 默认二者都有
            success: function (res) {
                // 返回选定照片的本地文件路径列表, tempFilePath可以作为img标签的src属性显示图片
                console.log(res.tempFilePaths);
                if (res.tempFilePaths.count == 0) {
                    return;
                }
                // 显示图片
                var imgArrNow = that.data.imgArr;
            // 使用concat来拼接数组
                imgArrNow = imgArrNow.concat(res.tempFilePaths);
                console.log(imgArrNow);
            // 图片数组赋值
                that.setData({
                    imgArr: imgArrNow
                })
            }
        })
    },
```

（2）设置选择图片后的样式，既存在添加图片，也存在选择后的图片。因为选择后的图片样式一样，所以选择后的图片可以使用 block 通过 for 循环来循环展示，代码如下：

```
<!-- index.wxml -->
<view class="addImv">
    <!--这个是已经选好的图片-->
```

```
        <block wx:for="{{imgArr}}" wx:key="key">
            <!-- 选中图片的 view 容器 -->
            <view  class="upFile"  bindtap="showImage"  style="border-radius:  5px"
data-id="{{index}}">
                <!-- 展示选择的图片 -->
                <image class="itemImv" src="{{item}}"></image>
                <!-- 删除图标 -->
                <image class="closeImv" src="../../images/delete.png" mode="scaleToFill"
catchtap="deleteImv"  data-id="{{index}}"></image>
            </view>
        </block>
        <!--这个是选择添加图片-->
        <view class="chooseView" bindtap="chooseImage" style="border-radius: 5px">
            <image class="chooseImv" src="../../images/addImage.png"></image>
        </view>
    </view>
/**index.wxss**/
/*选择图片 View*/
.addImv{
    margin: 20rpx 20rpx;
    background-color: #EEEEEE;
    border: 1px dashed gray;
    display: flex;
    flex-wrap: wrap;/*让多出的内容进行换行*/
    padding: 5rpx 40rpx;
}
/*添加图片*/
.addImv .chooseView{
    width: 160rpx;
    height: 160rpx;
    background-color: #ffffff;
    margin: 10rpx 23rpx;/*设置边距*/
    border: 1px solid lightgray;
    text-align: center;
    line-height: 180rpx;/*调整图片位置*/
}
/*添加图片内部图片*/
.addImv .chooseImv{
    width: 50rpx;
    height: 50rpx;
}
/*已选择的图片*/
.addImv .upFile{
    margin: 10rpx 25rpx;
    width: 160rpx;
    height:160rpx;
    position: relative;
    /* background-color: red; */
}
/*已选择的图片内部大小*/
.addImv .upFile .itemImv{
    width: 100%;
    height: 100%;
}
```

```
/*删除图片大小*/
.addImv .upFile .closeImv{
    position: absolute;
    right: 0rpx;
    top: 0rpx;
    width: 50rpx;
    height:50rpx;
}
// index.js
Page({
  data: {
    imgArr: [],
  },
  onLoad: function () {

  },
  /** 选择图片 */
  chooseImage: function () {
    var that = this;
    wx.chooseImage({
      count: 9 - that.data.imgArr.length,        // 最多选择4张图片
      sizeType: ['original', 'compressed'],       // 可以指定是原图还是压缩图，默认二者都有
      sourceType: ['album', 'camera'],            // 可以指定来源是相册还是相机，默认二者都有
      success: function (res) {
        // 返回选定图片的本地文件路径列表，tempFilePath 可以作为 img 标签的 src 属性显示图片
        console.log(res.tempFilePaths);
        if (res.tempFilePaths.count == 0) {
          return;
        }
        // 显示图片
        var imgArrNow = that.data.imgArr;
        imgArrNow = imgArrNow.concat(res.tempFilePaths);
        console.log(imgArrNow);
        that.setData({
          imgArr: imgArrNow
        })
      }
    })
  },
  /** 删除图片 */
  deleteImv: function (e) {
    var imgArr = this.data.imgArr;
    var itemIndex = e.currentTarget.dataset.id;
    imgArr.splice(itemIndex, 1);
    console.log(imgArr);
    this.setData({
      imgArr: imgArr
    })
  },
  /** 幻灯片预览图片 */
  showImage: function (e) {
    var imgArr = this.data.imgArr;
    var itemIndex = e.currentTarget.dataset.id;
    wx.previewImage({
```

```
        current: imgArr[itemIndex],  // 当前显示图片的http链接
        urls: imgArr                 // 需要预览的图片http链接列表
      })
    },
  })
```

这时已经完成了图片选择、删除和单击查看大图的功能。效果如图 4-13 所示。

图 4-13　九宫格选图

（3）因为要限制用户只能选择 9 张图片，所以当图片数组等于 9 的时候，就要把选择图片的按钮隐藏起来，而当用户删除了选过的图片时又要显示出来，所以当用户选择图片和删除图片之后，都调用一个方法来计算看是否需要隐藏选择图片按钮。在 JavaScript 的 data 中，添加一个布尔值来控制添加图片按钮的显示隐藏，代码如下：

```
<!--index.wxml-->
<view class="addImv">
    <!--这个是已经选好的图片-->
    <block wx:for="{{imgArr}}" wx:key="key">
        <!-- 选中图片的view容器 -->
        <view class="upFile" bindtap="showImage" style="border-radius: 5px"
data-id="{{index}}">
            <!-- 展示选择的图片 -->
            <image class="itemImv" src="{{item}}"></image>
            <!-- 删除图标 -->
            <image class="closeImv" src="../../images/delete.png" mode="scaleToFill"
catchtap="deleteImv" data-id="{{index}}"></image>
        </view>
    </block>
    <!--这个是选择添加图片-->
    <view class="chooseView" bindtap="chooseImage" style="border-radius: 5px"
wx:if="{{chooseViewShow}}">
        <image class="chooseImv" src="../../images/addImage.png"></image>
    </view>
</view>
// index.js
Page({
  data: {
```

```
      imgArr: [],
      chooseViewShow: true,
    },
    onLoad: function () {
    },
    /** 选择图片 */
    chooseImage: function () {
      var that = this;
      wx.chooseImage({
        count: 9 - that.data.imgArr.length,        // 最多选择 4 张图片
        sizeType: ['original', 'compressed'],       // 可以指定是原图还是压缩图，默认二者都有
        sourceType: ['album', 'camera'],            // 可以指定来源是相册还是相机，默认二者都有
        success: function (res) {
          // 返回选定图片的本地文件路径列表，tempFilePath 可以作为 img 标签的 src 属性显示图片
          console.log(res.tempFilePaths);
          if (res.tempFilePaths.count == 0) {
            return;
          }
          // 上传图片
          // 显示图片
          var imgArrNow = that.data.imgArr;
          imgArrNow = imgArrNow.concat(res.tempFilePaths);
          console.log(imgArrNow);
          that.setData({
            imgArr: imgArrNow
          })
          that.chooseViewShow();
        }
      })
    },
    /** 删除图片 */
    deleteImv: function (e) {
      var imgArr = this.data.imgArr;                  // 获取当前图片的数组
      var itemIndex = e.currentTarget.dataset.id;     // 获取删除的是第几个
      imgArr.splice(itemIndex, 1);                     // 进行删除操作
      console.log(imgArr);
      this.setData({
        imgArr: imgArr
      })
      // 判断是否隐藏选择图片
      this.chooseViewShow();
    },
    /** 是否隐藏图片选择 */
    chooseViewShow: function () {
      if (this.data.imgArr.length >= 9) {             // 判断图片数量
        this.setData({
          chooseViewShow: false
        })
      } else {
        this.setData({
          chooseViewShow: true
        })
      }
    },
```

```
/** 幻灯片预览图片 */
showImage: function (e) {
  var imgArr = this.data.imgArr;
  var itemIndex = e.currentTarget.dataset.id;
  wx.previewImage({
    current: imgArr[itemIndex],    // 当前显示图片的 http 链接
    urls: imgArr                   // 需要预览的图片 http 链接列表
  })
},
})
```

到此，整体效果完成，当用户选择 9 张图片后，选择图片按钮自动隐藏，当用户删除选择的任意一张图片，选择图片按钮自动显示。对于图片数量的显示和选择图片按钮的显示，在每次操作之后都需要进行计算，所以把功能专门封装到 chooseViewShow 方法中。

4.11　本章小结

本章主要介绍了常用的微信小程序的 API 接口如何使用，可以发现微信小程序接口已经帮开发者封装好了大部分的常用功能，想要什么功能直接调用对应的 API 即可。在一些 API 中常有三个回调方法，一个是 success 成功回调，一个是 fail 失败回调，另一个是不管成功失败都会调用的 complete 回调。同时对一些 API 还包含了同步和异步 API，同步接口会在名称的最后添加 Sync，同步请求会在得到结果之后再往下执行，异步请求会直接跳过继续往下执行代码，不确定什么时候可以得到结果。最后通过九宫格选取图片案例调用了几个常用的图片 API 接口，来帮助读者更快速更深入地了解 API 的使用。

第二篇
实战案例

第 5 章　新闻阅读

在写项目之前，一般都会先给开发工程师项目的设计页面，或者是高保真交互图。工程师拿到之后，建议把所有的页面先预览一遍，然后再看页面之间的跳转关系，对这个项目的大致流程需求基本了解后，再来关注整体项目的搭建和单个页面的搭建。开发者在写代码之前，要做到心中有数。

5.1　需求描述

本节介绍新闻阅读项目要实现哪些功能。需要完成首页、视频首页和我的首页。数据存在本地中，然后通过本地请求来获取数据，图片使用网络地址请求获取图片，所以在微信小程序的域名检查中，设置为不检查域名（发布的小程序必须是检查域名的，调试时域名检测与否都是可以的）。

5.2　设计思路

在写代码之前，要先根据原型图，想一下页面的结构如何搭建，使用哪些组件怎么摆放更合理，这样有利于后期的代码维护和界面的可扩展性。

5.2.1　首页描述

图 5-1 是新闻阅读首页页面，顶部是一个标签选择页，可以左右滑动单击进行选择，选中的标签会发生颜色加深、字体加粗的变化，与未选中的标签进行样式分区。下面的内容为当前标签页下的新闻列表的展示。新闻列表展示分为两种样式，一种是标题、描述在左，图片在右的排列方式，另一种是标题在上、图片在下，且为三张图片的展示方式。

导航栏为红色，且有"新闻阅读"文字。

5.2.2　视频页描述

图 5-2 是新闻阅读视频页面，是一个视频列表页面，每个单元的高度样式都是一样的。图片上面有当前视频的标题和信息，底部有出处地址和分享功能按钮。导航栏为白色，且有"精彩推荐"文字。

图 5-1 首页

图 5-2 视频页面

5.2.3 我的描述

如图 5-3 所示，单击获取用户信息，然后展示出来。上面为用户头像，下面为用户昵称。导航栏为白色，且没有文字。

图 5-3 我的描述

5.3 准备工作

新闻阅读项目分为三个部分，一个是首页，展示新闻列表和标签栏选项；一个是视频列表，展示用户上传的视频；另一个为我的，展示用户的信息；且三个部分的入口是同时展示在页面下方的。

在 app.json 文件中，设置 tabBar 的样式，并且创建 3 个 tabItem 和对应的页面文件夹。把项目需要用到的图片放入 images 文件夹中，把需要用到的工具类，放入 util 文件夹中，如图 5-4 所示。

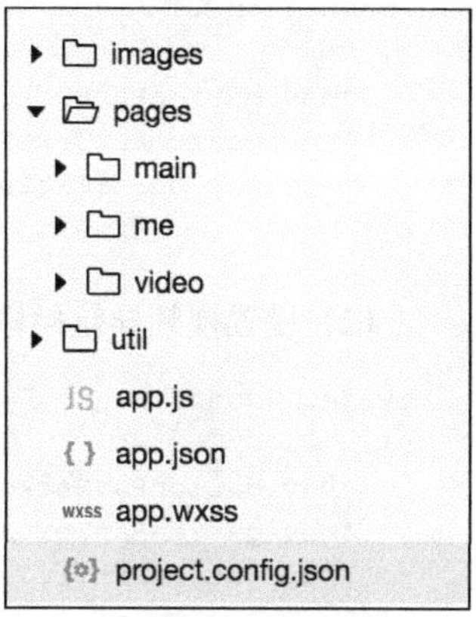

这样划分的好处是，需要修改哪个页面，可以快速、方便地找到对应的文件；而且在后续的版本迭代中，也方便管理、维护、沟通。微信小程序中，每一个页面都包含 4 个文件：

❑ 文档结构的 wxml 文件。

❑ 样式文件的 wxss 文件。

❑ 页面逻辑的 JavaScript 文件。

❑ 页面配置的 json 文件。

配置底部的 tabBar 栏，需要在"pages"中才可以设置。注意，pages 数组的最后一个不能加逗号"，"。

app.json 文件：

```
▸ 🗀 images
▾ 🗁 pages
  ▸ 🗀 main
  ▸ 🗀 me
  ▸ 🗀 video
▸ 🗀 util
  JS  app.js
  { } app.json
  wxss app.wxss
  {๏} project.config.json
```

图 5-4　目录结构

```
{
  "pages": [
    "pages/main/main",                                      // 首页页面路径
    "pages/video/video",                                    // 视频页面路径
    "pages/me/me"                                           // 我的页面路径
  ],
  "tabBar": {
    "color": "#5D5D5D",                                     // tabBar 文字未选中颜色
    "selectedColor": "#DE1813",                             // tabBar 文字选中颜色
    "backgroundColor": "#ffffff",                           // tabBar 背景颜色
    "borderStyle": "white",                                 // tabBar 样式
    "list": [
      {
        "pagePath": "pages/main/main",                      // 页面对应的路径
        "text": "首页",                                      // tabBar 文字描述
        "iconPath": "./images/main_nomal.png",             // 未选中图片的路径
        "selectedIconPath": "./images/main_select.png"     // 选中图片的路径
      },
      {
        "pagePath": "pages/video/video",
        "text": "视频",
        "iconPath": "./images/video_nomal.png",
        "selectedIconPath": "./images/video_select.png"
      },
      {
        "pagePath": "pages/me/me",
        "text": "我的",
        "iconPath": "./images/me_nomal.png",
        "selectedIconPath": "./images/me_select.png"
```

```
        }
      ]
    }
}
```

（1）设置首页导航栏样式的代码如下：

```
main.json 文件
{
  "navigationBarBackgroundColor": "#DE1813",
  "navigationBarTextStyle": "white",
  "navigationBarTitleText": "新闻阅读"
}
```

（2）设置视频导航栏样式的代码如下：

```
video.json 文件
{
  "navigationBarBackgroundColor": "#ffffff",
  "navigationBarTextStyle": "black",
  "navigationBarTitleText": "精彩推荐"
}
```

（3）设置我的导航栏样式的代码如下：

```
me.json 文件
{
  "navigationBarBackgroundColor": "#ffffff",
  "navigationBarTitleText": ""
}
```

至此，项目的整体框架搭建完成，各页面导航栏搭建完成，效果如图 5-5 所示。下面只需要来实现各个页面功能即可。

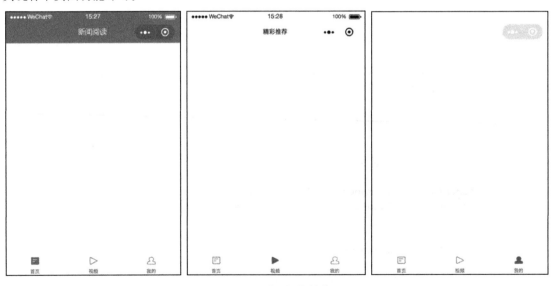

图 5-5　页面导航结构

5.4 页面搭建

页面搭建主要完成各个页面的框架，在开发过程中，前端和后台一般会同时进行开发，这时是没有服务器数据的，开发者可以先不考虑页面的数据，只需把设计师提供的设计图变成可交互的、没有数据的静态页面。

5.4.1 首页页面搭建

（1）首先完成首页顶部的滚动选择标签。

在微信小程序中，滚动组件一般都使用 scroll-view 组件，使用的时候要注意设置 scroll-view 组件的宽高大小，然后在 scroll-view 中添加标题内容。默认选中第一个标题，使用三目运算符为第一个标签增加一个选中的样式类型，数据可以存放在 JavaScript 文件中。main.js 文件的代码如下：

```
//main.js
Page({
  /**
   * 页面的初始数据
   */
  data: {
    titleArr: ['头条', '娱乐', '体育', '本地', '科技', '财经', '独家', '历史', '军事', '汽车', '房产', '数码'],
    selectIndex: 0,
  },
})
```

main.wxml 文件的代码如下：

```
<!-- main.wxml -->
<!-- 设置顶部标签 -->
<scroll-view class='headTitle' scroll-x>
    <block wx:for='{{titleArr}}' wx:key='index'>
      <view class='titleItem {{selectIndex==index? "selctItem":""}}'>{{titleArr[index]}}</view>
    </block>
</scroll-view>
```

main.wxss 文件的代码如下：

```
/* main.wxss */
/* 设置顶部标签 */
.headTitle{
  width: 100%;
  height: 80rpx;
  background-color: #ffffff;
  overflow: hidden;/*设置超出内容隐藏*/
  white-space: nowrap;/* 设置超出不换行 */
  border-bottom: 1px solid #F3F3F3;
}
.headTitle .titleItem{
  display: inline-block;/*使其在一行排列*/
```

```
  line-height: 80rpx;
  color: #898989;
  font-size: 34rpx;
  margin: 0 20rpx;
}
.headTitle .selctItem{
  color: #000000;
  font-weight: bold;
}
```

标签的数据来源于 JavaScript 文件中 data 中的 titleArr 字段，"[]"表示内容是一个数组。默认设置第一个为选中状态，通过 JavaScript 文件中 data 中的 selectIndex 来进行确认，数组的下标从 0 开始，所以此处设置为 0。

view 组件默认是独占一行的，所以设置 display:inline-block;使其成为共享一行的组件。scroll-view 组件默认内部元素超出部分是显示的，所以使用 overflow:hidden;将超出部分隐藏掉。效果如图 5-6 所示。

图 5-6　首页滚动选项

（2）然后完成底部两种新闻展示样式页面的搭建。图片部分可以先用色块来代替。main.wxml 文件的代码如下：

```
<!-- main.wxml -->
<!-- 设置顶部标签 -->
<scroll-view class='headTitle' scroll-x>
    <block wx:for='{{titleArr}}' wx:key='index'>
      <view class='titleItem {{selectIndex==index? "selctItem":""}}'>{{titleArr[index]}}
</view>
    </block>
</scroll-view>
<!-- 第一种新闻样式 -->
```

```
<view class='itemView'>
    <text class='titleTxt'>3 米高的鸟类最强霸主们竟死于肉多？</text>
    <image class='iconImv'></image>
    <text class='detailTxt'>2019-02-11 10:08:00</text>
</view>
<!-- 第二种新闻样式 -->
<view class='itemView moreImvView'>
    <text class='widthTxt'>3 米高的鸟类最强霸主们竟死于肉多？</text>
    <image class='iconImv imageOne'></image>
    <image class='iconImv imageTwo'></image>
    <image class='iconImv imageThr'></image>
    <text class='detailTxt'>2019-02-11 10:08:00</text>
</view>
```

main.wxss 文件的代码如下：

```
/* main.wxss */
/* 设置新闻内容 */
.itemView{
  width: 100%;
  height: 180rpx;/*单个新闻高度*/
  /* background-color: red; */
  position: relative;
  border-bottom: 1px solid #F3F3F3;
}
/* 第一种新闻样式 */
/* 标题 */
.itemView .titleTxt{
  position: absolute;
  top: 20rpx;
  left: 20rpx;
  right: 270rpx;
  color: #000000;
  font-size: 34rpx;
}
/* 图片 */
.itemView .iconImv{
  position: absolute;
  top: 20rpx;
  right: 20rpx;
  width: 230rpx;
  height: 140rpx;
  background-color: #F3F3F3;
}
/* 描述 */
.itemView .detailTxt{
  position: absolute;
  bottom: 20rpx;
  left: 20rpx;
  color: #898989;
  font-size: 24rpx;
}
/* 第二种新闻样式 */
```

```
.moreImvView{
    height: 340rpx;/*多图的高度会高一点*/
}
/* 标题 */
.moreImvView .widthTxt{
    position: absolute;
    top: 20rpx;
    left: 20rpx;
    right: 20rpx;
    color: #000000;
    font-size: 34rpx;
}
/*设置图片位置*/
.moreImvView .imageOne{
    top: 130rpx;
    left: 20rpx;
}
.moreImvView .imageTwo{
    top: 130rpx;
    left: 260rpx;
}
.moreImvView .imageThr{
    top: 130rpx;
    right: 20rpx;
}
```

组件内部一般会有很多子组件，且子组件排列没有规律可循，通过父组件设置 position:relative;
相对定位，子组件设置 position:absolute;决定定位，然后通过 left、right、top、bottom 等属性进行
子组件的排列调整。

首页页面部分完成，效果如图 5-7 所示。

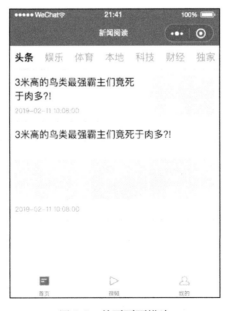

图 5-7　首页页面搭建

5.4.2　视频页面搭建

视频页面上面为图片衬底，在其上放置组件，下面为一个视图，放置底部的组件。多个相同的元素，或相似的元素，一般先完成一个，然后利用 block 标签进行重复创建。video.wxml 文件的代码如下：

```
<!-- video.wxml -->
<!-- 单个内容 View -->
<view class='itemView'>
    <!-- 背景大图片 -->
    <image class='contentImv'>
      <!-- 标题文字 -->
      <text class='titleTxt'>严寒冬日 挡不住人们在雪地中找寻快乐</text>
      <!-- 播放量 -->
      <text class='playCountTxt'>20 万次播放</text>
      <!-- 播放按钮 -->
      <image class='playVideoImv' src='../../images/play_video.png'></image>
      <!-- 视频时长 -->
      <text class='timeTxt'>00:17</text>
    </image>
    <!-- 底部视图 -->
    <view class='bottomView'>
      <!-- 发布者头像 -->
      <image class='headImv' src='../../images/video_head.jpg'></image>
    <!-- 发布者昵称 -->
      <text class='nickname'>遛遛食</text>
      <!-- 分享到微信 -->
      <!-- 因为分享只能使用 button open-type="share"，所以在按钮上添加图片来自定义 -->
      <button open-type="share" class='wechat'><image class='wechatBG' src='../..
/images/wechat.png'></image></button>
    </view>
</view>
```

video.wxss 文件的代码如下：

```
/* video.wxss */
/* 单个内容视图 */
.itemView{
  /* background-color: red; */
  width: 100%;
  height: 500rpx;
}
/* 背景大图片 */
.itemView .contentImv{
  width: 100%;
  height: 400rpx;
  background-color: #000000;
  position: relative;
}
/* 标题文字 */
.itemView .contentImv .titleTxt{
  position: absolute;
```

```
    top: 20rpx;
    left: 20rpx;
    right: 20rpx;
    color: #ffffff;
    font-size: 34rpx;
    font-weight: bold;
}
/* 播放量 */
.itemView .contentImv .playCountTxt{
    position: absolute;
    top: 130rpx;
    left: 20rpx;
    color: #ffffff;
    font-size: 24rpx;
}
/* 播放按钮 */
.itemView .contentImv .playVideoImv{
    position: absolute;
    top: 150rpx;/*(400-100)*0.5*/
    left: 325rpx;/*(750-100)*0.5*/
    width: 100rpx;
    height: 100rpx;
}
/* 视频时长 */
.itemView .contentImv .timeTxt{
    position: absolute;
    bottom: 20rpx;
    right: 20rpx;
    color: #ffffff;
    font-size: 24rpx;
}
/* 底部视图 */
.itemView .bottomView{
    width: 100%;
    height: 90rpx;
    /* background-color: green; */
    position: relative;
    display: flex;
    align-items: center;
}
/* 发布者头像 */
.itemView .bottomView .headImv{
    position: absolute;
    left: 20rpx;
    width: 50rpx;
    height: 50rpx;
    border-radius: 30rpx;
    background-color: #898989;
}
/* 发布者昵称 */
.itemView .bottomView .nickname{
    position: absolute;
    left: 90rpx;
```

```
    color: #898989;
    font-size: 24rpx;
}
/* 分享到微信 */
.itemView .bottomView .wechat{
    position: absolute;
    right: 20rpx;
    width: 100rpx;
    height: 100rpx;
    background-color: #ffffff;
    /* 让内部图片垂直居中对齐 */
    display: flex;
    flex-direction: column;
    align-items: center;
    justify-content: center;
}
/* 设置内部图片大小 */
.itemView .bottomView .wechat .wechatBG{
    width: 50rpx;
    height: 50rpx;
}
/* 把分享按钮边框隐藏掉 */
button::after {
    border: none;
}
```

中间的播放按钮垂直居中的方法是组件的宽高减去播放组件的宽高乘以 0.5。完成效果如图 5-8 所示。

图 5-8　视频页面搭建

励志照亮人生　编程改变命运

5.4.3 我的页面搭建

我的页面直接在顶部搭建一个视图组件，放置组件即可。me.wxml 文件的代码如下：

```
<!-- me.wxml -->
<button class='contentView' open-type='getUserInfo' bindgetuserinfo='getUserInfo'>
  <!-- 用户头像 -->
  <image class='headView' src='../../images/nologin.png'></image>
  <!-- 用户昵称 -->
  <view>未登录，单击登录</view>
</button>
```

me.wxss 文件的代码如下：

```
/* me.wxss */
.contentView{
  width: 100%;
  height: 400rpx;
  border-bottom: 10rpx solid #F3F3F3;
  text-align: center;
  background-color: #ffffff;
}
.contentView .headView{
  width: 200rpx;
  height: 200rpx;
  border-radius: 100rpx;
  background-color: #ffffff;
  margin: 0rpx 0 20rpx 0;
}
button::after{
  border: none;
}
```

整个顶部内容都是可以单击的，所以先放置一个 button 组件，然后再在上面摆放组件。圆形的实现方式是使用组件的倒圆角属性，border-radius 组件宽度的一半即可。完成效果如图 5-3 所示。

5.5 逻辑搭建

项目结构搭建完成后，就要把细节和逻辑添加上去了。例如获取数据，然后展示在页面上，这里使用本地文件来加载数据，模拟网络数据的加载。图片资源，使用的还是网络上的资源，所以要关闭网络域名验证，在"详情"最底部勾选"不校验合法域名、web-view（业务域名）、TLS 版本以及 HTTPS 证书"选项，如图 5-9 所示。

注意 线上小程序必须打开校验。合法域名规则必须是https，且要经过TLS验证。域名不能携带端口号。

5.5.1 首页逻辑

在 util 文件夹中创建一个 dataList.js 文件，var artiList 存放 json 数据，然后通过 module.exports

把数据传输出去，代码如下：

```
// dataList.js
// 新闻首页数据
var artiList = json 数据
// 把数据传递出去
module.exports={
  artiList: artiList
}
// main.js
// 引用新闻首页数据
var getList = require('../../util/dataList.js');
```

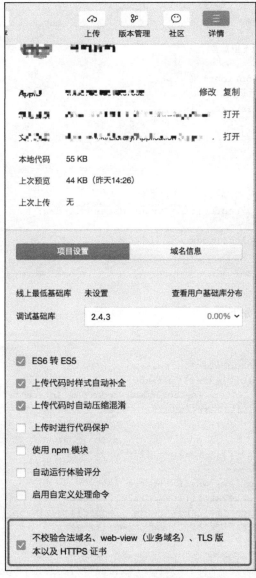

图 5-9　关闭域名效验

在 main.js 中引用即可使用，代码如下：

```
// main.js
// 引用新闻首页数据
var getList = require('../../util/dataList.js');
Page({
  /**
   * 页面的初始数据
   */
  data: {
    titleArr: ['头条', '娱乐', '体育', '本地', '科技', '财经', '独家', '历史', '军事', '
汽车', '房产', '数码'],
    selectIndex: 0,
    listArr: [],
  },
  /**
   * 生命周期函数--监听页面加载
   */
  onLoad: function (options) {
    // 发送网络请求获取数据
    console.log(getList.artiList);
    this.setData({
      listArr: getList.artiList
    })
  },
  // 标签单击事件
  titleClick: function(res){
    var selectIndex = res.currentTarget.dataset.index;
    this.setData({
      selectIndex: selectIndex
    })
  }
})
```

main.wxml 文件的代码如下：

```
<!-- main.wxml -->
<!-- 设置顶部标签 -->
<scroll-view class='headTitle' scroll-x>
    <block wx:for='{{titleArr}}' wx:key='index'>
        <view class='titleItem {{selectIndex==index? "selctItem":""}}' bindtap='titleClick'
data-index='{{index}}'>{{titleArr[index]}}</view>
    </block>
</scroll-view>
<block wx:for="{{listArr}}" wx:key="{{index}}">
    <!-- 第一种新闻样式 -->
    <view class='itemView' wx:if='{{item.imgtype == 1}}'>
      <text class='titleTxt'>{{item.title}}</text>
      <image class='iconImv' src='{{item.imgsrc}}'></image>
      <text class='detailTxt'>{{item.ptime}}</text>
    </view>
    <!-- 第二种新闻样式 -->
    <view class='itemView moreImvView' wx:if='{{item.imgtype != 1}}'>
      <text class='widthTxt'>{{item.title}}</text>
```

```
      <image class='iconImv imageOne' src='{{item.imgsrc[0]}}'></image>
      <image class='iconImv imageTwo' src='{{item.imgsrc[1]}}'></image>
      <image class='iconImv imageThr' src='{{item.imgsrc[2]}}'></image>
      <text class='detailTxt'>{{item.ptime}}</text>
    </view>
</block>
```

完成后的效果如图 5-1 所示。注意：

（1）引入的新闻数据 var getList 为全局变量，可以在整个页面中调用修改，取值时直接调用 getList 即可；而 data 字段中的数据也为全局数据，取用的时候需要调用 this.data.name，修改的时候需要调用 this.setData({name:value})。

（2）滚动标签的单击是通过添加 data-index 来区分的。

（3）有两种新闻样式，可以通过 json 数据中的 imgtype 字段来区分，如果是 1 表示只有一张图片的样式，如果是 3 表示有三张图片的样式。然后通过 wx:if 来进行条件渲染。

（4）block 中的 item 相当于一个大括号对象，index 相当于数组的下标。

5.5.2　视频逻辑

视频页面的逻辑与首页页面的逻辑基本一致，在 util 文件夹中创建 videoList.js 文件来存放本地数据，在 video.js 中引用来获取数据，代码如下：

```
// videoList.js
// 视频数据
var artiList = json 数据
// 把数据传递出去
module.exports={
  artiList: artiList
}
// video.js
// 引用新闻首页数据
var getList = require('../../util/videoList.js');
```

在 video.js 中引用即可使用，代码如下：

```
// video.js
// 引用新闻首页数据
var getList = require('../../util/videoList.js');
Page({
  /**
   * 页面的初始数据
   */
  data: {
    listArr: [],
  },
  /**
   * 生命周期函数--监听页面加载
   */
  onLoad: function (options) {
    // 设置当前页面可以转发
    wx.showShareMenu({
```

```
      withShareTicket: true
    })
    // 发送网络请求获取数据
    console.log(getList.artiList);
    this.setData({
      listArr: getList.artiList
    })
  },
  /**
   * 用户单击右上角分享
   */
  onShareAppMessage: function () {
    // 进行分享
  }
})
```

video.wxml 文件的代码如下：

```
<!-- video.wxml -->
<block wx:for='{{listArr}}' wx:key='{{index}}'>
  <!-- 单个内容 View -->
  <view class='itemView'>
    <!-- 背景大图片 -->
    <image class='contentImv' src='{{item.imgsrc}}'>
      <!-- 标题文字 -->
      <text class='titleTxt'>{{item.title}}</text>
      <!-- 播放量 -->
      <text class='playCountTxt'>{{item.playcount}}次播放</text>
      <!-- 播放按钮 -->
      <image class='playVideoImv' src='../../images/play_video.png'></image>
      <!-- 视频时长 -->
      <text class='timeTxt'>{{item.ctime}}</text>
    </image>
    <!-- 底部视图 -->
    <view class='bottomView'>
      <!-- 发布者头像 -->
      <image class='headImv' src='../../images/video_head.jpg'></image>
      <!-- 发布者昵称 -->
      <text class='nickname'>{{item.videoSource}}</text>
      <!-- 分享到微信 -->
      <!-- 因为分享只能使用 button open-type="share"，所以在按钮上添加图片来自定义 -->
      <button open-type="share" class='wechat'><image class='wechatBG' src='../../
images/wechat.png'></image></button>
    </view>
  </view>
</block>
```

完成后的效果如图 5-2 所示。注意：

（1）开启转发功能（分享功能）需要在 JavaScript 文件中打开 wx.showShareMenu({withShare
Ticket: true})。当用户单击转发时，会触发 onShareAppMessage 方法，在方法中进行转发的设置。

（2）按钮 button 默认有样式，需要开发者去除样式。

（3）转发功能只能转发到聊天页面，没有办法直接转发到朋友圈。

5.5.3 我的逻辑

调用 wx.getUserInfo 来获取用户的信息。me.js 文件的代码如下：

```
// me.js
Page({
  data:{
    avatarUrl:'../../images/nologin.png',
    nickName:'未登录，单击登录'
  },
  getUserInfo: function(){
    var that = this;
    wx.getUserInfo({
      success: function(res){
        console.log(res);
        // res.userInfo.avatarUrl
        // res.userInfo.nickName
        that.setData({
          avatarUrl: res.userInfo.avatarUrl,
          nickName: res.userInfo.nickName
        })
      }
    });
  }
})
```

me.wxml 文件的代码如下：

```
<button class='contentView' open-type='getUserInfo' bindgetuserinfo='getUserInfo'>
  <!-- 用户头像 -->
  <image class='headView' src='{{avatarUrl}}'></image>
  <!-- 用户昵称 -->
  <view>{{nickName}}</view>
</button>
```

获取用户信息时，使用 button 组件，open-type='getUserInfo'来进行授权，授权成功会调用 JavaScript 文件中的 wx.getUserInfo 的 success 方法，返回的 res 中包含用户的信息。完成后的效果如图 5-3 所示。

5.6 项目小结

本章通过新闻阅读项目，主要讲解了微信小程序的框架搭建，页面布局等。对于页面布局，要学会拆分，拆开之后一部分一部分地完成。对于复杂页面的布局，父组件一般通过设置 position:relative 来布局，子组件使用 position:absolute 来定位。对于多个重复的列表，首先完成一个单元，然后通过 block 来循环创建多个。注意：

（1）block 内部的 item 是单元对应数据的一个元素，index 是其所在下标对应在数组中的下标。

（2）像滚动标签单击这种操作，一般都是通过 data-index='{{index}}'传值，然后在单击事件中，取出值 var selectIndex = res.currentTarget.dataset.index;来区分单击的是哪一个，之后进行对应的操作。

第6章 单车共享

在写代码之前，首先要做的是观察原型图，把整个页面的架构考虑清楚之后，再进行项目框架的搭建，最后才是动手写代码。而不是一上来就开始动手写代码，要先在脑中把页面的结构梳理清楚，考虑好日后项目的迭代开发，要能够快速地找到哪一块的代码在哪里，而不是这里一块代码，那里一块代码，写完功能就不管维护了。

6.1 需求描述

本节先大致说一下单车共享项目要仿到什么程度，要做哪些功能。本章要完成首页、故障描述页面、我的页面，并且这些页面要做的有一些交互变化，包括页面中的一些细节、逻辑处理。

6.2 设计思路

在写代码之前，先根据项目的原型图，考虑一下每个页面的结构是什么样子的，确定如何搭建每个页面更合理，有没有公共的可以复用的页面，对于复用的地方可以单独拿出来，这样有利于后期的代码维护和功能扩展。

6.2.1 首页描述

单车共享首页的页面，当用户没有缴纳押金的时候，顶部会出现一个提示，当押金缴纳完成后，顶部的提示会消失。

中间是一个地图组件，上面是单车位置的大头针图标、拖动的大头针图标、用户位置的显示，这些都是通过小程序的 map 组件来实现的；再往下是"报修""定位"和"我的"按钮跳转。最下面是扫码开锁的按钮，当用户没有缴纳押金的时候，单击按钮是没有反应的；当用户缴纳过押金后，单击按钮会跳转到扫码页面。需要注意的是：

（1）车的图标会有红色、白色和红包三种样式。

（2）在小程序中，map 组件的层级是最高的，所以要注意像底部的"扫码开锁"按钮是不在地图上面的，而顶部的"缴纳押金"提示是在地图上面的，地图组件上面的缴纳押金提示要使用 cover-view 组件，如果使用 view 组件会被地图组件覆盖下。如图 6-1 所示。

图 6-1 首页

6.2.2　故障申报描述

　　图 6-2、图 6-3 是在单车共享首页单击"车辆故障"后展示的页面，当单击损坏部位选项的时候，在底部提交按钮上面会显示图片的选择和文字的输入功能，如果没有单击损坏部位，则不会显示。

图 6-2　车辆故障

图 6-3　车辆故障单击选项

　　这个页面可以把上面"扫描二维码或输入编码"当作一部分，下面的损坏部分，可以封装成一个组件然后通过 block 循环创建来完成。下面的提交按钮是一部分。因为选中损坏部位会显示出拍照和描述两个组件，所以建议用一个大的 view 来包裹这两个组件，这样做的好处是只用控制这个大的 view 的显示和隐藏，就可以控制内部所有组件的显示和隐藏了，而不需要逐个来控制。需要注意的是：

　　（1）损坏部位是可以多选的，同一个部位，第一次单击选中，再次单击就会取消选中。

　　（2）提交按钮会根据上面的内容而改变颜色。

　　（3）所有可以输入的地方，都要注意键盘的遮挡，一般是把内容进行提升，避免键盘的遮挡，以此来提高用户体验。

6.2.3　我的描述

　　图 6-4 是我的页面，一般我的页面的结构都比较相似，上面是一部分，展示用户的信息，如头像、昵称等。中间是公共的一些模块，一般都会单击跳转到详细的页面，而且中间的样式一般都是

一样的，所以可以封装成一个组件然后通过循环创建来完成。底部是一个单独的功能按钮。

6.3 准备工作

确定了项目的需求和设计思路之后，下一步要做的就是创建工程，把工程的文件结构搭建好，为了以后能够方便地找到哪一块是做什么的，也为了在写别的项目的时候，可以立马拿过来复用。项目文件结构如图 6-5 所示。

图 6-4 我的

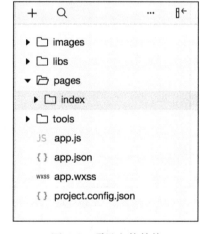

图 6-5 项目文件结构

像 app.js、app.json、app.wxss、project.config.json 文件大可以放在最外面，因为它们是项目的入口文件和配置文件，具有独特作用且是唯一的。然后单独创建一个 pages 文件夹，把每个页面的.wxml、.wxss、.js、.json 文件单独创建一个文件夹并放在 pages 文件夹下。这样开发者查找每个页面的时候就可以快速地定位文件位置。

单独创建一个 images 文件夹来存放用到的图片，也可以在 images 文件夹中再单独创建以每个页面名字命名的文件夹，把每个页面用到的图片单独放在此文件夹中。

可以单独创建一个 libs 文件夹，然后把需要使用到的第三方库，单独放到 libs 文件夹中，这样也可以清楚地知道项目中用到了哪些第三方库。

可以单独创建一个 tools 文件夹，把自己封装的一些方法，单独放入该文件夹中，方便对自己封装的工具方法进行多次使用和管理。

然后配置一下导航栏的样式，修改 app.json 文件。导航栏样式如图 6-6 所示。

```
app.json 文件
{
  "pages":[
"pages/index/index",                              // 首页页面路径
"pages/fix/fix",                                  // 报修页面路径
    "pages/me/me"                                 // 我的页面路径
  ],
  "window":{
    "backgroundTextStyle":"light",                // 状态栏样式
    "navigationBarBackgroundColor": "#fff",       // 导航栏背景颜色
    "navigationBarTitleText": "单车共享",          // 导航栏文字
    "navigationBarTextStyle":"black"              // 导航栏文字样式
  }
}
```

图 6-6　导航栏样式

6.4　页面搭建

页面搭建主要完成页面的框架结构，每个页面的组件如何使用、摆放。此时一般是没有服务器数据的，也不需要与服务器进行数据交互，只是单纯地搭建出来静态页面，方便以后获取到数据之后，直接展示出来。

6.4.1　首页页面搭建

（1）在 pages 文件夹下创建 index 文件夹，然后在内部创建 index.js、index.json、index.wxml、index.wxss 文件。需要在 app.json 中的 pages 中添加文件路径，注意 pages 数组的最后一个不能加逗号"，"。

在 app.json 中添加首页页面的路径。所有使用到的页面都需要在 pages 中添加路径，第一个默认为首页展示的路径：

```
"pages":[
    "pages/index/index"
  ],
```

然后还需要在 index.json 中添加一对大括号"{}"，在 index.js 中添加：

```
Page({
})
```

在 index.wxml 中创建需要的 DOM 元素：

```
<map id='mapId' class='map'>
</map>
<view class='bottom'>扫码开锁</view>
```

　　　　　　　　　　　　　　　　　　励志照亮人生　　编程改变命运

在 index.wxss 中书写 DOM 元素的样式：

```
.map{
  width: 100%;
  height: 90vh;
}
.bottom{
  width: 100%;
  height: 10vh;
  background: #25282E;
  line-height: 10vh;
  text-align: center;
  font-size: 20px;
  color: #fff;
}
```

大致的框架搭完之后，再来逐层搭建里面的子组件，以及地图上面的组件。注意：

1）map 层的层级很高，所以在 map 上面写组件，只能使用 cover-view 和 cover-image 组件，并且只能嵌套 cover-view 和 cover-image。使用其他组件会被 map 组件遮盖。

2）之前在地图上面添加固定的组件，可以使用 controls 属性，现在微信团队淘汰了 controls 属性，所以现在直接使用 cover-view 和 cover-image。也就是说，地图上的组件都建议使用 cover-view 和 cover-image，然后使用子控件相对布局 position:absolute。大头针这些不变还是使用 markers 属性。

（2）在 index.wxml 中创建需要的 DOM 元素，代码如下：

```
<map id='mapId' class='map' >
  <!-- 押金界面 -->
  <cover-view class='deposit' bindtap='depositClick'>请您完成押金充值 <cover-view class=
'depositBtn'>缴纳押金</cover-view></cover-view>
  <!-- 地图上的组件 -->
  <cover-image src='./../../images/mbk_reportfault.png' class='fix' bindtap=
'fixClick' />
  <cover-image src='../../images/main_ride_goback.png' class='loc' bindtap=
'locClick' />
  <cover-image src='../../images/me_select.png' class='me' bindtap='meClick' />
  <!-- 托动点 -->
  <cover-image src='../../images/annotation.png' class='annotation' />
</map>
<view class='bottom'>扫码开锁</view>
```

在 index.wxss 中书写 DOM 元素的样式，代码如下：

```
.map{
  width: 100%;
  height: 90vh;
}
/*地图上的组件*/
.map .fix{
  position: absolute;
  bottom: 80px;
```

```
    left: 20px;
    width: 40px;
    height: 40px;
}
.map .loc{
    position: absolute;
    bottom: 20px;
    left: 20px;
    width: 40px;
    height: 40px;
}
.map .me{
    position: absolute;
    bottom: 30px;
    right: -20px;
    width: 92px;
    height: 50px;
}
.map .annotation{
    /*设置拖动点*/
    position: absolute;
    width: 20px;
    height: 36px;
    left: 50%;
    top: 50%;
    /*进行调整*/
    margin-left: -10px;
    margin-top: -36px;
}
/*押金缴纳界面*/
.map .deposit{
    background-color: #F76A4D;
    opacity: 0.8;/*设置透明度*/
    width: 100%;
    height: 40px;
    font-size: 14px;
    color: #fff;
    line-height: 40px;
    padding-left: 20px;
}
.map .deposit .depositBtn{
    position: absolute;
    top: 8px;
    right: 15px;
    border: 1px solid #fff;
    border-radius: 5px;
    padding: 2px 15px;
}
.bottom{
    width: 100%;
    height: 10vh;
    background: #25282E;
    line-height: 10vh;
```

```
    text-align: center;
    font-size: 20px;
    color: #fff;
}
```

这时可以在模拟器上看到效果，如图 6-7 所示。

图 6-7　首页界面

6.4.2　我的页面搭建

（1）在 pages 文件夹下创建 me 文件夹，然后在 me 文件夹内创建 me.js、me.json、me.wxml、me.wxss 文件。需要在 app.json 中的 pages 中添加文件路径，注意 pages 数组的最后一个不能加逗号"，"。为了方便调试，直接把 me 路径写到最前面：

```
"pages":[
    "pages/me/me",
    "pages/index/index"
  ],
```

然后还需要在 me.json 中添加一对大括号"{}"，在 me.js 中添加：

```
Page({
})
```

页面模块一般按从上往下的顺序书写，先完成顶部的 DOM 和样式。

在 me.wxml 中创建需要的 DOM 元素：

```
<view class='head'>
  <image class='headimg' src='../../images/avatar_login.png' />
  <view class='phone'>185****7383</view>
</view>
```

在 me.wxss 中书写 DOM 元素的样式：

```
.head{
  width: 100%;
  height: 35vh;
  background-color: #F4F6F9;
  text-align: center;
}
.head .headimg{
  width: 80px;
  height: 80px;
  border-radius: 40px;
  margin-top: 90rpx;
}
.head .phone{
  margin-top: 10px;
  font-weight: 300;
}
```

（2）中间的部分，因为长得都一样，所以可以抽出来，用一个 for 循环来完成。因此先完成一个样式，然后通过 block 循环和数据来加载其他组件。

在 me.wxml 中创建需要的 DOM 元素：

```
<view class='head'>
  <image class='headimg' src='../../images/avatar_login.png' />
  <view class='phone'>185****7383</view>
</view>
<block wx:for="{{itemArr}}" wx:key="{{item.index}}">
<view class='content'>
  <image class='imv' src="{{item.imv}}"/>
  {{item.title}}
  <image class='arrow' src='../../images/arrow_icon.png' />
</view>
</block>
```

在 me.wxss 中书写 DOM 元素的样式：

```
.content{
  width: 100%;
  height: 50px;
  /* background: red; */
  display: flex;
align-items: center;
  position: relative;
  font-size: 14px;
```

```
  font-weight: 300;
}
.content .imv{
  width: 50px;
  height: 50px;
  margin: 0 10px 0 20px;
}
.content .arrow{
  position: absolute;
  top: 20px;/* (50-10)*0.5 */
  width: 6px;
  height: 10px;
  right: 20px;
}
```

这里的布局使用 display:flex;align-items:center;来保证图片和文字能够在一条水平线上对齐。

在 me.js 文件中定义初始化 data 数据：

```
Page({
  data: {
    itemArr: [
      { 'imv': '../../images/menu_wallet.png', 'title': '我的钱包'},
      { 'imv': '../../images/menu_redbag.png', 'title': '我的红包' },
      { 'imv': '../../images/menu_mall.png', 'title': '单车商城' },
      { 'imv': '../../images/menu_invite.png', 'title': '发红包赚赏金' }
    ]
  },
  onLoad: function (options) {
  },
})
```

（3）代码完成后，再来完成切换账号按钮。

在 me.wxml 中创建需要的 DOM 元素：

```
<view class='changePhone'>切换账号</view>
```

在 me.wxss 中书写 DOM 元素的样式：

```
.changePhone{
  position: absolute;
  bottom: 0;
  height: 55px;
  width: 100%;
  border-top:1px solid #eee;
  text-align: center;
  line-height: 55px;
  font-size: 14px;
  font-weight: 300;
}
```

这样就达到了如图 6-8 所示的效果。

（4）我们注意到单车共享为了好看，把导航栏的颜色设置得与用户信息的颜色一致，这时候就要单独修改 me.json 文件，来单独设置页面样式：

```
{
  "navigationBarBackgroundColor": "#F4F6F9",
  "navigationBarTitleText": "单车共享"
}
```

这样就可以达到单独修改某个页面的效果了，如图 6-9 所示。

图 6-8　我的界面　　　　　　　　图 6-9　我的界面优化

6.4.3　报修页面搭建

（1）在 pages 文件夹下创建 fix 文件夹，然后在 fix 文件夹内创建 fix.js、fix.json、fix.wxml、fix.wxss 文件。需要在 app.json 中的 pages 中添加文件路径，注意 pages 数组的最后一个不能加逗号"，"。为了方便调试，直接把 fix 路径写到最前面：

```
"pages":[
    "pages/fix/fix",
    "pages/me/me",
    "pages/index/index"
  ],
```

然后还需要在 fix.json 中添加一对大括号"{}"，在 fix.js 中添加：

```
Page({
})
```

然后从上往下，先搭建最上面的扫码界面和"请选择损坏部位"标题。

在 fix.wxml 中创建需要的 DOM 元素：

```
<input class="number" type="text" placeholder="扫描二维码或输入编码" />
<image class="scan" src="../../images/fault_images/mbk_reportfault_scanner_black@3x.png" />
<text class="title">请选择损坏部位</text>
```

在 fix.wxss 中书写 DOM 元素的样式：

```
.number{
  margin: 20px;
  background: #F3F6F9;
  height: 46px;
  padding-left: 20px;
  box-sizing: border-box;
  color: gray;
  font-size: 14px;
  font-weight: 300;
}
.scan{
  position: absolute;
  right: 40px;
  top: 34px;
  width: 20px;
  height: 20px;
  z-index: 999;
}
.title{
  font-size: 15px;
  margin-left: 20px;
}
```

（2）搭建完上面之后就要搭建中间的选择按钮，每个按钮都可以单独搭建，然后通过 block 来循环创建。

在 fix.wxml 中创建需要的 DOM 元素：

```
<view class="content">
  <block wx:for="{{itemArr}}" wx:key="{{item.key}}">
    <view class="item">
      <image class="img" src="{{item.image}}"/>
      <text class="tit">{{item.title}}</text>
    </view>
  </block>
</view>
```

在 fix.wxss 中书写 DOM 元素的样式：

```
.content{
  margin: 40rpx 0rpx 0rpx 40rpx;
  height: 400rpx;
  /*background: red;*/
  display: flex;
```

```
    justify-content: space-between;
    flex-wrap: wrap;
}
.content .item{
    width: 120rpx;
    height: 160rpx;
    text-align: center;
    display: inline-block;
    margin-right: 40rpx;
}
.content .item .img{
    width: 120rpx;
    height: 120rpx;
}
.content .item .tit{
    color: gray;
    font-size: 14px;
}
```

这里让内部组件排列两行，代码为 display:flex; justify-content: space-between;flex-wrap:wrap;使用 flex 布局，保证子控件从左到右排列，超出部分进行换行展示。margin-right 设置右侧的间距。

在 fix.js 中添加数据：

```
Page({
  data: {
    itemArr:[
      {"title":"锁","image":"../../images/fault_images/mbk_reportfault_lock@3x.png"},
      {"title":"刹车","image":"../../images/fault_images/mbk_reportfault_break@3x.png"},
      {"title":"链条","image":"../../images/fault_images/mbk_reportfault_chain@3x.png"},
      {"title":"脚踏","image":"../../images/fault_images/mbk_reportfault_petal@3x.png"},
      {"title":"二维码","image":"../../images/fault_images/mbk_reportfault_qrcode@3x.png"},
      {"title":"车把","image":"../../images/fault_images/mbk_reportfault_bikeHandle@3x.png"},
      {"title":"车轮","image":"../../images/fault_images/mbk_reportfault_wheel@3x.png"},
      {"title":"其他","image":"../../images/fault_images/mbk_reportfault_other@3x.png"}
    ]
  },
  onLoad: function (options) {
  },
})
```

到此，已经把上面部分的页面搭建完成了，如图 6-10 所示。

（3）搭建下面部分的图片选择、文字描述和提交按钮。用户最多可以选择 3 张图片，当选够后，会显示选出的 3 张图片，同时，选择图片的按钮会消失。因为显示图片的样式是一致的，添加图片的按钮是单独的，所以可以把显示图片组件通过 block 来循环创建，把添加图片按钮做成单独的组件。还要注意在输入文字的右下角是有输入字数显示的，因为微信小程序没有提供此功能，所以开发者需要想办法来实现，这里在右下角使用一个 text 组件来实现。

在 fix.wxml 中创建需要的 DOM 元素：

```
.detail{
<view class="detail">
```

图 6-10 报修上面部分页面

```
<block wx:for="{{[1,2]}}" wx:key="{{item.key}}">
  <view class="showView">
    <image class="showImg" src="../../images/avatar_login.png" />
    <image class="deletImg" src="../../images/fault_images/comm_failed@3x.png" />
  </view>
</block>
<image class="chooseImgBtn" src="../../images/fault_images/mbk_reportfault_photo@3x.
png" />
<textarea class="textarea" placeholder="请描述具体故障">
  <text class="count">0/140</text>
</textarea>
</view>
```

在 fix.wxss 中书写 DOM 元素的样式：

```
.detail{
  /*background: red;*/
}
.detail .chooseImgBtn{/*选择按钮*/
  width: 100rpx;
  height: 100rpx;
  margin-left: 40rpx;
}
```

```
/*单个有照片的*/
.detail .showView{
  position: relative;
  display: inline-block;
}
.detail .showImg{
  width: 100rpx;
  height: 100rpx;
  margin-left: 40rpx;
}
.detail .deletImg{
  position: absolute;
  width: 30rpx;
  height: 30rpx;
  left: 130rpx;
  top: -10rpx;
}
.textarea{/*输入框*/
  margin: 20rpx 40rpx;
  width: 670rpx;
  height: 200rpx;
  background: #F3F6F9;
  font-size: 14px;
  padding: 20rpx;
  box-sizing: border-box;
  position: relative;
}
.textarea .count{
  position: absolute;
  right: 20rpx;
  bottom: 20rpx;
  font-size: 12px;
  color: gray;
}
```

（4）完成后在最下面添加提交按钮即可。

在 fix.wxml 中创建需要的 DOM 元素：

```
<view class="submit"> 提 交 </view>
```

在 fix.wxss 中书写 DOM 元素的样式：

```
.submit{
  position: absolute;
  left: 20px;
  right: 20px;
  bottom: 30rpx;
  height: 46px;
  background: #25282E;
  text-align: center;
  line-height: 46px;
  color: #fff;
  font-size: 14px;
}
```

到此就大概完成了页面的框架搭建，如图 6-11 所示。

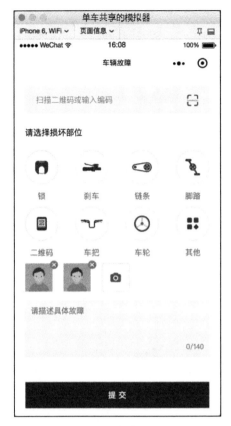

图 6-11　报修页面

6.5　逻辑搭建

项目结构搭建完成后，就要把细节和逻辑添加上去了。首先搭建页面之间的跳转，然后完成每个页面的逻辑细节。

6.5.1　页面跳转逻辑

（1）首先在 app.json 中的 pages 中把首页要显示的路径放到最顶部，然后在下面放其他页面的路径。app.json 文件配置的代码如下：

```
{
  "pages":[
    "pages/index/index",
    "pages/fix/fix",
    "pages/me/me"
  ],
  "window":{
    "backgroundTextStyle":"light",
    "navigationBarBackgroundColor": "#fff",
```

```
    "navigationBarTitleText": "单车共享",
    "navigationBarTextStyle":"black"
  }
}
```

（2）从首页跳转到报修页面是通过单击报修图标跳转的，那就给报修图标添加单击事件，然后从 JavaScript 的单击事件中，跳转到报修页面。跳转到我的页面是通过单击我的图标跳转的，那就给我的图标添加单击事件，然后从 JavaScript 的单击事件中，跳转到我的页面：

```
// index.js 文件
/* 报修页面单击跳转 */
fixClick: function(){
  wx.navigateTo({
    url: '../fix/fix'
  })
},
/* 我的按钮单击跳转 */
meClick: function(){
  wx.navigateTo({
    url: '../me/me'
  })
},
```

6.5.2　首页逻辑

（1）首先要获取用户的位置信息，并将用户的位置信息显示在地图上，使用微信小程序提供的 API，wx.getLocation 即可实现。

```
// index.js 文件
data: {
  latitude:0.0,
  longitude:0.0,
},
onLoad: function (options) {
  var that = this;
  // 获取用户的位置, 设置为中心
  wx.getLocation({
    success:function(res){
      that.setData({
        latitude: res.latitude,
        longitude: res.longitude
      })
    }
  })
},
<!-- index.wxml 文件 -->
<map class='map' show-location= 'true' longitude="{{longitude}}" latitude="{{latitude}}" >
```

用户此时的位置显示在屏幕的中心，定义的拖动大头针也在屏幕的中心。拖动大头针的位置进行微调，即可让用户的位置和拖动大头针的位置重合，用户位置与拖动大头针如图 6-12 所示。

图 6-12　用户位置与拖动大头针

（2）当用户拖动地图时，会触发地图组件改变屏幕中心位置的属性，通过 map 属性的 bindregionchange 绑定的事件，在事件处理中通过 getCEnterLocation 即可获取当前地图的中心位置坐标，继而获取周边的单车信息：

```
// index.wxml 文件
<map id='mapId' class='map' show-location= 'true' longitude="{{longitude}}"
latitude="{{latitude}}" bindregionchange="regionchange">
<!-- index.wxml 文件 -->
/* 拖动结束获取地图中心位置 */
regionchange: function(res){
  if(res.type == 'end'){
    wx.createMapContext('mapId').getCenterLocation({
      success: function(res){
        console.log(res.longitude+'---'+res.latitude);
        // 发送网络请求，获取周边单车
      }
    })
  }
},
```

（3）当用户单击了定位按钮地图就会移动，让用户的位置位于屏幕中心。实现此功能需要调用 map 地图的 APImoveToLocation()：

```
// index.js 文件
/* 移动到用户位置 */
```

```
locClick: function(){
  var that = this;
  // 优化增加获取用户的位置
    wx.getLocation({
        success:function(res){
            that.setData({
                latitude: res.latitude,
                longitude: res.longitude
            })
            // 移动到地图设置的中心点
            wx.createMapContext('mapId').moveToLocation();
        },
        fail: function () {
            // 移动到地图设置的中心点
            wx.createMapContext('mapId').moveToLocation();
        }
    })
},
```

（4）还有押金页面，因为没有网络的接口，所以在这里进行一个本地数据的模拟，通过控制 data 数据中的 isDeposit 值，达到通过单击让缴纳押金组件消失：

```
// index.js 文件
data: {
  isDeposit: true,
  latitude:0.0,
  longitude:0.0,
},

/* 缴纳押金按钮 */
depositClick: function(){
  var tIsDeposit = !this.data.isDeposit;
  this.setData({
    isDeposit: tIsDeposit
  })
},
<!-- index.wxml 文件 -->
<!-- 押金页面 -->
<cover-view class='deposit' wx:if="{{isDeposit}}" bindtap='depositClick'>请您完成押金
充值 <cover-view class='depositBtn'>缴纳押金</cover-view></cover-view>
```

6.5.3 车辆故障逻辑

（1）车辆故障页面的逻辑有很多，当遇到这种逻辑比较多的功能时，一点一点地来实现就可以了。首先是最上面的"扫描二维码或输入编码"，因为输入使用的是 input 输入框，所以只要监听输入的内容就可以了。二维码扫描，使用微信小程序的 API 即可。需要注意的是：

1）为了限制用户，所以只能使用相机进行扫描，不能使用相片。

2）要对扫码获得的信息进行处理，以判断是否是单车共享的二维码。

```
// fix.js 文件
data: {
```

```
    itemArr:[
      {"title":"锁","image":"../../images/fault_images/mbk_reportfault_lock@3x.png"},
      {"title":"刹车","image":"../../images/fault_images/mbk_reportfault_break@3x.png"},
      {"title":"链条","image":"../../images/fault_images/mbk_reportfault_chain@3x.png"},
      {"title":"脚踏","image":"../../images/fault_images/mbk_reportfault_petal@3x.png"},
      {"title":"二维码","image":"../../images/fault_images/mbk_reportfault_qrcode@3x.png"},
      {"title":"车把","image":"../../images/fault_images/mbk_reportfault_bikeHandle@3x.png"},
      {"title":"车轮","image":"../../images/fault_images/mbk_reportfault_wheel@3x.png"},
      {"title":"其他","image":"../../images/fault_images/mbk_reportfault_other@3x.png"}
    ],
    number:'',
  },
  /* 输入框输入 */
  inputValue: function (res) {
    var value = res.detail.value;
    this.setData({
      number: value
    })
    console.log(this.data.number);
  },
  /* 扫描二维码 */
  scanClick: function () {
    wx.scanCode({
      onlyFromCamera: true, // 设置只能相机获取
      success: function (res) {
        console.log("扫码成功"+res.result);
        if (res.result.length==11){
          this.setData({
            number: res.result
          })
        }else {
          console.log('不是单车共享二维码');
        }
      },
      fail: function (res) {
        console.log("扫码失败"+res);
      }
    })
  }
```

（2）添加编码完成后，我们来看损坏部位选择的逻辑。这里每个组件选中的是另外一张图片，没有选中的是另外一张图片，以此达到用户选择与未选择的效果区分。需要一个数组来记录哪一个被选中了，哪一个没被选中，同时还要根据这个数组的信息来改变页面上的图片，代码如下：

```
// fix.js 文件
  data: {
    itemArr:[
      {"title":"锁","image":"../../images/fault_images/mbk_reportfault_lock@3x.png"},
      {"title":"刹车","image":"../../images/fault_images/mbk_reportfault_break@3x.png"},
      {"title":"链条","image":"../../images/fault_images/mbk_reportfault_chain@3x.png"},
      {"title":"脚踏","image":"../../images/fault_images/mbk_reportfault_petal@3x.png"},
      {"title":"二维码","image":"../../images/fault_images/mbk_reportfault_qrcode@3x.png"},
      {"title":"车把","image":"../../images/fault_images/mbk_reportfault_bikeHandle@3x.png"},
```

```
        {"title":"车轮","image":"../../images/fault_images/mbk_reportfault_wheel@3x.png"},
        {"title":"其他","image":"../../images/fault_images/mbk_reportfault_other@3x.png"}
      ],
      number:'',
      isSelectArr:[],
      showEnable: false,
    },
  itemClick: function (res) {
    var index = res.currentTarget.dataset.id        // 获取单击的是哪个组件
    var isSelectArr = this.data.isSelectArr;        // 获取选择的数组
    isSelectArr[index] = !isSelectArr[index];
    var tempItemArr = this.data.itemArr;
    if (isSelectArr[index]){
      switch (index){
      case 0:{
        tempItemArr[0].image="../../images/fault_images/mbk_reportfault_lock_select@3x.png";
        }break;
      case 1:{
        tempItemArr[1].image="../../images/fault_images/mbk_reportfault_break_select@3x.png";
        }break;
      case 2:{
        tempItemArr[2].image="../../images/fault_images/mbk_reportfault_chain_select@3x.png";
        }break;
      case 3:{
        tempItemArr[3].image="../../images/fault_images/mbk_reportfault_petal_select@3x.png";
        }break;
      case 4:{
        tempItemArr[4].image="../../images/fault_images/mbk_reportfault_qrcode_select@3x.png";
        }break;
      case 5:{
        tempItemArr[5].image="../../images/fault_images/mbk_reportfault_bikeHandle_select@3x.png";
        }break;
      case 6:{
        tempItemArr[6].image="../../images/fault_images/mbk_reportfault_wheel_select@3x.png";
        }break;
      case 7:{
        tempItemArr[7].image="../../images/fault_images/mbk_reportfault_other_select@3x.png";
        }break;
      default: {
        console.log('未知类型');
        }break;
      }
    }else {
      switch (index){
      case 0:{
        tempItemArr[0].image="../../images/fault_images/mbk_reportfault_lock@3x.png"
        }break;
      case 1:{
        tempItemArr[1].image="../../images/fault_images/mbk_reportfault_break@3x.png";
        }break;
      case 2:{
        tempItemArr[2].image="../../images/fault_images/mbk_reportfault_chain@3x.png";
        }break;
```

```
      case 3:{
        tempItemArr[3].image="../../images/fault_images/mbk_reportfault_petal@3x.png";
        }break;
      case 4:{
        tempItemArr[4].image="../../images/fault_images/mbk_reportfault_qrcode@3x.png";
        }break;
      case 5:{
        tempItemArr[5].image="../../images/fault_images/mbk_reportfault_bikeHandle@3x.png";
        }break;
      case 6:{
        tempItemArr[6].image="../../images/fault_images/mbk_reportfault_wheel@3x.png";
        }break;
      case 7:{
        tempItemArr[7].image="../../images/fault_images/mbk_reportfault_other@3x.png";
        }break;
      default: {
          console.log('未知类型');
        }break;
      }
    }
    // 设置数据
    this.setData({
      itemArr: tempItemArr
    })
  },
```

（3）然后来完成详细信息的页面显示和提交按钮的状态的设置。当编码已输入且已选择损坏部分的时候，就会显示图片和文字详情，同时提交按钮会变成可进行交互的状态。

```
// fix.js 文件
/* 是否显示详细故障和提交按钮 */
showDetailView: function () {
  var end = false;
  if (this.data.number.length > 0){
    for (var i=0;i<this.data.isSelectArr.length;i++){
      if (this.data.isSelectArr[i]){
        end = true;
        break;
      }
    }
  }
  this.setData({
    showEnable: end
  })
},
/* 单击提交按钮*/
submit: function () {
  /* 判断是否需要提交 */
  if (this.data.showEnable){
    console.log('进行提交');
  }else {
    console.log('不进行操作');
  }
}
```

```
<!-- fix.wxml 文件 -->
<view class="{{showEnable?'submit':'nosubmit'}}" bindtap="submit"> 提 交 </view>
/*fix.wxss 文件*/
.submit{
  position: absolute;
  left: 20px;
  right: 20px;
  /*bottom: 30rpx;*/
  height: 46px;
  background: #25282E;
  text-align: center;
  line-height: 46px;
  color: #fff;
  font-size: 14px;
}
.nosubmit{
  position: absolute;
  left: 20px;
  right: 20px;
  bottom: 30rpx;
  height: 46px;
  background: #C1C4C9;
  text-align: center;
  line-height: 46px;
  color: #fff;
  font-size: 14px;
}
```

（4）根据 data 中的 showEnable 字段值来确定提交按钮的样式。在每次单击了损坏部位图标、输入框值改变和二维码扫描之后调用 showDetailView 函数来判断提交按钮的样式。在进行样式判断的时候，因为 for 循环比 if 判断耗时，所以先判断 number。

显示完成之后，再来设置图片选择和文字描述的细节。

```
// fix.js 文件
data: {
  itemArr:[
    {"title":"锁","image":"../../images/fault_images/mbk_reportfault_lock@3x.png"},
    {"title":"刹车","image":"../../images/fault_images/mbk_reportfault_break@3x.png"},
    {"title":"链条","image":"../../images/fault_images/mbk_reportfault_chain@3x.png"},
    {"title":"脚踏","image":"../../images/fault_images/mbk_reportfault_petal@3x.png"},
    {"title":"二维码","image":"../../images/fault_images/mbk_reportfault_qrcode@3x.png"},
    {"title":"车把","image":"../../images/fault_images/mbk_reportfault_bikeHandle@3x.png"},
    {"title":"车轮","image":"../../images/fault_images/mbk_reportfault_wheel@3x.png"},
    {"title":"其他","image":"../../images/fault_images/mbk_reportfault_other@3x.png"}
  ],
  number:'',
  isSelectArr:[],
  showEnable: false,
  imageArr:[],// 选择的图片
  detail:'',// 文字描述
},
/* 进行图片选择 */
```

```
  chooseImg: function () {
    var that = this;
    var chooseImgArr = that.data.imageArr;
    wx.chooseImage({
      count: 3-chooseImgArr.length,
      sizeType: ['original', 'compressed'],    // 可以指定是原图还是压缩图, 默认二者都有
      sourceType: ['album', 'camera'],         // 可以指定来源是相册还是相机, 默认二者都有
      success: function (res) {
        console.log(res.tempFiles);
        chooseImgArr = chooseImgArr.concat(res.tempFiles);
        that.setData({
          imageArr: chooseImgArr
        })
      }
    })
  },
  deleteImg: function (res) {
    var chooseImgArr = this.data.imageArr;
    chooseImgArr.splice(res.currentTarget.dataset.id,1);
    this.setData({
      imageArr: chooseImgArr
    })
  },
  inputDetail: function (res) {
    this.setData({
      detail: res.detail.value
    })
  },
  <!-- fix.wxml 文件 -->
  <view class="detail" wx:if="{{showEnable}}">
  <block wx:for="{{imageArr}}" wx:key="{{item.key}}">
      <view class="showView">
          <image class="showImg" src="{{item.path}}" />
          <image  class="deletImg"  src="../../images/fault_images/comm_failed@3x.png"
bindtap="deleteImg" data-id="{{index}}"/>
      </view>
  </block>
      <image class="chooseImgBtn" wx:if="{{imageArr.length < 3}}" src="../../images/
fault_images/mbk_reportfault_photo@3x.png" bindtap="chooseImg"/>
      <textarea class="textarea" placeholder="请描述具体故障" bindinput="inputDetail"
maxlength="140" cursor-spacing="150">
      <text class="count">{{detail.length}}/140</text>
  </textarea>
  </view>
```

6.6 数据获取

框架和逻辑搭建完成后, 就要获取单车的数据了, 这里使用本地的假数据来显示, 单车位置设
置成深圳大学的周边位置, 可以根据获取的位置修改本地数据的经纬度。

```
// tools 中的 data.js 文件
var localData = {
```

```
    "markers":[
      {"id":"0", "type":"0","latitude":"22.53333","longitude":"113.93341"},
      {"id":"1", "type":"1","latitude":"22.53384","longitude":"113.93951"},
      {"id":"2", "type":"2","latitude":"22.53355","longitude":"113.93561"},
      {"id":"3", "type":"0","latitude":"22.53133","longitude":"113.93348"},
      {"id":"4", "type":"1","latitude":"22.53184","longitude":"113.93951"},
      {"id":"5", "type":"2","latitude":"22.53755","longitude":"113.93561"}
    ]
}
module.exports = {
  listData: localData
}
// index.js 文件
// 发送网络请求获取单车位置
getbickLocation: function (lat,lon) {
  // 模拟或取到数据
  var listData = require('../../tools/data.js');
  // 处理数据
  for (var i=0;i<listData.listData["markers"].length;i++) {
    var dict = listData.listData["markers"][i];
    if (dict["type"] === "1"){
      dict["iconPath"] = "../../images/map_annotation_bike_lite.png";
    }else if (dict["type"] === "2"){
      dict["iconPath"] = "../../images/map_annotation_bike_redbag.png";
    }else {
      dict["iconPath"] = "../../images/map_annotation_bike_highlight.png";
    }
    dict["width"]= "55";
    dict["height"] = "55";
  }
  // 最后一个特殊处理
  listData.listData["markers"][listData.listData["markers"].length-1]["callout"] = {
    "content":"距离最近",
    "color":"#ffffff",
    "bgColor":"#000000",
    "fontSize":"12",
    "borderRadius":"10",
    "display":"ALWAYS",
    "padding":"6"
  }
  console.log(listData.listData["markers"]);
  this.setData({
    markers: listData.listData["markers"]
  })
},
```

第一次显示完成和拖动点移动结束之后，调用此方法即可实现在地图上显示单车大头针的功能。首页完成页面效果如图 6-13 所示。

6.7 项目小结

本章通过单车共享项目，主要讲解了微信小程序地图类 APP 的开发，同时综合运用了 map 组件和常用的地图 API。在开发项目之前，首先要想清楚项目的各个页面结构，在开发各个页面的时候，不要想着一下实现全部功能，而应该一点一点地来实现，最后你会发现，当很多小的功能完成的时候，放在一起就是一个大的功能页面了。也就是先总体构想，再分步实现。

图 6-13　首页完成页面

第 7 章　视频快讯

一个项目一般先由项目经理进行评估和需求分析,项目经理完成后会把需求文档或低保真图交付设计师;设计师设计出高保真设计图和切图,交给开发工程师;开发工程师再把图上的内容,变成真实的项目。在第一个版本上线之后,后续还要进行项目的测试、维护,及时修复问题,并对新增的功能、模块进行增加、调整。

可见,项目不是一成不变的,而是在不断迭代改进的。对于开发人员要有一个良好的架构要求,良好的项目架构可以减少冗余代码,方便进行功能的迭代。

7.1　需求描述

本章将介绍视频快讯项目,需要完成首页页面、短视频页面、频道页面和我的页面。先大致预览一下所有的页面,你会发现页面中有些样式结构是一样的,可以把一样的样式结构提取出来,已达到简化代码和提高复用性和维护性的要求,然后开始进行页面代码的搭建。

7.2　设计思路

在开始动手写代码之前,先分析一下如何在各个页面之间进行组件摆放搭建,然后获取数据,处理展示数据。不同的组件就像不同的工具一样,只有合理地使用工具,才能更快、更合理地达到理想的设计效果。

7.2.1　首页描述

视频快讯首页顶部为搜索框,下面是图片轮播器,图片轮播器内的每张图片的宽度并不为百分之百,而是左右有一定的间距,而且底部的文字会跟随图片一起滚动。再往下是分类的标题内容,分类内容有两种样式,一种是标题加四个内容展示,另一种是标题加一个大图展示再加四个内容展示。如图 7-1 所示。

7.2.2　短视频描述

短视频页面顶部为滚动的标签选项,可以左右滑动单击进行选择,选中的标签会进行颜色区分和底部下划线区分。下面是当前标签页下的视频列表的展示,每个视频列表都以图片衬底,上边放置播放按钮和标签,图片下面为视频的标签和功能按钮,如图 7-2 所示。

7.2.3　频道描述

频道页面与首页和短视频页面相似,顶部为标签选择栏,选中的标签会进行颜色区分和底部下划线区分。往下是滚动的图片轮播页面，与首页的图片轮播器一样，左右有间距空隙。再往下是频道类别，与首页视频列表的内容样式一样，只是底部没有"换一批试试"的功能按钮。如图 7-3 所示。

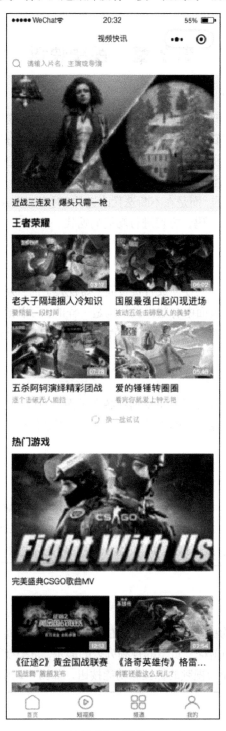

图 7-1　首页

图 7-2　短视频

图 7-3　频道

7.2.4　我的描述

　　我的页面就是功能列表，左右滑动可以展示更多观看历史内容，模块之间有一条分割线进行分割，如图 7-4 所示。

7.3 准备工作

了解了各页面的结构后,就要根据页面的结构来搭建项目的框架。在后续的维护和迭代升级中,要能够根据项目的框架快速定位并找到对应的文件。项目的基础结构如图 7-5 所示。

图 7-4 我的

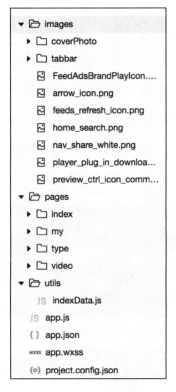

图 7-5 项目结构

app.js、app.json、app.wxss、project.config.json 这 4 个文件是特殊文件,整个项目只能有一个,所以单独放在最外面即可。每个页面都包含 4 个文件,所以把页面都放在大的 pages 文件夹下,再分别为每个页面创建对应的文件夹。

单独创建一个文件夹存放图片,其中 tabbar 的图片和本地数据用到的图片较多,单独存放在一个文件夹下。像一些工具类,第三方类可以创建一个文件夹单独存放。

根据项目的设计页面,在 app.json 中搭建 tabbar 样式和导航栏样式。

```
app.json 文件
{
  "pages":[    // 加载所有用到的页面
    "pages/index/index",
    "pages/video/video",
    "pages/type/type",
```

```
      "pages/my/my"
    ],
    "window":{
      "backgroundTextStyle":"light",                    // 状态栏样式
      "navigationBarBackgroundColor": "#fff",           // 导航栏背景颜色
      "navigationBarTitleText": "视频快讯",             // 导航栏文字
      "navigationBarTextStyle":"black"                  // 导航栏文字样式
    },
    "tabBar": {
      "color": "#727272",                               // tabBar 文字未选中颜色
      "selectedColor": "#F0760B",                       // tabBar 文字选中颜色
      "list": [
        {
          "pagePath": "pages/index/index",              // 页面对应的路径
          "text": "首页",// tabBar 文字描述
          "iconPath": "./images/tabBar/home_nosel.png",      // 未选中图片的路径
          "selectedIconPath": "./images/tabBar/home_sel.png" // 选中图片的路径
        },
        {
          "pagePath": "pages/video/video",
          "text": "短视频",
          "iconPath": "./images/tabBar/video_nosel.png",
          "selectedIconPath": "./images/tabBar/video_sel.png"
        },{
          "pagePath": "pages/type/type",
          "text": "频道",
          "iconPath": "./images/tabBar/type_nosel.png",
          "selectedIconPath": "./images/tabBar/type_sel.png"
        },
        {
          "pagePath": "pages/my/my",
          "text": "我的",
          "iconPath": "./images/tabBar/my_nosel.png",
          "selectedIconPath": "./images/tabBar/my_sel.png"
        }
      ]
    }
  }
}
```

在 app.json 文件中设置导航栏样式。如果在单个页面的 json 文件中没有单独设置导航栏样式，那么会使用 app.json 文件中设置的导航栏样式，如果设置了则使用 json 中的样式。

本项目中只有我的页面导航栏文字不同，单独设置即可，其他页面导航栏的样式、文字一样只需在 app.json 中设置即可。完成效果如图 7-6 所示。

7.4　页面搭建

进行页面搭建的时候要留意，把公共的样式抽取出来。页面搭建主要完成整体项目各个页面的结构，使用哪些控件，控件如何进行摆放等，都需要在页面搭建时完成。当服务器接口完成之后，开发者只需要获取数据，进行处理展示即可。

图 7-6　项目结构页面

7.4.1　首页页面搭建

（1）首先完成顶部搜索和图片轮播的搭建。轮播功能一般使用 swiper 组件，视频快讯项目在这里也使用 swiper 组件，但是它的内部需要进行自定义，因为此处不是单纯地填充一张图片，而是在内部用视图填充图片和文字,让其留出边距，也是为了让图片和文字可以一起滚动。index.wxml 文件的代码如下：

```
<!-- index.wxml -->
<!-- 顶部搜索栏 -->
<view class='topView'>
  <image src='../../images/home_search.png'></image>
  <text>请输入片名、主演或导演</text>
</view>
<!-- 图片轮播器 -->
<swiper class='barnerView' autoplay='{{true}}' circular='{{true}}'>
  <block wx:for='{{3}}' wx:key='{{index}}'>
    <swiper-item>
      <image src=''></image>
      <view class='detail'>文字详情</view>
    </swiper-item>
  </block>
</swiper>
```

index.wxss 文件的代码如下：

```
/* index.wxss */
/* 顶部搜索栏 */
.topView{
  width: 100%;
  height: 80rpx;
  /* background-color: red; */
  display: flex;
  align-items: center;
}
```

```
.topView image{
  width: 34rpx;
  height: 34rpx;
  margin: 0 20rpx;
}
.topView text{
  font-size: 24rpx;
  color: #B1B1B1;
}
/* 图片轮播器 */
.barnerView{
  width: 100%;
  height: 470rpx;
  background-color: #F4F7FC;
}
.barnerView image{
  margin: 0 20rpx;
  width: 710rpx;/*375*2-40*/
  height: 406rpx;
  background-color: #B1B1B1;
}
.barnerView .detail{
  width: 100%;
  padding: 0 20rpx;
  line-height: 46rpx;
  font-size: 28rpx;
}
```

顶部的搜索框使用 display:flex;align-items:cemter;来保证图片和文字的水平对齐。swiper 组件内部通过 block 来循环创建三个 swiper-item 组件。效果如图 7-7 所示。

图 7-7　首页顶部页面

（2）首页底部的内容大致相同，只是顶部大图和展示数量不同，共同的样式可以抽取出来，以减少代码冗余。内部数量可以通过 block 来循环创建。

index.wxml 文件的代码如下：

```
<!-- index.wxml -->
<!-- 标题 view -->
<view class='titleView'>王者荣耀</view>
<block wx:for='{{4}}' wx:key='{{index}}'>
  <!-- 容器 View -->
  <view class='itemView'>
    <!-- 背景图片 -->
    <image class='bgImg' src=''>
      <text class='timeTxt'>04:00</text>
    </image>
    <!-- 标题 -->
    <view class='titView'>内容标题</view>
    <!-- 描述 -->
    <view class='detView'>内容详情</view>
  </view>
</block>
<!-- 标题 view -->
<view class='titleView'>热门游戏</view>
<!-- 大类 -->
<view class='bigClassView'>
  <image src=''></image>
  <view class='detail'>大类的描述</view>
</view>
<block wx:for='{{6}}' wx:key='{{index}}'>
  <!-- 容器 View -->
  <view class='itemView'>
    <!-- 背景图片 -->
    <image class='bgImg' src=''>
      <text class='timeTxt'>04:00</text>
    </image>
    <!-- 标题 -->
    <view class='titView'>内容标题</view>
    <!-- 描述 -->
    <view class='detView'>内容详情</view>
  </view>
</block>
<!-- 底部刷新 -->
<view class='bottomRefeshView'>
  <image src='../../images/feeds_refresh_icon.png'></image>
  <text>换一批试试</text>
</view>
```

index.wxss 文件的代码如下：

```
/* index.wxss */
/* 底部内容共同的样式 */
/* 标题 view */
.titleView{
  width: 100%;
  line-height: 80rpx;
  /* 设置字体样式 */
  font-size: 34rpx;
```

```
    font-weight: bolder;
    padding: 0 20rpx;
}
/* 容器 View */
.itemView{
    display: inline-block;
    margin-left: 20rpx;
    margin-bottom: 10rpx;
    width: 345rpx; /* (375*2-20*3)*0.5 */
    height: 290rpx;/* 197+40+43+10 */
    /* background-color: #B1B1B1; */
}
/* 背景图片 */
.itemView .bgImg{
    width: 345rpx;
    height: 197rpx;
    position: relative;
    background-color: rgb(216, 216, 216);
}
.itemView .bgImg .timeTxt{
    position: absolute;
    right: 10rpx;
    bottom: 10rpx;
    background-color: #B1B1B1;
    padding: 0 8rpx;
    /* 字体设置 */
    font-size: 20rpx;
    color: #ffffff;
}
/* 标题 */
.itemView .titView{
    font-size: 32rpx;
    line-height: 40rpx;
    color: #000000;
    /* 让超出的部分显示省略号 */
    overflow: hidden;
    white-space: nowrap;
    text-overflow: ellipsis;
}
/* 描述 */
.itemView .detView{
    font-size: 24rpx;
    line-height: 43rpx;
    color: #B1B1B1;
}
/* 底部刷新 */
.bottomRefeshView{
    /* 使用 flex 布局内部组件 */
    display: flex;
    align-items: center;
    justify-content: center;
    margin: 20rpx 0; /*设置上下内部间距*/
}
```

```
.bottomRefeshView image{
    width: 30rpx;
    height: 30rpx;
    margin: 0 20rpx;
}
.bottomRefeshView text{
    color: #B1B1B1;
    font-size: 24rpx;
}
/* 特有的大类 */
.bigClassView{
    width: 100%;
    height: 490rpx;
}
.bigClassView image{
    margin: 0 20rpx;
    width: 710rpx;/*375*2-40*/
    height: 406rpx;
    background-color: rgb(216, 216, 216);
}
.bigClassView .detail{
    width: 100%;
    line-height: 46rpx;
    font-size: 28rpx;
    padding: 0 20rpx;
}
```

view 组件是独占一行的，所以使用 display: inline-block;来让其共享一行，超出的部分会自动换行显示。overflow: hidden;让超出内容隐藏，white-space: nowrap;让超出内容不换行，text-overflow: ellipsis;让超出的文字变为"…"样式，以此来对超出的文字进行操作。两者共有的样式使用同样的 class 值。可以通过设置 line-height 的值来设置文字大小。底部刷新控件使用 flex 布局，display:flex;align-items:center;水平居中，justify-content:center;垂直居中来保证图片和文字的水平垂直居中。效果如图 7-8 所示。

7.4.2 短视频页面搭建

短视频页面也可分为顶部的滚动标签栏和底部的内容视图。

（1）顶部的滚动标签栏一般使用 scroll-view 组件，scroll-view 组件使用的时候要注意设置宽高、滚动方向和内部组件的排列方式。顶部数据的来源在.js 文件中。

video.js 文件的代码如下：

```
// video.js
Page({
    data: {
        titleArr: ['王者荣耀', '快看', '神剪辑', '搞笑', '新闻', '舞蹈', '健康', '健身', '娱乐',
'游戏', '英雄联盟', '情感','汽车','美食'],
        selectIndex: 0,
    },
    // 标签单击事件
    titleClick: function (res) {
```

```
      var selectIndex = res.currentTarget.dataset.index;
      this.setData({
        selectIndex: selectIndex
      })
    },
  })
```

图 7-8　首页底部页面

video.wxml 文件的代码如下：

```
<!-- video.wxml -->
```

```
<!-- 设置顶部标签 -->
<scroll-view class='headTitle' scroll-x>
    <block wx:for='{{titleArr}}' wx:key='index'>
      <view class='titleItem {{selectIndex==index? "selctItem":""}}' >{{titleArr[index]}}
</view>
    </block>
</scroll-view>
```

video.wxss 文件的代码如下：

```
/* video.wxss */
/* 设置顶部标签 */
.headTitle{
  width: 100%;
  height: 80rpx;
  background-color: #ffffff;
  overflow: hidden;
  white-space: nowrap;
  border-bottom: 1px solid #F3F3F3;
}
.headTitle .titleItem{
  display: inline-block;
  line-height: 76rpx;
  color: #000000;
  font-weight: bold;
  font-size: 34rpx;
  margin: 0 20rpx;
}
.headTitle .selctItem{
  color: #CA742A;
  border-bottom: 4rpx solid #CA742A;
}
```

底部的线条通过 border-bottom: 1px solid #F3F3F3;来设置。选中的样式通过三目运算符来添加 class 类型，关键代码为 "<view class='titleItem {{selectIndex==index? "selctItem":""}}' ></view>"。 效果如图 7-9 所示。

图 7-9　短视频顶部页面

（2）短视频内容部分是重复的列表，可以先完成一个然后通过 block 来循环创建多个。内容上部为图片，然后在内部放置子组件。底部整体为一个 view 组件，然后通过 display:flex 布局来控制内部组件的摆放位置。

video.wxml 文件的代码如下：

```
<!-- video.wxml -->
<!-- 内容 -->
<block wx:for='{{5}}'>
<view class='itemView'>
  <!-- 背景图片 -->
  <image class='contentImv' src=''>
    <!-- 标题 -->
    <text class='titleTxt'>标题内容</text>
    <!-- 播放按钮 -->
    <image class='playImv' src='../../images/FeedAdsBrandPlayIcon.png'></image>
    <!-- 时间 -->
    <text class='timeTxt'>04:00</text>
  </image>
  <!-- 底部内容 -->
  <view class='bottomView'>
    <!-- 标签类 -->
    <view class='tagView'>王者荣耀</view>
    <!-- 评论 -->
    <image class='commentImv' src='../../images/preview_ctrl_icon_comment.png'></image>
    <!-- 分享 -->
    <image class='shareImv' src='../../images/nav_share_white.png'></image>
    <!-- 下载 -->
    <image class='downloadImv' src='../../images/player_plug_in_download.png'></image>
  </view>
</view>
</block>
```

video.wxss 文件的代码如下：

```
/* video.wxss */
/* 内容 */
.itemView{
  width: 100%;
  height: 530rpx;
  /* background-color: red; */
}
/* 背景图片 */
.itemView .contentImv{
  position: relative;
  width: 100%;
  height: 428rpx;
  background-color: #B1B1B1;
}
/* 标题 */
.itemView .contentImv .titleTxt{
  position: absolute;
  top: 20rpx;
```

```
    left: 40rpx;
    right: 40rpx;
    font-size: 34rpx;
    color: #ffffff;
}
/* 播放按钮 */
.itemView .contentImv .playImv{
    position: absolute;
    top: 150rpx;
    left: 315rpx;/* (750-120)*0.5 */
    width: 120rpx;
    height: 120rpx;
}
/* 时间 */
.itemView .contentImv .timeTxt{
    position: absolute;
    bottom: 20rpx;
    right: 20rpx;
    font-size: 24rpx;
    color: #ffffff;
}
/* 底部内容 */
.itemView .bottomView{
    width: 100%;
    height: 80rpx;
    background-color: rgb(224, 224, 224);
    display: flex;
    align-items: center;
    position: relative;
}
/* 标签 */
.itemView .bottomView .tagView{
    line-height: 50rpx;
    background-color: #F7F8FD;
    font-size: 20rpx;
    border-radius: 25rpx;
    margin-left: 20rpx;
    padding: 0 20rpx;
}
.itemView .bottomView .commentImv{
    position: absolute;
    right: 200rpx;
    width: 50rpx;
    height: 50rpx;
}
.itemView .bottomView .shareImv{
    position: absolute;
    right: 110rpx;
    width: 50rpx;
    height: 50rpx;
}
.itemView .bottomView .downloadImv{
    position: absolute;
```

```
    right: 20rpx;
    width: 66rpx;
    height: 66rpx;
}
```

图片底部的功能按钮通过父控件的 display: flex;align-items: center;来保证水平居中，然后通过 position: absolute;和 right:value;来确定具体位置。效果如图 7-10 所示。

图 7-10　短视频内容页面

7.4.3　频道页面搭建

频道页面的顶部标签栏与短视频的顶部标签栏基本一致，底部内容与首页的底部内容基本一致，所以可以直接把这两部分的代码放到一起，拼接出频道页面。

type.js 文件的代码如下：

```
// type.js
Page({
  data: {
    titleArr: ['电视剧','综艺','电影','动漫'],
    selectIndex: 0,
  },
  // 标签单击事件
  titleClick: function (res) {
    var selectIndex = res.currentTarget.dataset.index;
```

励志照亮人生　编程改变命运

```
    this.setData({
      selectIndex: selectIndex
  })
    },
  })
```

type.wxml 文件的代码如下：

```
<!-- type.wxml -->
<!-- 设置顶部标签 -->
<scroll-view class='headTitle' scroll-x>
    <block wx:for='{{titleArr}}' wx:key='index'>
    <view class='titleItem {{selectIndex==index? "selctItem":""}}'>{{titleArr[index]}}
</view>
    </block>
</scroll-view>
<!-- 图片轮播器 -->
<swiper class='barnerView' autoplay='{{true}}' circular='{{true}}'>
  <block wx:for='{{3}}' wx:key='{{index}}'>
    <swiper-item>
      <image src=''></image>
      <view class='detail'>文字详情</view>
    </swiper-item>
  </block>
</swiper>
<!-- 标题 view -->
<view class='titleView'>热门游戏</view>
<!-- 大类 -->
<view class='bigClassView'>
  <image src=''></image>
  <view class='detail'>大类的描述</view>
</view>
<block wx:for='{{6}}' wx:key='{{index}}'>
  <!-- 容器 View -->
  <view class='itemView'>
    <!-- 背景图片 -->
    <image class='bgImg' src=''>
      <text class='timeTxt'>04:00</text>
    </image>
    <!-- 标题 -->
    <view class='titView'>内容标题</view>
    <!-- 描述 -->
    <view class='detView'>内容详情</view>
  </view>
</block>
```

type.wxss 文件的代码如下：

```
/* type.wxss */
/* 设置顶部标签 */
.headTitle{
  width: 100%;
  height: 80rpx;
```

```
    background-color: #ffffff;
    overflow: hidden;
    white-space: nowrap;
    border-bottom: 1px solid #F3F3F3;
}
.headTitle .titleItem{
    display: inline-block;
    line-height: 76rpx;
    color: #000000;
    font-weight: bold;
    font-size: 34rpx;
    margin: 0 20rpx;
}
.headTitle .selctItem{
    color: #CA742A;
    border-bottom: 4rpx solid #CA742A;
}
/* 图片轮播器 */
.barnerView{
    width: 100%;
    height: 470rpx;
    background-color: #F4F7FC;
}
.barnerView image{
    margin: 0 20rpx;
    width: 710rpx;/*375*2-40*/
    height: 406rpx;
    background-color: #B1B1B1;
}
.barnerView .detail{
    width: 100%;
    padding: 0 20rpx;
    line-height: 46rpx;
    font-size: 28rpx;
}
/* 标题 view */
.titleView{
    width: 100%;
    line-height: 80rpx;
    /* 设置字体样式 */
    font-size: 34rpx;
    font-weight: bolder;
    padding: 0 20rpx;
}
/* 容器 View */
.itemView{
    display: inline-block;
    margin-left: 20rpx;
    margin-bottom: 10rpx;
    width: 345rpx; /* (375*2-20*3)*0.5 */
    height: 290rpx;/* 197+40+43+10 */
    /* background-color: #B1B1B1; */
}
```

```
/* 背景图片 */
.itemView .bgImg{
  width: 345rpx;
  height: 197rpx;
  position: relative;
  background-color: rgb(216, 216, 216);
}
.itemView .bgImg .timeTxt{
  position: absolute;
  right: 10rpx;
  bottom: 10rpx;
  background-color: #B1B1B1;
  padding: 0 8rpx;
  /* 字体设置 */
  font-size: 20rpx;
  color: #ffffff;
}
/* 标题 */
.itemView .titView{
  font-size: 32rpx;
  line-height: 40rpx;
  color: #000000;
  /* 让超出的部分显示省略号 */
  overflow: hidden;
  white-space: nowrap;
  text-overflow: ellipsis;
}
/* 描述 */
.itemView .detView{
  font-size: 24rpx;
  line-height: 43rpx;
  color: #B1B1B1;
}
/* 特有的大类 */
.bigClassView{
  width: 100%;
  height: 490rpx;
}
.bigClassView image{
  margin: 0 20rpx;
  width: 710rpx;/*375*2-40*/
  height: 406rpx;
  background-color: rgb(216, 216, 216);
}
.bigClassView .detail{
  width: 100%;
  line-height: 46rpx;
  font-size: 28rpx;
  padding: 0 20rpx;
}
```

　　注意，scroll-view 的内部子控件未超出 scroll-view 大小是没有滚动效果的，只有当子控件超出 scroll-view 大小且设置了滚动方向属性时，才可以进行滚动。效果如图 7-11 所示。

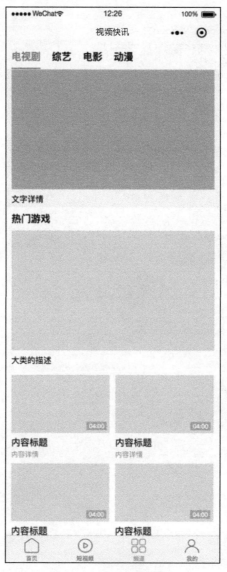

图 7-11　频道页面搭建

7.4.4　我的页面搭建

我的页面主要是观看历史的滚动展示偏多，滚动展示通过使用 scroll-view 组件来实现。把相同的样式代码抽取出来，以减少代码量。

my.wxml 文件的代码如下：

```
<!-- my.wxml -->
<!-- 标题视图 -->
<view class='histroy topStyle'>
  <text>观看历史</text>
  <image src='../../images/arrow_icon.png'></image>
</view>
```

```
<!-- 观看历史内容 -->
<scroll-view class='content' scroll-x>
  <block wx:for='{{5}}' wx:key='{{index}}'>
    <view class='itemView'>
      <image class='iconImv' src=''></image>
      <view class='detailView'>标题内容</view>
    </view>
  </block>
</scroll-view>
<view class='histroy' style='border-top: 1rpx solid #F4F7FC;'>
  <text>我的看单</text>
  <image src='../../images/arrow_icon.png'></image>
</view>
<view class='histroy topStyle'>
  <text>设置</text>
  <image src='../../images/arrow_icon.png'></image>
</view>
```

my.wxml 文件的代码如下：

```
/* my.wxss */
/* 标题视图 */
.histroy{
  width: 100%;
  height: 80rpx;
  display: flex;
  align-items: center;
  position: relative;
  /* background-color: red; */
}
.histroy text{
  font-size: 32rpx;
  font-weight: bold;
  color: #000000;
  margin-left: 20rpx;
}
.histroy image{
  width: 21rpx;
  height: 36rpx;
  position: absolute;
  right: 20rpx;
}
/* 顶部样式 */
.topStyle{
  border-top: 20rpx solid #F4F7FC;
}
/* 观看历史内容 */
.content{
  width: 100%;
  height: 300rpx;/* 200+100 */
  /* background-color: red; */
  overflow: hidden;
  white-space: nowrap;
}
```

```
.content .itemView{
  display: inline-block;
  width: 280rpx;
  height: 100%;
  margin: 0 20rpx;
  background-color: #ffffff;
}
.content .itemView .iconImv{
  width: 280rpx;
  height: 200rpx;
  border-radius: 10rpx;/* 倒圆角 */
  background-color: #B1B1B1;
}
.content .itemView .detailView{
  width: 280rpx;
  height: 100rpx;
  /* 设置字体样式 */
  font-size: 28rpx;
  color: #000000;
  white-space: pre-wrap;
}
```

分割线使用 border-top: 20rpx solid #F4F7FC;来实现。效果如图 7-12 所示。

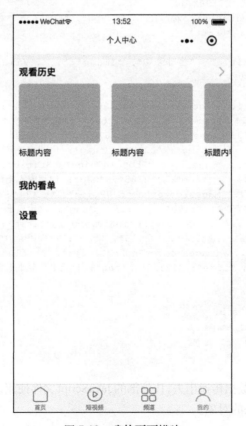

图 7-12　我的页面搭建

7.5　逻辑搭建

页面框架搭建完成后，下一步就是搭建页面逻辑了，获取服务器数据，然后展示在页面中。同时要注意，有时候页面的展示与数据相关联，例如有时要展示组件，有时要隐藏组件。

这里使用本地的数据，通过 utils 文件夹下的 indexData.js 文件来进行页面的展示。

indexData.js 文件的代码如下：

```javascript
// index.js
var bannerData = [
    { "image": "../../images/coverPhoto/barner_00.jpeg", "title":"空投掉在这些地方千万别捡"},
    { "image": "../../images/coverPhoto/barner_01.jpeg", "title": "近战三连发！爆头只需一枪"},
    { "image": "../../images/coverPhoto/barner_02.jpeg", "title": "火柴人在我的世界里PK"}
    ];
var wzryData = {"title":"王者荣耀","data":[
    { "images": "../../images/coverPhoto/01.jpg","title":"老夫子隔墙捆人冷知识","detZail":"要预留一段时间","time":"03:12"},
    { "images": "../../images/coverPhoto/02.jpg", "title": "国服最强白起闪现进场", "detail": "被动五杀击碎敌人的美梦", "time": "06:02" },
    { "images": "../../images/coverPhoto/03.jpg", "title": "五杀阿轲演绎精彩团战", "detail": "逐个击破无人能挡", "time": "07:28" },
    { "images": "../../images/coverPhoto/04.jpg", "title": "爱的锤锤转圈圈", "detail": "看完你就爱上钟无艳", "time": "05:46" },
    ]};
var rmwyData = { "title": "热门游戏", "image":"../../images/coverPhoto/05.jpg", "detail":"完美盛典 CSGO 歌曲 MV",
    "data": [
        { "images": "../../images/coverPhoto/06.jpg", "title": "《征途 2》黄金国战联赛", "detail": ""国战舞"震撼发布", "time": "12:13", "tag":["电竞老铁","王者荣耀","MOBA"]},
        { "images": "../../images/coverPhoto/07.jpg", "title": "《洛奇英雄传》格雷技能赏", "detail": "刺客还能这么玩儿？", "time": "02:54", "tag": ["胡撸努努","王者荣耀"]},
        { "images": "../../images/coverPhoto/08.jpg", "title": "火影忍者 OL 全新宣传片", "detail": "当木叶带上雪之面具", "time": "12:05", "tag": ["玩游人生", "王者荣耀", "超神"]},
        { "images": "../../images/coverPhoto/09.jpg", "title": "《猎魂觉醒》X《讨鬼传极》", "detail": "深度联动开启邀你来战", "time": "00:51", "tag": ["千代子", "王者荣耀", "骚白"]},
        { "images": "../../images/coverPhoto/10.jpg", "title": "绿色征途世界观 PV 首播", "detail": "你未曾想到的国漫风", "time": "02:15", "tag": ["狮团 ACG", "王者荣耀", "MOBA"]},
        { "images": "../../images/coverPhoto/11.jpg", "title": "东皇加张良怎么办？", "detail": "司马懿轻松反制", "time": "12:13", "tag": ["王者荣耀小饭堂", "王者荣耀"]},
    ]};
module.exports={
    bannerData: bannerData,
    wzryData: wzryData,
    rmwyData: rmwyData
}
```

通过 module.exports 把数据传递出去，让外部的 JavaScript 文件使用。引用的时候使用 require('路径');获取到的就是传递出来的对象。

7.5.1 首页逻辑

首页数据一共包含三个部分，一个是顶部的 banner 图片地址和文字 indexData.bannerData，另一个是下面的王者荣耀数据 indexData.wzryData，最后一个是底部的热门游戏 indexData.rmwyData。需要分别赋值给 data 中的数据，然后才能与 wxml 交互进行展示。

index.js 文件的代码如下：

```
// index.js
// 引用数据
var indexData = require('../../utils/indexData.js')
Page({
  /**
   * 页面的初始数据
   */
  data: {
    banner:[],
    wzryData:{},
    rmwyData:{},
  },
  /**
   * 生命周期函数--监听页面加载
   */
  onLoad: function (options) {
    // 发送网络请求获取数据
    console.log(indexData);
    this.setData({
      banner: indexData.bannerData,
      wzryData: indexData.wzryData,
      rmwyData: indexData.rmwyData
    })
  },
})
```

index.wxml 文件的代码如下：

```
<!-- index.wxml -->
<!-- 顶部搜索栏 -->
<view class='topView'>
  <image src='../../images/home_search.png'></image>
  <text>请输入片名、主演或导演</text>
</view>
<!-- 图片轮播器 -->
<swiper class='barnerView' autoplay='{{true}}' circular='{{true}}'>
  <block wx:for='{{banner}}' wx:key='{{index}}'>
    <swiper-item>
      <image src='{{item.image}}'></image>
      <view class='detail'>{{item.title}}</view>
    </swiper-item>
  </block>
</swiper>
<!-- 标题 view -->
<view class='titleView'>{{wzryData.title}}</view>
```

```
<block wx:for='{{wzryData.data}}' wx:key='{{index}}'>
  <!-- 容器 View -->
  <view class='itemView'>
    <!-- 背景图片 -->
    <image class='bgImg' src='{{item.images}}'>
      <text class='timeTxt'>{{item.time}}</text>
    </image>
    <!-- 标题 -->
    <view class='titView'>{{item.title}}</view>
    <!-- 描述 -->
    <view class='detView'>{{item.detail}}</view>
  </view>
</block>
<!-- 底部刷新 -->
<view class='bottomRefeshView'>
  <image src='../../images/feeds_refresh_icon.png'></image>
  <text>换一批试试</text>
</view>
<!-- 标题 view -->
<view class='titleView'>{{rmwyData.title}}</view>
<!-- 大类 -->
<view class='bigClassView'>
  <image src='{{rmwyData.image}}'></image>
  <view class='detail'>{{rmwyData.detail}}</view>
</view>
<block wx:for='{{rmwyData.data}}' wx:key='{{index}}'>
  <!-- 容器 View -->
  <view class='itemView'>
    <!-- 背景图片 -->
    <image class='bgImg' src='{{item.images}}'>
      <text class='timeTxt'>{{item.time}}</text>
    </image>
    <!-- 标题 -->
    <view class='titView'>{{item.title}}</view>
    <!-- 描述 -->
    <view class='detView'>{{item.detail}}</view>
  </view>
</block>
<!-- 底部刷新 -->
<view class='bottomRefeshView'>
  <image src='../../images/feeds_refresh_icon.png'></image>
  <text>换一批试试</text>
</view>
```

this.setData 为设置数据，只有 data 中的数据才能与 wxml 进行交互展示，引用进来的数据是没有办法直接展示在 wxml 中的，所以在 onLoad 方法中进行数据的设置操作。

完成后效果如图 7-1 所示。

7.5.2 短视频逻辑

很多小程序标签栏都是通过网络请求获取得到的，没这样做的好处是便于修改。本章标签栏数据直接写在 data 中，缺点是不利于后期修改，优点是加载更快。

video.js 文件的代码如下：

```javascript
// video.js
// 引用数据
var indexData = require('../../utils/indexData.js')
Page({
  data: {
    titleArr: ['王者荣耀', '快看', '神剪辑', '搞笑', '新闻', '舞蹈', '健康', '健身', '娱乐', '游戏', '英雄联盟', '情感','汽车','美食'],
    selectIndex: 0,
    wzryData: {},
  },
  // 标签单击事件
  titleClick: function (res) {
    var selectIndex = res.currentTarget.dataset.index;
    this.setData({
      selectIndex: selectIndex
    })
  },
  /**
   * 生命周期函数--监听页面加载
   */
  onLoad: function (options) {
    // 发送网络请求获取数据
    console.log(indexData);
    this.setData({
      wzryData: indexData.rmwyData
    })
  }
})
```

video.wxml 文件的代码如下：

```html
<!-- video.wxml -->
<!-- 设置顶部标签 -->
<scroll-view class='headTitle' scroll-x>
    <block wx:for='{{titleArr}}' wx:key='index'>
       <view class='titleItem {{selectIndex==index? "selctItem":""}}' bindtap='titleClick' data-index='{{index}}'>{{titleArr[index]}}</view>
    </block>
</scroll-view>
<!-- 内容 -->
<block wx:for='{{wzryData.data}}'>
<view class='itemView'>
  <!-- 背景图片 -->
  <image class='contentImv' src='{{item.images}}'>
    <!-- 标题 -->
    <text class='titleTxt'>{{item.title+'-'+item.detail}}</text>
    <!-- 播放按钮 -->
    <image class='playImv' src='../../images/FeedAdsBrandPlayIcon.png'></image>
    <!-- 时间 -->
    <text class='timeTxt'>{{item.time}}</text>
  </image>
```

```
<!-- 底部内容 -->
<view class='bottomView'>
  <!-- 标签类 -->
  <block wx:for='{{item.tag}}' wx:for-item='itemName' wx:for-index='indexName'
wx:key='{{indexName}}'>
    <view class='tagView'>{{itemName}}</view>
  </block>
  <!-- 评论 -->
  <image class='commentImv' src='../../images/preview_ctrl_icon_comment.png'>
</image>
  <!-- 分享 -->
  <image class='shareImv' src='../../images/nav_share_white.png'></image>
  <!-- 下载 -->
  <image class='downloadImv' src='../../images/player_plug_in_download.png'>
</image>
  </view>
</view>
</block>
```

注意，在 block 中默认获取到的元素名称为 item，获取到的下标为 index。如果想要修改的话使用 wx:for-item='itemName' 修改元素的名称，使用 wx:for-index='indexName' 修改元素的下标名称。完成后效果如图 7-2 所示。

7.5.3　频道逻辑

频道页面的数据与首页的数据一致，都来源于 utils 文件中的 indexData.js 内的数据。当数据展示时，频道页面使用的字段与首页页面使用的字段也是一致的。在标签页的选中状态，专门添加一个全局的 selectIndex 字段来记录。

type.js 文件的代码如下：

```
//type.js
// 引用数据
var indexData = require('../../utils/indexData.js')
Page({
  data: {
    titleArr: ['电视剧','综艺','电影','动漫'],
    selectIndex: 0,
    banner: [],
    rmwyData: {},
  },
  // 标签单击事件
  titleClick: function (res) {
    var selectIndex = res.currentTarget.dataset.index;
    this.setData({
      selectIndex: selectIndex
    })
  },
  /**
   * 生命周期函数--监听页面加载
   */
  onLoad: function (options) {
    // 发送网络请求获取数据
```

```
      console.log(indexData);
      this.setData({
        banner: indexData.bannerData,
        rmwyData: indexData.rmwyData
      })
    }
  })
```

type.wxml 文件的代码如下：

```
<!-- type.wxml -->
<!-- 设置顶部标签 -->
<scroll-view class='headTitle' scroll-x>
    <block wx:for='{{titleArr}}' wx:key='index'>
      <view class='titleItem {{selectIndex==index? "selctItem":""}}' bindtap=
'titleClick' data-index='{{index}}'>{{titleArr[index]}}</view>
    </block>
</scroll-view>
<!-- 图片轮播器 -->
<swiper class='barnerView' autoplay='{{true}}' circular='{{true}}'>
  <block wx:for='{{banner}}' wx:key='{{index}}'>
    <swiper-item>
      <image src='{{item.image}}'></image>
      <view class='detail'>{{item.title}}</view>
    </swiper-item>
  </block>
</swiper>
<!-- 标题 view -->
<view class='titleView'>{{rmwyData.title}}</view>
<!-- 大类 -->
<view class='bigClassView'>
  <image src='{{rmwyData.image}}'></image>
  <view class='detail'>{{rmwyData.detail}}</view>
</view>
<block wx:for='{{rmwyData.data}}'>
  <!-- 容器 View -->
  <view class='itemView'>
    <!-- 背景图片 -->
    <image class='bgImg' src='{{item.images}}'>
      <text class='timeTxt'>{{item.time}}</text>
    </image>
    <!-- 标题 -->
    <view class='titView'>{{item.title}}</view>
    <!-- 描述 -->
    <view class='detView'>{{item.detail}}</view>
  </view>
</block>
```

完成后效果如图 7-3 所示。

7.5.4　我的逻辑

我的页面比较简单，只有观看历史页面有数据，数据来源于 utils 文件夹下的 indexData.js。当

　励志照亮人生　编程改变命运

取用时，只使用需要的字段即可，如 indexData.wzryData.data 字段。

my.js 文件的代码如下：

```
// my.js
// 引用数据
// 引用数据
var indexData = require('../../utils/indexData.js')
Page({
  /**
   * 页面的初始数据
   */
  data: {
    historyData: [],
  },
  /**
   * 生命周期函数--监听页面加载
   */
  onLoad: function (options) {
    // 发送网络请求获取数据
    console.log(indexData.wzryData);
    this.setData({
      historyData: indexData.wzryData.data
    })
  },
})
```

my.wxml 文件的代码如下：

```
<!-- my.wxml -->
<!-- my.wxml -->
<!-- 标题视图 -->
<view class='histroy topStyle'>
  <text>观看历史</text>
  <image src='../../images/arrow_icon.png'></image>
</view>
<!-- 观看历史内容 -->
<scroll-view class='content' scroll-x>
  <block wx:for='{{historyData}}' wx:key='{{index}}'>
    <view class='itemView'>
      <image class='iconImv' src='{{item.images}}'></image>
      <view class='detailView'>{{item.title}}</view>
    </view>
  </block>
</scroll-view>
<view class='histroy' style='border-top: 1rpx solid #F4F7FC;'>
  <text>我的看单</text>
  <image src='../../images/arrow_icon.png'></image>
</view>
<view class='histroy topStyle'>
  <text>设置</text>
  <image src='../../images/arrow_icon.png'></image>
</view>
```

完成后效果如图 7-4 所示。

我们注意到，短视频页面、频道页面、我的页面使用的数据都是 indexData.js 中的数据，这也说明了数据和结构搭建合理，可在多个地方同时进行复用。

7.6 项目优化

整体项目页面与逻辑已经搭建完成，但是在搭建页面的时候，样式有很多是重复的，开发者可以把重复的样式类别抽取出来，写在 app.wxss 中。写在 app.wxss 中的样式不需要单独进行引用，系统默认进行了引用。需要注意的是有时候 app.wxss 中会书写样式，在.wxss 中也会书写样式，这两种样式可能发生冲突，app.wxss 中的优先级最低。当前项目的 app.wxss 文件包含了顶部标签栏和内容展示的样式。

app.wxss 文件的代码如下：

```
/**app.wxss**/
/* 图片轮播器 */
.barnerView{
  width: 100%;
  height: 470rpx;
  background-color: #F4F7FC;
}
.barnerView image{
  margin: 0 20rpx;
  width: 710rpx;/*375*2-40*/
  height: 406rpx;
  background-color: #B1B1B1;
}
.barnerView .detail{
  width: 100%;
  padding: 0 20rpx;
  line-height: 46rpx;
  font-size: 28rpx;
}
/* 底部内容共同的样式 */
/* 标题 view */
.titleView{
  width: 100%;
  line-height: 80rpx;
  /* 设置字体样式 */
  font-size: 34rpx;
  font-weight: bolder;
  padding: 0 20rpx;
}
/* 容器 View */
.itemView{
  display: inline-block;
  margin-left: 20rpx;
  margin-bottom: 10rpx;
  width: 345rpx; /* (375*2-20*3)*0.5 */
  height: 290rpx;/* 197+40+43+10 */
```

```
   /* background-color: #B1B1B1; */
}
/* 背景图片 */
.itemView .bgImg{
   width: 345rpx;
   height: 197rpx;
   position: relative;
   background-color: rgb(216, 216, 216);
}
.itemView .bgImg .timeTxt{
   position: absolute;
   right: 10rpx;
   bottom: 10rpx;
   background-color: #B1B1B1;
   padding: 0 8rpx;
   /* 字体设置 */
   font-size: 20rpx;
   color: #ffffff;
}
/* 标题 */
.itemView .titView{
   font-size: 32rpx;
   line-height: 40rpx;
   color: #000000;
   /* 让超出的部分显示省略号 */
   overflow: hidden;
   white-space: nowrap;
   text-overflow: ellipsis;
}
/* 描述 */
.itemView .detView{
   font-size: 24rpx;
   line-height: 43rpx;
   color: #B1B1B1;
}
/* 顶部滚动标签栏 */
/* 设置顶部标签 */
.headTitle{
   width: 100%;
   height: 80rpx;
   background-color: #ffffff;
   overflow: hidden;
   white-space: nowrap;
   border-bottom: 1px solid #F3F3F3;
}
.headTitle .titleItem{
   display: inline-block;
   line-height: 76rpx;
   color: #000000;
   font-weight: bold;
   font-size: 34rpx;
   margin: 0 20rpx;
}
```

```
.headTitle .selctItem{
  color: #CA742A;
  border-bottom: 4rpx solid #CA742A;
}
```

7.7 项目小结

本章主要针对项目的结构搭建和页面布局搭建进行了复习。要注意，在很多列表的展示中，都只需完成一个基础的单元，然后通过 block 进行循环创建。当使用 block 时要注意 wx:for-item='itemName'修改元素获取的名称和 wx:for-index='indexName'修改元素对应的下标名称，此功能尤其在 block 循环中嵌套了 block 循环时使用，来区分到底是哪个 block 循环的内容。

在有很多重复样式或全局样式的时候，可以把共同的样式写在 app.wxss 中达到简化代码和方便修改的作用。App.wxss 中的样式如果与 wxss 中的样式发生冲突，会使用 wxss 中的样式，因为 App.wxss 中的样式优先级是最低的。

第8章　云音乐

项目的开发流程一般先由项目经理进行前期的需求分析和低保真原型图的设计，完成后交付给设计师，进行高保真设计图的设计，之后才会把已经定稿的设计图交付给开发工程师，工程师根据设计图，把图纸上的内容，变成真实可用的项目。在后期的项目维护中，一般也是按照这个流程，一切确认之后才会由开发工程师进行开发，后期的维护设计师可以重新设计一个页面，而工程师一般只能在原来的项目中进行页面的搭建，融入基础项目，这就需要不断地维护项目。

8.1　需求描述

本节先大致说一下云音乐项目，需要完成哪些功能。需要完成发现页面、我的页面、发现页面中的私人 FM 页面、每日推荐页面、歌单页面、排行榜页面，还有音乐播放页面。数据使用本地数据，音乐播放使用网络请求来进行。在开发过程中会涉及页面跳转等。

8.2　设计思路

在写代码之前，要先根据原型图，把页面拆解为各个小部分，然后一个部分一个部分地完成，最后拼接为整体页面，每个页面的完成加上逻辑和页面跳转就是整个大项目。

8.2.1　发现描述

图 8-1 是云音乐项目的发现页面，顶部的搜索栏和标签栏的位置是固定的，底部的内容可以上下滑动展示更多信息。可以单击顶部的标签栏来切换底部的内容展示，底部的内容可以左右滑动来进行切换，并且底部的展示内容与顶部的标签栏是互相关联的，展示的内容会在标签栏的底部出现一条白色下划线来进行区分。

个性推荐内容包含顶部的轮播图，四个功能跳转按钮，底部为获取的类型和内部对应的数据展示，单击可跳转到歌单列表页面。

主播电台内容包含顶部的轮播图，今日优选的四首推荐歌曲，单击可跳转到播放页面，底部为获取的类型和内部对应的数据展示，单击可跳转到歌单列表页面。

注意，每日推荐内的数字为当前日期的时间。导航栏为红色，且有"云音乐"文字。

8.2.2　我的描述

我的页面为普通的列表展示，没有次级页面的跳转功能。导航栏为红色，且有"我的"文字。如图 8-2 所示。

图 8-1　发现

8.2.3　私人 FM 描述

私人 FM 只是一个页面布局，没有增加播放音乐的功能。导航栏为灰色，且有"私人 FM"文字。如图 8-3 所示。

8.2.4　每日推荐描述

底部为获取的本地数据列表。左侧为图片，右侧为描述，其中 SQ 标识代表高清音质，有的歌曲有，有的没有。顶部为图片加描述，单击"播放全部"可跳转到音频播放页面，单击底部的列表，可跳转到播放页面。需要注意的是日历内的数字为当前日期的时间。如图 8-4 所示。

8.2.5　歌单描述

底部为获取的本地数据列表，以图片衬底，在上面放置子控件。顶部为图片加描述，单击歌单可跳转到歌单列表页面。如图 8-5 所示。

8.2.6　排行榜描述

顶部为五个固定类型的榜单,榜单左侧用图片代表类型,右侧展示类型中前三名的歌曲及歌手,单击可跳转到歌单列表页面。底部九宫格展示获取到的本地数据列表,单击可跳转到歌单列表页面。如图 8-6 所示。

图 8-2 我的

图 8-3 私人 FM

图 8-4 每日推荐

图 8-5 歌单

8.2.7　歌单列表描述

顶部上部为图片和文字的描述，下部为三个功能按钮，底部为当前歌单中的歌曲列表，单击"播放全部"跳转到音频播放页面，单击下面的列表也跳转到音频播放页面。导航栏为灰色，且有"歌单"文字。需要注意的是顶部展示的内容是根据上级页面传过来的数据展示的，也就是说，页面展示不是固定的。如图 8-7 所示。

图 8-6　排行榜　　　　　　　　　图 8-7　歌单列表

8.2.8　音频播放描述

顶部上部为页面加载完成后进行音频的播放，同时图片进行旋转，时间、进度条进行更新。单击暂停按钮，页面所有更新暂停，音乐播放暂停。单击播放按钮，页面继续更新，音乐继续播放。导航栏为灰色，且有歌曲名称文字。需要注意的是：

（1）因为资源问题，只播放一首音乐。

（2）旋转的图片与导航栏文字都是根据上级页面传输的数据进行更改的，不是固定的。如图 8-8 所示。

8.3　准备工作

云音乐项目底部主要分为两个模块，一个是发现模块，另一个是我的模块，两个模块同时展示在页面底部。发现模块为主要模块，各级子页面基本都是通过发现页面进行跳转的。

在 app.json 文件中，设置 tabBar 的样式，并且创建 2 个 tabItem 对应的页面文件夹。把项目需要用到的图片放入 images 文件夹，由于图片较多，可以根据页面再创建对应的文件夹来存放图片，把需要用到的工具类，放入 util 文件夹，如图 8-9 所示。

图 8-8　音频播放

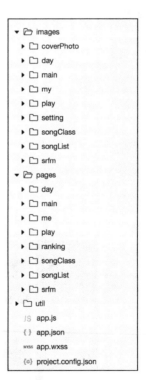

图 8-9　项目文件结构

app.js、app.json、app.wxss、project.config.json 这几个特殊文件，单独放在最外层，微信小程序的每个页面都包含 4 个对应的文件，一般使用一个文件夹来包含这 4 个文件，这样做的好处就是方便查找和扩展新的页面。项目中使用的第三方库，或者本地数据等可以放到 util 文件夹下。

配置底部的 tabBar 功能，需要在"pages"中应用才可以，注意：

（1）pages 数组的最后一个不能加逗号"，"。

（2）tabBar 功能只能用在首页中，不能出现在次级页面中。

页面中有大量导航栏样式是一样的，只有个别页面的导航栏样式不一样。可以在 app.json 中设置导航栏的样式，来保证大部分页面的导航栏样式的一致性，针对个别页面的导航栏样式，在其页面对应的.json 文件中进行修改。

```json
// app.json 文件
{
  "pages": [
"pages/main/main",                                      // 首页页面路径
    "pages/me/me",                                        // 我的页面路径
    "pages/srfm/srfm",                                    // 私人 FM 页面路径
    "pages/day/day",                                      // 每日推荐页面路径
    "pages/ranking/ranking",                              // 排行榜页面路径
    "pages/songList/songList",                            // 歌单页面路径
    "pages/songClass/songClass",                          // 歌单列表页面路径
    "pages/play/play"                                     // 音频播放页面路径
  ],
  "window":{
    "navigationBarBackgroundColor": "#CA5B4B"             // 导航栏背景颜色
  },
  "tabBar": {
    "color": "#666666",                                   //tabBar 文字未选中颜色
    "selectedColor": "#CA5B4B",                           //tabBar 文字选中颜色
    "backgroundColor": "#FAFAFA",                         //tabBar 背景颜色
    "borderStyle": "black",                               //tabBar 顶部线条样式
    "list": [
      {
        "pagePath": "pages/main/main",                    // 页面对应的路径
        "text": "发现",                                    // /tabBar 文字描述
        "iconPath": "./images/setting/discovery-ipx.png",    // 未选中图片的路径
        "selectedIconPath": "./images/setting/discovery_prs-ipx.png" // 选中图片的路径
      },
      {
        "pagePath": "pages/me/me",
        "text": "我的",
        "iconPath": "./images/setting/music-ipx.png",
        "selectedIconPath": "./images/setting/music_prs-ipx.png"
      }
    ]
  },
  "requiredBackgroundModes": ["audio"]                    // 设置后台播放音频
}
```

设置导航栏页面的文字，需要在页面对应的.json 文件中添加 "navigationBarTitleText" 字段和其后对应的名称。例如"navigationBarTitleText": "导航栏文字"。

设置导航栏页面的颜色，需要在页面对应的.json 文件中添加 "navigationBarBackgroundColor" 字段和其后对应的色值。例如"navigationBarBackgroundColor": "颜色色值"。

到此页面的整体框架搭建完成，各页面导航栏搭建完成，效果如图 8-10 所示。下面只需要来实现各个页面即可。

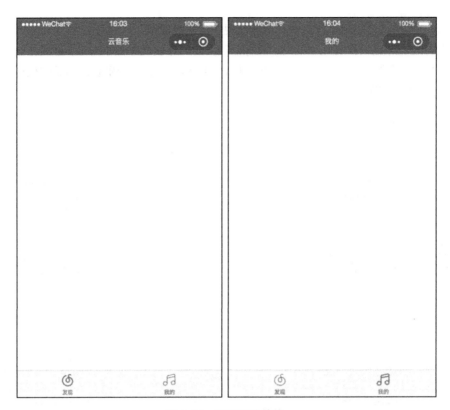

图 8-10　页面导航结构

8.4　页面搭建

搭建页面的时候要先考虑清楚页面使用哪些组件来进行组合摆放,例如发现页面的结构比较复杂,可以先使用组件设置背景颜色,来进行效果的查看。在进行页面搭建时经常需要设置组件的背景颜色来查看效果,这样可以方便快速地定位到样式的问题,进行调试修改,完成之后只需在 wxss 中注释掉样式代码即可。

8.4.1　发现页面搭建

（1）首先完成发现页面的顶部搜索框和标签栏的搭建。因为顶部组件是固定在上面的,所以使用 position:fixed;来固定位置,然后使用 view 组件来填充位置。当组件设置 position:fixed;时就脱离了标准流,下面的控件就会往上移动,所以使用 view 组件来填充位置,保证下面的控件不会上移出现遮盖的现象。

main.wxml 文件的代码如下:

```
<!-- main.wxml -->
<!-- 顶部搜索框 -->
<view class='headView'>
  <input class='searchInput' placeholder='搜索音乐、歌词、电台' placeholder-style='color:
#ffffff' />
</view>
```

```
<!-- 标签控制栏 -->
<view class='titleView'>
  <view class='gxtjTit {{selectTitle? "":"select"}}' bindtap='gxtiClick'>个性推荐</view>
  <view class='zbdtTit {{selectTitle? "select":""}}' bindtap='zbdtClick'>主播电台</view>
</view>
<!-- 顶部填充组件 -->
<view style='width:100%;height:172rpx;'></view>
```

main.wxss 文件。

```
/* main.wxss */
/* 顶部搜索框 */
.headView{
  width: 100%;
  height: 90rpx;
  background-color: #CA5B4B;
  /* 固定在顶部 */
  position:fixed;
  z-index: 100;
}
.headView .searchInput{
  position: absolute;
  left: 40rpx;
  right: 40rpx;
  top: 20rpx;
  height: 50rpx;
  background-color: #DF958C;
  border-radius: 25rpx;
  /* 设置字体样式 */
  color: #ffffff;
  font-size: 24rpx;
  line-height: 50rpx;
  padding: 0 0 0 20rpx;
}
/* 标签控制栏 */
.titleView{
  /*固定在顶部*/
  position:fixed;
  z-index: 200;
  margin-top: 90rpx;/*腾出上面的搜索框*/
  width: 100%;
  height: 80rpx;
  background-color: #CA5B4B;
  /* 设置子组件位置 */
  display: flex;
  align-items: center;
  justify-content: space-around;/*让其均匀分布*/
  /* 设置文字样式 */
  color: #ffffff;
  font-size: 32rpx;
  font-weight: bold;
}
.titleView .gxtjTit{
  padding: 14rpx;/*为了让底部条靠下面*/
```

```
    margin: 0 0 0 80rpx;
}
.titleView .zbdtTit{
    padding: 14rpx;/*为了让底部条靠下面*/
    margin: 0 80rpx 0 0;
}
.titleView .select{
    border-bottom: 2px solid #ffffff;
}
```

z-index 样式属性修改组件的层级大小，层级大的会遮盖层级小的，在这里设置是为了保证下面的组件不会遮盖。选中的样式底部的线条使用 border-bottom: 2px solid #ffffff;来实现，位置使用内边距 padding 来确认。"个性推荐"和"主播电台"能够平均分布排列是因为其父控件使用 display:flex;使用 flex 布局方式，align-items: center;让内部水平居中，justify-content: space-around;让内部组件均匀分布在父控件内部。

完成效果如图 8-11 所示。

（2）发现页面的底部内容，因为底部内容是可以左右滑动的，并且还有分页的效果（左右滑动不完全会自动归位），这种情况下推荐使用 swiper 组件，因为 scroll-view 是没有分页效果的，滑动到哪里就显示在哪里。swiper 内部再使用 scroll-view 来填充内容使其上下滑动。没有内容前一般先使用颜色块来代替。

main.wxml 文件的代码如下：

图 8-11　发现页面顶部

```
<!-- main.wxml -->
<!-- 底部内容 -->
<swiper class='contentView' indicator-dots="{{false}}" autoplay="{{false}}">
    <!-- 个性推荐内容 -->
    <swiper-item class='gxtjView select'>
    <scroll-view scroll-y style='width:100%;height:100%;'>
    </scroll-view>
    </swiper-item>
    <!-- 主播电台内容 -->
    <swiper-item class='zbdtView'>
    <scroll-view scroll-y style='width:100%;height:100%;'>
    </scroll-view>
    </swiper-item>
</swiper>
```

main.wxss 文件的代码如下：

```
/* main.wxss */
/* 底部内容 */
.contentView{
```

```
  width: 100%;
  height: 1162rpx;/*1334-172=1162*/
}
/* 个性推荐 */
.contentView .gxtjView{
  display: inline-block;
  width: 100%;
  height: 100%;
  background-color: red;
}
.contentView .zbdtView{
  display: inline-block;
  width: 100%;
  height: 100%;
  background-color: green;
}
```

完成内部效果如图 8-12 所示。下面来完成左右滑动效果。

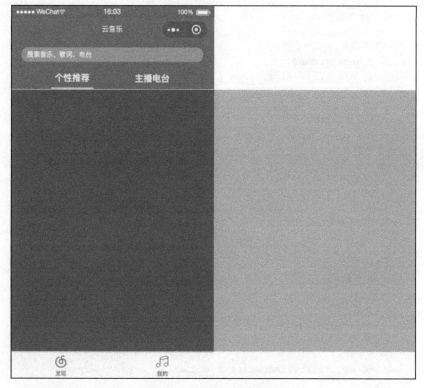

图 8-12　发现页面底部框架

（3）搭建个性推荐内容。

上部使用 swpier 组件来做轮播图，四个功能按钮使用 display:flex 来排列。底部的内容，先用色块来代替排列。考虑到"个性推荐"的布局样式和"主播电台"的内容大部分一致，所以把公共的样式抽取出来。

最底部的内容，可以先完成一个，然后通过 block 来循环创建。图片等内容可以先用色块来代

替。main.wxml 文件的代码如下:

```
<!-- main.wxml -->
<!-- 底部内容 -->
<swiper    class='contentView'    indicator-dots="{{false}}"    autoplay="{{false}}"
current='{{selectTitle}}' bindchange='contentViewBindchange'>
    <!-- 个性推荐内容 -->
    <swiper-item class='gxtjView select'>
    <scroll-view scroll-y style='width:100%;height:100%;'>
      <!-- 图片轮播 -->
      <swiper class='bannerView' indicator-dots='true' indicator-color='rgba(255,255,
255,0.5)' indicator-active-color='rgba(202,91,75,1)' autoplay='true' interval='3000'
circular='true'>
        <swiper-item><image src='../../images/main/banner_01.jpg'></image></swiper-item>
        <swiper-item><image src='../../images/main/banner_02.jpg'></image></swiper-item>
        <swiper-item><image src='../../images/main/banner_03.jpg'></image></swiper-item>
      </swiper>
      <!-- 四大类型 -->
      <view class='fourTypeView'>
        <!-- 私人 FM 类型 -->
        <view class='typeItem'>
         <!-- 上半部分 -->
         <view class='itemBG'>
           <image src='../../images/main/topbtn_fm.png'></image>
         </view>
         <!-- 下面文字 -->
         <text>私人 FM</text>
        </view>
        <!-- 每日推荐类型 -->
        <view class='typeItem''>
         <!-- 上半部分 -->
         <view class='itemBG'>
           <image src='../../images/main/topbtn_daily.png'></image>
           <!-- 每日推荐内部文字 -->
           <text class='dayTxt'>27</text>
         </view>
         <!-- 下面文字 -->
         <text>每日推荐</text>
        </view>
        <!-- 歌单类型 -->
        <view class='typeItem'>
         <!-- 上半部分 -->
         <view class='itemBG'>
           <image src='../../images/main/topbtn_list.png'></image>
         </view>
         <!-- 下面文字 -->
         <text>歌单</text>
        </view>
        <!-- 排行榜类型 -->
        <view class='typeItem'>
         <!-- 上半部分 -->
         <view class='itemBG'>
           <image src='../../images/main/topbtn_rank.png'></image>
```

```
            </view>
            <!-- 下面文字 -->
            <text>排行榜</text>
          </view>
        </view>
        <!-- 循环创建内容 -->
        <block wx:for='{{3}}' >
          <!-- 分栏标题 -->
          <view class='columnsView'>
            <view>标题文字</view>
            <image src='../../images/main/access.png'></image>
          </view>
          <!-- 单个展示内容 -->
          <view class='columnsConView' style='height: 620rpx'>
            <block wx:for='{{6}}'>
              <view class='columnsItemView'>
                <!-- 顶部图片 -->
                <image src=''></image>
                <!-- 下面文字 -->
                <text>底部文字描述</text>
              </view>
            </block>
          </view>
        </block>
      </scroll-view>
    </swiper-item>
    <!-- 主播电台内容 -->
    <swiper-item class='zbdtView'>
    <scroll-view scroll-y style='width:100%;height:100%;'>
    <!-- 主播电台内部内容 -->
    </scroll-view>
    </swiper-item>
</swiper>
```

main.wxss 文件的代码如下：

```
/* main.wxss */
/* 底部内容 */
.contentView{
  width: 100%;
  height: 1162rpx;/*1334-172=1162*/
}
/* 个性推荐 */
.contentView .gxtjView{
  display: inline-block;
  width: 100%;
  height: 100%;
  /* background-color: red; */
}
/* 内容里面四大类型 */
.gxtjView .fourTypeView{
  width: 100%;
  height: 200rpx;
```

```
  background-color: #ffffff;
  /* 设置子组件位置 */
  display: flex;
  align-items: center;
  justify-content: space-around;/*让其均匀分布*/
  /* 底部分割线 */
  border-bottom: 1px solid #666666;
}
/* 一个类型 View */
.gxtjView .fourTypeView .typeItem{
  width: 120rpx;
  height: 200rpx;
  /* background-color: #eaeaea; */
  position: relative;
  text-align: center;
}
.gxtjView .fourTypeView .typeItem .itemBG{
  position: absolute;
  width: 120rpx;
  height: 120rpx;
  top: 20rpx;
  left: 0;
  background-color: #CA5B4B;
  border-radius: 60rpx;
}
.gxtjView .fourTypeView .typeItem image{
  position: absolute;
  width: 120rpx;
  height: 120rpx;
  top: 0rpx;
  left: 0rpx;
}
.gxtjView .fourTypeView .typeItem text{
  position: absolute;
  left: 0;
  right: 0;
  bottom: 20rpx;
  font-size: 24rpx;
  color: #666666;
}
/*共同的样式*/
/* 通用图片轮播 */
.bannerView{
  width: 100%;
  height: 360rpx;
}
.bannerView image{
  width: 100%;
  height: 100%;
}
/* 分栏标题 */
.columnsView{
  width: 100%;
  height: 80rpx;
```

```
  background-color: #ffffff;
  /* 让内部组件水平对齐 */
  display: flex;
  align-items: center;
}
.columnsView view{
  color: #000000;
  font-size: 32rpx;
  font-weight: bold;
  line-height: 80rpx;
  padding: 0 20rpx 0 40rpx;
}
.columnsView image{
  width: 15rpx;
  height: 30rpx;
}
/* 单个展示内容 */
.columnsConView{
  width: 100%;
  /* height: 620rpx; */
  /* background-color: blue; */
  display: flex;
  flex-wrap: wrap;
}
.columnsConView .columnsItemView{
  width: 230rpx;
  height: 310rpx;
  /* background-color: #666666; */
  display: inline-block;
  word-wrap:break-word;
  margin: 0 10rpx;
  border-radius: 10rpx;/*倒圆角*/
  overflow: hidden;/*让超出部分隐藏掉*/
  position: relative;
}
.columnsConView .columnsItemView image{
  position: absolute;
  left: 0;
  top: 0;
  width: 230rpx;
  height: 230rpx;
   background-color: gray;
  margin: 0;
  padding: 0;
}
.columnsConView .columnsItemView text{
  position: absolute;
  left: 0;
  right: 0;
  top: 230rpx;
  bottom: 0;
  font-size: 24rpx;
  color: #000000;
}
```

励志照亮人生　编程改变命运

四个功能按钮能够平均分布排列是因为其父控件使用 display:flex;使用 flex 布局方式 align-items: center;让内容水平居中，justify-content: space-around;让内部控件均匀分布其中。圆形和倒圆角都是通过 border-radius 来实现的，圆形的倒圆角值正好为宽度的一半。overflow:hidden;能让超出父控件的部分隐藏。完成效果如图 8-13 所示。

图 8-13　个性推荐底部的内容布局

注意，"每日推荐"功能按钮是通过把 text 组件放在一张图片上来实现的。

（4）搭建主播电台内容。

上部使用 swpier 组件来做轮播图，下面是主播电台特有的今日优选内容，最下面是与个性推荐最底部基本一致的推荐内容，区别在于一个是两行六个，一个是单行三个，可以通过设置高度来进行区分，数据内容都使用 block 来设置。main.wxml 文件的代码如下：

```
<!-- main.wxml -->
<!-- 主播电台内容 -->
<swiper-item class='zbdtView'>
<scroll-view scroll-y style='width:100%;height:100%;'>
    <!-- 图片轮播 -->
```

```
        <swiper class='bannerView' indicator-dots='true' indicator-color='rgba(255,255,
255,0.5)' indicator-active-color='rgba(202,91,75,1)' autoplay='true' interval='3000'
circular='true'>
            <swiper-item><image
src='../../images/main/banner_01.jpg'></image></swiper-item>
            <swiper-item><image
src='../../images/main/banner_02.jpg'></image></swiper-item>
            <swiper-item><image
src='../../images/main/banner_03.jpg'></image></swiper-item>
        </swiper>
        <!-- 今日优选 -->
        <!-- 标题 -->
        <view class='jryxTit'>今日优选</view>
        <block wx:for="{{4}}" wx:key='{{index}}'>
          <!-- 内容 -->
          <view class='jryxView' data-index='{{index}}'>
            <!-- 展示图标 -->
            <image class='icon' src='{{ }}'></image>
            <!-- 标题 -->
            <text class='title'>标题文字</text>
            <!-- 描述信息 -->
            <view class='detail'>
              <image class='headImv' src='{{}}'></image>
              <text class='nickName'>用户昵称</text>
            </view>
            <!-- 播放按钮 -->
            <image class='playerImv' src='../../images/main/radio_play.png'></image>
          </view>
        </block>
        <!-- 循环创建内容 -->
        <block wx:for='{{3}}' wx:key='{{index}}'>
          <!-- 分栏标题 -->
          <view class='columnsView'>
            <view>标题文字</view>
            <image src='../../images/main/access.png'></image>
          </view>
          <!-- 单个展示内容 -->
          <view class='columnsConView' style='height: 310rpx'>
            <block wx:for='{{3}}'>
              <view class='columnsItemView'>
                <!-- 顶部图片 -->
                <image src='{{ }}'></image>
                <!-- 下面文字 -->
                <text>底部文字描述</text>
              </view>
            </block>
          </view>
        </block>
      </scroll-view>
    </swiper-item>
```

main.wxss 文件的代码如下：

```
/* main.wxss */
```

```css
/* 主播电台 */
.contentView .zbdtView{
  display: inline-block;
  width: 100%;
  height: 100%;
  /* background-color: green; */
}
/* 今日优选 */
.contentView .zbdtView .jryxTit{
  color: #000000;
  font-size: 32rpx;
  font-weight: bold;
  line-height: 80rpx;
  padding: 0 20rpx 0 40rpx;
}
.contentView .zbdtView .jryxView{
  width: 100%;
  height: 140rpx;
  /* background-color: red; */
  position: relative;
}
/* 展示图标 */
.contentView .zbdtView .jryxView .icon{
  position: absolute;
  top: 10rpx;
  left: 20rpx;
  width: 120rpx;
  height: 120rpx;
  background-color: gray;
}
/* 标题 */
.contentView .zbdtView .jryxView .title{
  position: absolute;
  top: 15rpx;
  left: 160rpx;
  right: 100rpx;
  /* 设置字体样式 */
  color: #000000;
  font-size: 34rpx;
}
/* 描述信息 */
.contentView .zbdtView .jryxView .detail{
  position: absolute;
  bottom: 10rpx;
  left: 160rpx;
  right: 100rpx;
  height: 60rpx;
  /* 让内部空间水平垂直排列 */
  display: flex;
  align-items: center;
  /* background-color: green; */
}
.contentView .zbdtView .jryxView .detail .headImv{
```

```
    width: 40rpx;
    height: 40rpx;
    background-color: gray;
    border-radius: 20rpx;
}
.contentView .zbdtView .jryxView .detail .nickName{
    color: #666666;
    font-size: 24rpx;
    margin: 0 20rpx;
}
/* 播放按钮 */
.contentView .zbdtView .jryxView .playerImv{
    position: absolute;
    right: 20rpx;
    top: 40rpx;
    width: 60rpx;
    height: 60rpx;
}
/*共同的样式*/
/* 通用图片轮播 */
.bannerView{
    width: 100%;
    height: 360rpx;
}
.bannerView image{
    width: 100%;
    height: 100%;
}
/* 分栏标题 */
.columnsView{
    width: 100%;
    height: 80rpx;
    background-color: #ffffff;
    /* 让内部组件水平对齐 */
    display: flex;
    align-items: center;
}
.columnsView view{
    color: #000000;
    font-size: 32rpx;
    font-weight: bold;
    line-height: 80rpx;
    padding: 0 20rpx 0 40rpx;
}
.columnsView image{
    width: 15rpx;
    height: 30rpx;
}
```

完成效果如图 8-14 所示。

（5）完成联动效果。

联动效果的完成不要一下考虑太多，要一步一步地实现，先完成顶部单击，让底部内容跟随改变，可以给顶部标签栏添加单击事件，然后在 JavaScript 文件中添加数据修改，动态更改 swiper 当前的页面。完成后再考虑底部滑动，修改顶部标签栏的状态。当两者都完成后联动效果也就完成了。main.js 文件的代码如下：

图 8-14　主播电台底部的内容布局

```
// main.js
Page({
    /**
```

```
   * 页面的初始数据
   */
  data: {
    selectTitle: 0,
  },
  // 个性推荐单击事件
  gxtiClick: function(){
    this.setData({
      selectTitle: 0
    })
  },
  // 主播电台单击事件
  zbdtClick: function(){
    this.setData({
      selectTitle: 1
    })
  },
  // 用户滑动了整体内容
  contentViewBindchange: function(res){
    console.log(res.detail.current);
    this.setData({
      selectTitle: res.detail.current
    })
  },
})
```

data 中的 selectTitle 字段值即为当前底部内容展示的内容，0 代表个性推荐，1 代表主播电台，swiper 组件通过设置 current 属性值来确定当前 swiper-item 组件显示哪一个。

当 swiper 组件被用户滑动后，会触发 bindchange 对应的事件，本节对应的事件为 contentViewBindchange，在接收到的 res 数据中 res.detail.current 就是当前展示的 swiper-item，从 0 开始计算。

8.4.2　我的页面搭建

我的页面样式统一，需要一个布局即可完成。me.wxml 文件的代码如下：

```
<!-- me.wxml -->
<!-- 我的下载 -->
<view class='content'>
  <image class='iconImv' src='../../images/my/dld_new.png'></image>
  <text class='titTxt'>我的下载</text>
  <image class='accessImv' src='../../images/main/access.png'></image>
  <view class='lineView'></view>
</view>
<!-- 最近播放 -->
<view class='content'>
  <image class='iconImv' src='../../images/my/recent_new.png'></image>
  <text class='titTxt'>最近播放</text>
  <image class='accessImv' src='../../images/main/access.png'></image>
  <view class='lineView'></view>
</view>
<!-- 我的电台 -->
<view class='content'>
```

```
    <image class='iconImv' src='../../images/my/rdi_new.png'></image>
    <text class='titTxt'>我的电台</text>
    <image class='accessImv' src='../../images/main/access.png'></image>
    <view class='lineView'></view>
</view>
<!-- 我的云盘 -->
<view class='content'>
    <image class='iconImv' src='../../images/my/lay_cloud.png'></image>
    <text class='titTxt'>我的云盘</text>
    <image class='accessImv' src='../../images/main/access.png'></image>
    <view class='lineView'></view>
</view>
<!-- 我的收藏 -->
<view class='content'>
    <image class='iconImv' src='../../images/my/my_fav.png'></image>
    <text class='titTxt'>我的收藏</text>
    <image class='accessImv' src='../../images/main/access.png'></image>
    <view class='lineView'></view>
</view>
```

me.wxss 文件的代码如下：

```
/* me.wxss */
.content{
    width: 100%;
    height: 100rpx;
    /* background-color: red; */
    position: relative;
}
.content .iconImv{
    position: absolute;
    left: 20rpx;
    top: 20rpx;
    height: 60rpx;
    width: 60rpx;
}
.content .titTxt{
    position: absolute;
    left: 100rpx;
    top: 0;
    line-height: 100rpx;
    color: #000000;
    font-size: 34rpx;
}
.content .accessImv{
    position: absolute;
    top: 32rpx;/*(100-36)*0.5*/
    right: 20rpx;
    width: 19rpx;
    height: 36rpx;
}
.content .lineView{
    position: absolute;
    bottom: 0;
```

```
    left: 100rpx;
    right: 0;
    height: 1px;
    background-color: #666666;
  }
```

本节没有使用 block 循环创建的方式，而是使用 class 样式的方式来搭建的，把相同样式的组件 class 设置为一样的。完成后效果如图 8-2 所示。

8.4.3　私人 FM 页面搭建

私人 FM 的背景与导航栏背景颜色一致，所以需要创建一个容器 view 来填充颜色，使页面颜色与导航栏颜色一致。创建页面时把页面整体拆解为各个小部分，从上到下一个部分一个部分地搭建。srfm.wxml 文件的代码如下：

```
<!-- srfm.wxml -->
<!-- 整体内容容器 -->
<view class='contentView'>
  <view class='coverView'>
    <image class='coverImage' src='../../images/srfm/default_cover_program.png'>
</image>
  </view>
  <!-- 歌曲名称 -->
  <view class='nameView'>云音乐私人 FM</view>
  <!-- 播放进度条 -->
  <view class='playerView'>
    <!-- 当前播放时间 -->
    <text class='time'>01:09</text>
    <!-- 进度条 -->
    <slider class='playTime' min='0' max='200' step='1' backgroundColor='#ffffff'
activeColor='#CA5B4B' block-size='18' block-color='#CA5B4B'></slider>
    <!-- 总时间 -->
    <text class='time'>03:47</text>
  </view>
  <!-- 底部功能视图 -->
  <view class='bottomView'>
    <image class='deleteView itemView' src='../../images/srfm/fm_btn_delete_prs.png'>
</image>
    <image class='itemView' src='../../images/srfm/fm_btn_love.png'></image>
    <image class='playImv' src='../../images/srfm/fm_btn_play.png'></image>
    <image class='itemView' src='../../images/srfm/fm_btn_next.png'></image>
    <image class='itemView' src='../../images/srfm/fm_btn_cmt_prs.png'></image>
  </view>
</view>
```

srfm.wxss 文件的代码如下：

```
/* srfm.wxss */
/* 整体内容容器 */
.contentView{
  width: 100%;
  height: 1200rpx;
```

```
  background-color: #3D434C;
  position: relative;
}
.coverView{
  position: absolute;
  top: 90rpx;
  left: 60rpx;
  height: 630rpx;/* 750-60-60 */
  width: 630rpx;/* 宽高相等 */
  background-color: #7F838E;
  border-radius: 10rpx;
}
.coverView .coverImage{
  position: absolute;
  top: 60rpx;
  left: 60rpx;
  width: 510rpx;/*630-60-60*/
  height: 510rpx;/* 宽高相等 */
}
/* 歌曲名称 */
.nameView{
  position: absolute;
  left: 0;
  right: 0;
  top: 750rpx;/*90+630+30*/
  text-align: center;
  font-size: 34rpx;
  color: #ffffff;
}
/* 播放进度条 */
.playerView{
  position: absolute;
  left: 0;
  right: 0;
  bottom: 200rpx;
  height: 30rpx;
  /* 让内部空间水平对齐 */
  display: flex;
  align-items: center;
  justify-content: space-around;
  /* 设置内部文字样式 */
  color: #ffffff;
  font-size: 24rpx;
}
.playerView .time{
  margin: 0 20rpx;
}
.playerView .playTime{
  width: 750rpx;
}
/* 底部功能视图 */
.bottomView{
  position: absolute;
```

```
  left: 0;
  right: 0;
  bottom: 60rpx;
  height: 100rpx;
  /* background-color: red; */
  /* 让内部空间水平对齐 */
  display: flex;
  align-items: center;
  justify-content: space-around;
}
.bottomView .itemView{
  width: 80rpx;
  height: 80rpx;
}
.bottomView .playImv{
  margin: 0-40rpx;
  width: 120rpx;
  height: 120rpx;
}
```

底部所有的功能按钮，单独创建了一个 class='bottomView'的 view 组件来进行存放，这样做的好处是当这些功能按钮需要进行位置移动时，只需要移动父控件的位置，就可以移动所有的功能按钮了，而不需要单独一个一个地移动。

底部功能按钮的父控件使用 display: flex; align-items: center; justify-content: space-around;来保证水平居中且平均分布，但是播放按钮占用的间距是比较小的，这时通过修改 margin 属性来达到减小播放按钮间距的效果。完成后效果如图 8-3 所示。

8.4.4　每日推荐页面搭建

每日推荐页面的顶部是一张衬底的图片，然后在内部添加子组件，这种情况一般会让图片作为父组件，里面的组件作为子组件，然后使用子组件相对布局、父组件绝对布局的方式来搭建页面。底部内容一致，完成最基础的一个单元之后，使用 block 来循环创建多个元素。day.wxml 文件的代码如下：

```
<!-- day.wxml -->
<!-- 顶部图片 -->
<image class='topImv' src='../../images/day/daily_banner5.jpg'>
  <image class='dayImv' src='../../images/day/daily_cal_bg.png'></image>
  <text class='dayTxt'>27</text>
  <!-- 小提示 -->
  <view class='detailView'>
    <image class='iconImv' src='../../images/day/icn_light.png'></image>
    <text class='detailTxt'>根据你的音乐口味生成，每天 6:00 更新</text>
  </view>
</image>
<!-- 播放功能视图 -->
<view class='playView'>
  <image class='playImv' src='../../images/day/list_icn_play.png'></image>
  <text class='playTxt'>播放全部</text>
</view>
```

```
<!-- 列表 -->
<block wx:for='{{10}}' wx:key='{{index}}'>
  <!-- 内容 -->
  <view class="itemView" data-index='{{index}}'>
    <!-- 图片 -->
    <image class='itemImv' src='{{ }}'></image>
    <!-- 标题 -->
    <view class='itemTit'>标题<text style='color:#8A8A8A'>详情</text></view>
    <!-- 详情 -->
    <view class='itemDetial'>
      <image wx:if='{{index%2}}' class='sqItem' src='../../images/day/icn_sq_15.png'>
</image>
      <text class='detailTxt'>作者</text>
    </view>
  </view>
</block>
```

day.wxss 文件的代码如下：

```
/* day.wxss */
/* 顶部图片 */
.topImv{
  width: 100%;
  height: 330rpx;
  position: relative;
}
/* 每日推荐图标 */
.topImv .dayImv{
  position: absolute;
  top: 80rpx;
  left: 40rpx;
  width: 140rpx;
  height: 144rpx;
}
/* 每日推荐内部文字 */
.topImv .dayTxt{
  position: absolute;
  left: 45rpx;
  top: 120rpx;
  width: 130rpx;
  line-height: 100rpx;
  /* 设置字体样式 */
  font-size: 70rpx;
  color: #ffffff;
  text-align: center;
}
/* 小提示 */
.topImv .detailView{
  position: absolute;
  left: 40rpx;
  right: 40rpx;
  bottom: 30rpx;
  height: 40rpx;
  /* 让内部元素水平排列 */
```

```
    display: flex;
    align-items: center;
    /* background-color: red; */
}
.topImv .detailView .iconImv{
    width: 27rpx;
    height: 39rpx;
}
.topImv .detailView .detailTxt{
    margin: 0 10rpx;
    color: #8A8A8A;
    font-size: 24rpx;
}
/* 播放功能视图 */
.playView{
    width: 100%;
    height: 90rpx;
    /* 让内部元素水平排列 */
    display: flex;
    align-items: center;
    background-color: #ffffff;
    /* 边框设置 */
    border-bottom: 1px solid #8A8A8A;
}
.playView .playImv{
    margin: 0 30rpx;
    width: 50rpx;
    height: 50rpx;
}
.playView .playTxt{
    color: #000000;
    font-size: 34rpx;
}
/* 内容列表 */
.itemView{
    width: 100%;
    height: 120rpx;
    background-color: #ffffff;
    position: relative;
}
/* icon 图片 */
.itemView .itemImv{
    position: absolute;
    left: 10rpx;
    top: 10rpx;
    width: 100rpx;
    height: 100rpx;
    background-color: #8A8A8A;
    border-radius: 10rpx;
}
.itemView .itemTit{
    position: absolute;
    left: 120rpx;
    right: 10rpx;
```

```
    top: 15rpx;
    color: #000000;
    font-size: 32rpx;
}
.itemView .itemDetial{
    position: absolute;
    left: 120rpx;
    right: 10rpx;
    bottom: 15rpx;
    /* 让内部元素水平排列 */
    display: flex;
    align-items: center;
}
/* SQ 图片 */
.itemView .itemDetial .sqItem{
    width: 38rpx;
    height: 30rpx;
    margin: 0 10rpx 0 0;
}
/* 详情 */
.itemView .itemDetial .detailTxt{
    color: #8A8A8A;
    font-size: 24rpx;
}
```

日历这里使用在底部图片上面添加文字的方式来处理。为了方便调试，文字样式设置为 text-align: center，完成效果如图 8-15 所示。

图 8-15　每日推荐页面布局

8.4.5 歌单页面搭建

歌单页面的上部与每日推荐页面的上部类似,都是以图片做父组件,内部组件做子组件,使用子组件相对布局、父组件绝对布局的方式来搭建页面。底部内容一致,完成最基础的一个单元之后,使用 block 来循环创建多个元素。songList.wxml 文件的代码如下:

```html
<!-- songList.wxml -->
<!-- 顶部内容 -->
<image class='topImv' src='../../images/songList/daily_banner4.jpg'>
    <!-- 标题图片 -->
    <image class='topIconImv' src='../../images/coverPhoto/109951163676024440.jpg'>
</image>
    <!-- 顶部文字 -->
    <text class='titleTxt'>精品歌单</text>
    <text class='detailOne'>听罢这般电影旋律</text>
    <text class='detialTwo'>穿梭于光影世界,感受百般人生。</text>
</image>
<!-- 分栏标题 -->
<view class='columnsView'>
    <view>全部歌单</view>
    <image src='../../images/main/access.png'></image>
</view>
<block wx:for='{{10}}' wx:key='{{idnex}}'>
    <view class='itemView'>
        顶部图片内容
        <image class='itemIconImv' src=''>
            <!-- 播放量 -->
            <view class='topView contentView'>
                <image src='../../images/songList/listen.png'></image>
                <text>666</text>
            </view>
            <!-- 作者 -->
            <view class='bottomView contentView'>
                <image src='../../images/songList/default_user.png'></image>
                <text>作者</text>
            </view>
        </image>
        <!-- 底部文字描述 -->
        <view class='detailView'>底部文字描述</view>
    </view>
</block>
```

songList.wxss 文件的代码如下:

```css
/* songList.wxss */
/* 顶部图片 */
.topImv{
  width: 100%;
  height: 330rpx;
  position: relative;
  color: #ffffff;/* 设置内部字体颜色 */
}
```

```
/* 标题图片 */
.topImv .topIconImv{
  position: absolute;
  top: 40rpx;
  left: 40rpx;
  width: 250rpx;
  height: 250rpx;
  background-color: #ffffff;
  border-radius: 10rpx;
}
/* 顶部文字 */
.topImv .titleTxt{
  position: absolute;
  top: 70rpx;
  left: 310rpx;
  right: 40rpx;
  font-size: 40rpx;
}
.topImv .detailOne{
  position: absolute;
  top: 170rpx;
  left: 310rpx;
  right: 40rpx;
  font-size: 32rpx;
}
.topImv .detialTwo{
  position: absolute;
  bottom: 70rpx;
  left: 310rpx;
  right: 40rpx;
  font-size: 24rpx;
  color: #868686;
}
/* 分栏标题 */
.columnsView{
  width: 100%;
  height: 80rpx;
  background-color: #ffffff;
  /* 让内部组件水平对齐 */
  display: flex;
  align-items: center;
}
.columnsView view{
  color: #000000;
  font-size: 32rpx;
  font-weight: bold;
  line-height: 80rpx;
  padding: 0 20rpx 0 40rpx;
}
.columnsView image{
  width: 15rpx;
  height: 30rpx;
}
/* 内容 */
```

```
.itemView{
  display: inline-block;
  width: 345rpx;/* (750-(20*3))*0.5 */
  height: 420rpx;
  margin: 0 0 20rpx 20rpx;/*设置间距*/
  /* background-color: red; */
}
/* 顶部图片内容 */
.itemView .itemIconImv{
  width: 345rpx;
  height: 345rpx;
  border-radius: 8rpx;
  background-color: #868686;
  position: relative;
}
.itemView .itemIconImv .contentView{
  position: absolute;
  left: 0;
  right: 0;
  height: 50rpx;
  /* background-color: #ffffff; */
  /* 内容水平对齐 */
  display: flex;
  align-items: center;
}
.itemView .itemIconImv .contentView image{
  width: 25rpx;
  height: 25rpx;
  /* 留出边距 */
  margin: 0 10rpx;
}
.itemView .itemIconImv .contentView text{
  color: #ffffff;
  font-size: 24rpx;
}
.itemView .itemIconImv .topView{
  top: 0;
  flex-direction: row-reverse;/*原点从右侧开始*/
}
.itemView .itemIconImv .bottomView{
  bottom: 0;
  flex-direction: row;/*原点从左侧开始*/
}
/* 底部文字描述 */
.itemView .detailView{
  color: #868686;
  font-size: 24rpx;
  margin: -6rpx 0 0 0;
  height: 75rpx;
  overflow: hidden;
}
```

底部内容使用 display:flex;来进行布局，其中底部内容图片的上部文字在左，图片在右；而底部内容图片的下部文字在右，图片在左，两者样式完全一样，所以此处让图片和文字共用一个样式，区别在 class='topView'中 top:0; flex-direction: row-reverse;起始点从右侧开始，class='bottomView'中 bottom:0; flex-direction: row;起始点从左侧开始。完成效果如图 8-16 所示。

图 8-16 歌单页面布局

8.4.6 排行榜页面搭建

排行榜页面上面内容的样式一样，下面内容的样式一样，都可以通过先创建一个单元，然后通过 block 来循环创建多个。ranking.wxml 文件的代码如下：

```
<!-- ranking.wxml -->
<!-- 标题 -->
<view class='rankingTit'>排行榜</view>
<!-- 五大类排行榜 -->
<block wx:for='{{5}}' wx:key='{{index}}'>
  <view class='rangkingType'>
    <!-- 图片 -->
    <image class='iconImv' src=''></image>
    <!-- 第一名 -->
    <text class='firTxt rankingTxt'>1.第一名歌曲</text>
    <!-- 第二名 -->
    <text class='secTxt rankingTxt'>2.第二名歌曲</text>
    <!-- 第三名 -->
    <text class='thrTxt rankingTxt'>3.第三名歌曲</text>
```

```
    </view>
  </block>
  <!-- 标题 -->
  <view class='rankingTit'>全球榜</view>
  <block wx:for='{{10}}'>
    <view class='columnsItemView'>
      <!-- 顶部图片 -->
      <image src=''></image>
      <!-- 下面文字 -->
      <text>文字描述</text>
    </view>
  </block>
```

ranking.wxss 文件的代码如下：

```
/* ranking.wxss */
.rankingTit{
  color: #000000;
  font-size: 32rpx;
  font-weight: bold;
  line-height: 80rpx;
  padding: 0 20rpx 0 40rpx;
}
/* 五大类排行榜 */
.rangkingType{
  width: 100%;
  height: 220rpx;
  position: relative;
}
.rangkingType .rankingTxt{
  /* 设置文字样式 */
  color: #666666;
  font-size: 28rpx;
  /* 设置超出部分显示省略号 */
  overflow: hidden;
  text-overflow:ellipsis;
  white-space: nowrap;
}
.rangkingType .iconImv{
  position: absolute;
  top: 10rpx;
  left: 10rpx;
  width: 200rpx;
  height: 200rpx;
  background-color: #666666;
}
.rangkingType .firTxt{
  position: absolute;
  top: 30rpx;
  left: 220rpx;
  right: 10rpx;
}
.rangkingType .secTxt{
```

```
      position: absolute;
      top: 90rpx;
      left: 220rpx;
      right: 10rpx;
    }
    .rangkingType .thrTxt{
      position: absolute;
      bottom: 30rpx;
      left: 220rpx;
      right: 10rpx;
    }
    /* 全球榜内容 */
    .columnsItemView{
      width: 230rpx;
      height: 310rpx;
      background-color: #666666;
      display: inline-block;
      word-wrap:break-word;
      margin: 0 10rpx;
      border-radius: 10rpx;/*倒圆角*/
      overflow: hidden;/*让超出部分隐藏掉*/
      position: relative;
    }
    .columnsItemView image{
      position: absolute;
      left: 0;
      top: 0;
      width: 230rpx;
      height: 230rpx;
      background-color: #aaaaaa;
      margin: 0;
      padding: 0;
    }
    .columnsItemView text{
      position: absolute;
      left: 0;
      right: 0;
      top: 230rpx;
      bottom: 0;
      font-size: 24rpx;
      color: #000000;
    }
```

完成效果如图 8-17 所示。

8.4.7 歌单列表页面搭建

歌单列表顶部使用 view 填充与导航栏一样的色值；上部的三个功能按钮使用 flex 布局排列；底部为一个列表，创建出一个单元后再通过 block 来循环创建即可。分割线可以通过高度为 1 像素的 view 来实现，好处是可以自定义宽度，如果是通过边框的话，宽度不容易实现自定义。songClass.wxml 文件的代码如下：

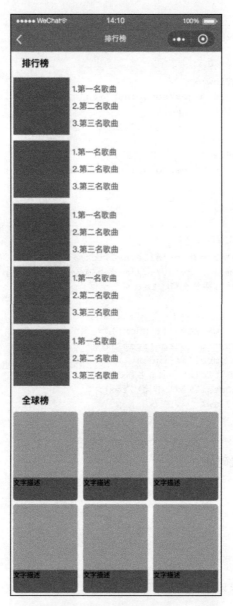

图 8-17　歌单页面布局

```
<!-- songClass.wxml -->
<!-- 顶部视图 -->
<view class='headView'>
  <!-- 顶部组件 -->
  <image class='iconImv' src=''></image>
  <text class='titTxt'>标题</text>
  <text class='nicknameTxt'>作者</text>
  <!-- 底部组件 -->
  <view class='bottomView'>
    <!-- 上面图片下面文字-添加 -->
    <view class='stxwView'>
```

```
      <image src='../../images/songClass/icn_fav_new.png'></image>
      <text>16348</text>
    </view>
    <!-- 上面图片下面文字-评论 -->
    <view class='stxwView'>
      <image src='../../images/songClass/icn_cmt.png'></image>
      <text>1616</text>
    </view>
    <!-- 上面图片下面文字-分享 -->
    <view class='stxwView'>
      <image src='../../images/songClass/icn_share.png'></image>
      <text>258</text>
    </view>
  </view>
</view>
<!-- 播放功能视图 -->
<view class='playView' bindtap='allPlayClick'>
  <image class='playImv' src='../../images/day/list_icn_play.png'></image>
  <text class='playTxt'>播放全部</text>
</view>
<!-- 歌曲列表 -->
<block wx:for='{{10}}' wx:key='{{index}}'>
  <view class='itemView' bindtap='itemClick' data-index='{{index}}'>
    <text class='itemNumber'>{{index+1}}</text>
    <text class='itemTitleTxt'>歌曲名称</text>
    <text class='itemDetailTxt'>作者</text>
    <view class='lineView'></view>
  </view>
</block>
```

songClass.wxss 文件的代码如下：

```
/* songClass.wxss */
/* 顶部视图 */
.headView{
  width: 100%;
  height: 440rpx;
  background-color: #BDBBB7;
  position: relative;
  color: #ffffff;/* 设置内部组件字体颜色 */
}
.headView .iconImv{
  position: absolute;
  top: 40rpx;
  left: 40rpx;
  width: 250rpx;
  height: 250rpx;
  background-color: #ffffff;
  border-radius: 10rpx;
}
.headView .titTxt{
  position: absolute;
  top: 60rpx;
  left: 320rpx;
```

```
  right: 40rpx;
  font-size: 34rpx;
}
.headView .nicknameTxt{
  position: absolute;
  top: 230rpx;
  left: 320rpx;
  right: 40rpx;
  font-size: 30rpx;
}
/* 底部组件 */
.headView .bottomView{
  position: absolute;
  left: 0;
  right: 0;
  bottom: 20rpx;
  height: 110rpx;/*50+60*/
  /* 让内部组件水平分布 */
  display: flex;
  justify-content: space-around;
  /* background-color: red; */
}
.headView .bottomView .stxwView{
  /* 让内部组件垂直排列 */
  display: flex;
  flex-direction: column;
  text-align: center;
  width: 100rpx;
  height: 100%;
  /* background-color: yellow; */
}
.headView .bottomView .stxwView image{
  width: 48rpx;
  height: 48rpx;
  margin: 10rpx 25rpx;
  /* background-color: green; */
}
.headView .bottomView .stxwView text{
  font-size: 28rpx;
  line-height: 40rpx;
  /* background-color: red; */
}
/* 播放功能视图 */
.playView{
  width: 100%;
  height: 90rpx;
  /* 让内部元素水平排列 */
  display: flex;
  align-items: center;
  background-color: #ffffff;
  /* 边框设置 */
  border-bottom: 1px solid #8A8A8A;
}
.playView .playImv{
```

```
    margin: 0 30rpx;
    width: 50rpx;
    height: 50rpx;
}
.playView .playTxt{
    color: #000000;
    font-size: 34rpx;
}
/* 内容列表 */
.itemView{
    width: 100%;
    height: 120rpx;
    background-color: #ffffff;
    position: relative;
}
.itemView .itemNumber{
    position: absolute;
    left: 0;
    top: 0;
    width: 110rpx;
    /*设置字体样式*/
    color: #8A8A8A;
    font-size: 34rpx;
    /*文字垂直居中*/
    line-height: 120rpx;
    text-align: center;
}
.itemView .itemTitleTxt{
    position: absolute;
    left: 110rpx;
    right: 20rpx;
    top: 0rpx;
    line-height: 70rpx;
    color: #000000;
    font-size: 34rpx;
}
.itemView .itemDetailTxt{
    position: absolute;
    left: 110rpx;
    right: 20rpx;
    bottom: 0rpx;
    line-height: 50rpx;
    color: #8A8A8A;
    font-size: 28rpx;
}
/* 分割线 */
.itemView .lineView{
    position: absolute;
    left:110rpx;
    right: 0;
    bottom: 0;
    height: 2rpx;
    background-color: #8A8A8A;
}
```

上部的三个功能按钮存放在 class='bottomView'组件中，组件使用 display:flex; justify-content: space-around;来让其水平均匀分布。内部子组件 class='stxwView'在其内部使用 display:flex; flex-direction:column;来让内部的图片和文字上下垂直排列。完成效果如图 8-18 所示。

图 8-18　歌单列表页面布局

8.4.8　音频播放页面搭建

音频播放页面与私人 FM 页面的搭建基本一致，从上到下一层一层来搭建，因为背景颜色与导航栏颜色一致，所以创建一个 view 填充背景颜色来适应导航色。播放时中间的图片会顺时针转动，这时需要使用动画来完成此效果。play.wxml 文件的代码如下：

```
<!-- play.wxml -->
<!-- 内容 -->
<view class='countView'>
  <image class='playTopImv' src='../../images/play/aag.png'></image>
  <image class='palybgImv' src='../../images/play/play.png'>
    <image class='playImv' src=''></image>
  </image>
<!-- 播放进度条 -->
<view class='playerView'>
  <!-- 当前播放时间 -->
  <text class='time'>00:00</text>
```

```
    <!-- 进度条 -->
    <slider class='playTime' step='1' value='{{value}}' backgroundColor='#ffffff'
activeColor='#CA5B4B' block-size='18' block-color='#CA5B4B' ></slider>
    <!-- 总时间 -->
    <text class='time'>06:00</text>
  </view>
  <!-- 底部功能视图 -->
  <view class='bottomView'>
    <image class='itemView' src='../../images/play/cm2_icn_loop.png'></image>
    <image class='itemView' src='../../images/play/ajh.png'></image>
    <image class='playImv' src='../../images/play/ajd.png' bindtap='playClick'>
</image>
    <image class='itemView' src='../../images/play/ajb.png'></image>
    <image class='itemView' src='../../images/play/cm2_icn_list.png'></image>
  </view>
</view>
```

play.wxss 文件的代码如下：

```
/* play.wxss */
/* 内容 */
.countView{
  width: 100%;
  height: 1206rpx;/*1334-128*/
  background-color: #746D74;
  position: relative;
}
.countView .playTopImv{
  position: absolute;
  top: -60rpx;
  left: 314rpx;
  width: 222rpx;
  height: 366rpx;
  z-index: 99;/* 放到顶部 */
}
.countView .palybgImv{
  position: absolute;
  top: 175rpx;
  left: 100rpx;/* (750-550)*0.5 */
  width: 550rpx;
  height: 550rpx;
}
.countView .palybgImv .playImv{
  position: absolute;
  top: 90rpx;
  left: 90rpx;
  width: 370rpx;
  height: 370rpx;
  border-radius: 185rpx;
  /* background-color: yellow; */
}
/* 播放进度条 */
.playerView{
```

```
    position: absolute;
    left: 0;
    right: 0;
    bottom: 200rpx;
    height: 30rpx;
    /* 让内部空间水平对齐 */
    display: flex;
    align-items: center;
    justify-content: space-around;
    /* 设置内部文字样式 */
    color: #ffffff;
    font-size: 24rpx;
}
.playerView .time{
    margin: 0 20rpx;
}
.playerView .playTime{
    width: 750rpx;
}
/* 底部功能视图 */
.bottomView{
    position: absolute;
    left: 0;
    right: 0;
    bottom: 60rpx;
    height: 100rpx;
    /* background-color: red; */
    /* 让内部空间水平对齐 */
    display: flex;
    align-items: center;
    justify-content: space-around;
}
.bottomView .itemView{
    width: 80rpx;
    height: 80rpx;
}
.bottomView .playImv{
    margin: 0 -40rpx;
    width: 120rpx;
    height: 120rpx;
}
```

完成效果如图 8-19 所示。

8.5　逻辑搭建

项目结构搭建完成后，需要把细节和逻辑添加上去。本章获取到的是本地的数据，数据存放在 util 文件夹中。搭建页面逻辑的时候，也会同时搭建页面之间的跳转关系。在音频播放中，使用的是背景音乐播放的方式，这种方式的好处是可以自定义组件的样式。音频文件使用的是网络的音频文件，因为资源问题，本章音乐播放使用的是同一个音频文件，但是页面展示的是上级页面传递的数据。

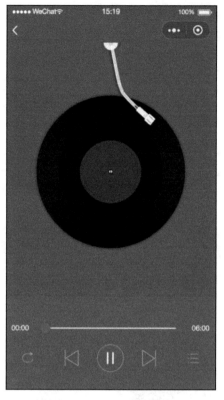

图 8-19 音频播放页面布局

因为获取当前的日期需要在多个地方使用，所以把获取当前日期的数据放在 app.js 中，作为全局变量。app.js 文件的代码如下：

```
// app.js
App({
  /**
   * 当小程序初始化完成时，会触发 onLaunch（全局只触发一次）
   */
  onLaunch: function () {
    var day = new Date().getDate();      // 获取当前的日期
    this.globalData.dayStr = day;        // 赋值为全局变量
    console.log(this.globalData.dayStr)
  },
  globalData: {
    dayStr: '',
  }
})
```

new Date().getDate();可以获取到当前的日期号。例如 5 月 12 日，获取到的就是 12。

app.js 文件的全局变量在其他地方使用的时候，需要首先引用 app.js，引用方法 const app = getApp();引用方式有别于其他的.js 文件，然后获取值，app.globalData.dayStr;获取到对应的全局变量的值。

8.5.1 发现逻辑

发现页面包含个性推荐内的数据，主播电台内的数据，一个数据列表是不够的，所以在 mainData.js 中区分出各个模块需要的数据，如个性推荐的内容为 dataListOne，导出的时候也要导出多个数据。mainData.js 文件的代码如下：

```
// mainData.js
// 导出数据
module.exports = {
  dataListOne: dataListOne,
  dataListTwo: dataListTwo,
  jsyxData: jsyxData,
};
```

main.js 文件的代码如下：

```
// main.js
// 引用 app.js
const app = getApp();
// 引用 mainData 数据
var mainData = require('../../util/mainData.js');
Page({
  /**
   * 页面的初始数据
   */
  data: {
    selectTitle: 0,
    dataListOne: [],
    dataListTwo: [],
    jsyxData: [],
    dayStr:'0',
  },
  onLoad: function(){
    console.log(mainData);
    var dayStr = app.globalData.dayStr;    // 获取全局数据
    this.setData({
      dataListOne: mainData.dataListOne,
      dataListTwo: mainData.dataListTwo,
      jsyxData: mainData.jsyxData,
      dayStr: dayStr,
    })
  },
  // 个性推荐单击事件
  gxtiClick: function(){
    this.setData({
      selectTitle: 0
    })
  },
  // 主播电台单击事件
  zbdtClick: function(){
    this.setData({
      selectTitle: 1
```

```
        })
      },
      // 用户滑动了整体内容
      contentViewBindchange: function(res){
        console.log(res.detail.current);
        this.setData({
          selectTitle: res.detail.current
        })
      },
      // 私人FM单击事件
      srFMclick: function(){
        console.log('私人FM单击事件');
        wx.navigateTo({
          url: './../srfm/srfm',
        })
      },
      // 每日推荐单击事件
      mrtjclick: function(){
        console.log('每日推荐单击事件');
        wx.navigateTo({
          url: './../day/day',
        })
      },
      // 歌单单击事件
      gdclick: function(){
        console.log('歌单单击事件');
        wx.navigateTo({
          url: './../songList/songList',
        })
      },
      // 排行榜单击事件
      phbclick: function(){
        console.log('排行榜单击事件');
        wx.navigateTo({
          url: './../ranking/ranking',
        })
      },
      // item单击事件
      gxtjItemClick: function(res){
        console.log(res.currentTarget.dataset);
        var index = res.currentTarget.dataset;
        var content = this.data.dataListOne[index.item];
        var data = content.content[index.index];
        console.log(data);
        wx.navigateTo({
          url: './../songClass/songClass' + '?img=' + data.icon + '&title=' + data.title
+ '&songer=' + '未知',
        })
      },
      // 主播电台item单击事件
      zbdtItemClick: function(res){
        console.log(res.currentTarget.dataset);
        var index = res.currentTarget.dataset;
```

```
      var content = this.data.dataListOne[index.item];
      var data = content.content[index.index];
      console.log(data);
      wx.navigateTo({
        url: './../songClass/songClass' + '?img=' + data.icon + '&title=' + data.title
+ '&songer=' + '未知',
      })
    },
    // 今日优选单击事件
    jryxClick: function(res){
      var index = res.currentTarget.dataset.index;
      var data = this.data.jsyxData[index];
      console.log(data);
      wx.navigateTo({
        url: './../play/play' + '?img=' + data.icon + '&title=' + data.title,
      })
    }
  })
```

main.wxml 文件的代码如下：

```
  <!-- main.wxml -->
  <!-- 顶部搜索框 -->
  <view class='headView'>
    <input class='searchInput' placeholder='搜索音乐、歌词、电台' placeholder-style='color:
#ffffff' />
  </view>
  <!-- 标签控制栏 -->
  <view class='titleView'>
    <view class='gxtjTit {{selectTitle? "":"select"}}' bindtap='gxtiClick'>个性推荐
</view>
    <view class='zbdtTit {{selectTitle? "select":""}}' bindtap='zbdtClick'>主播电台
</view>
  </view>
  <!-- 顶部填充组件 -->
  <view style='width:100%;height:172rpx;'></view>
  <!-- 底部内容 -->
  <swiper    class='contentView'   indicator-dots="{{false}}"   autoplay="{{false}}"
current='{{selectTitle}}' bindchange='contentViewBindchange'>
    <!-- 个性推荐内容 -->
    <swiper-item class='gxtjView select'>
    <scroll-view scroll-y style='width:100%;height:100%;'>
    <!-- 图片轮播 -->
    <swiper class='bannerView' indicator-dots='true' indicator-color='rgba(255,255,
255,0.5)'  indicator-active-color='rgba(202,91,75,1)'  autoplay='true'  interval='3000'
circular='true'>
      <swiper-item><image
src='../../images/main/banner_01.jpg'></image></swiper-item>
      <swiper-item><image
src='../../images/main/banner_02.jpg'></image></swiper-item>
      <swiper-item><image
src='../../images/main/banner_03.jpg'></image></swiper-item>
    </swiper>
```

```
<!-- 四大类型 -->
<view class='fourTypeView'>
  <!-- 私人FM类型 -->
  <view class='typeItem' bindtap='srFMclick'>
    <!-- 上半部分 -->
    <view class='itemBG'>
      <image src='../../images/main/topbtn_fm.png'></image>
    </view>
    <!-- 下面文字 -->
    <text>私人FM</text>
  </view>
  <!-- 每日推荐类型 -->
  <view class='typeItem' bindtap='mrtjclick'>
    <!-- 上半部分 -->
    <view class='itemBG'>
      <image src='../../images/main/topbtn_daily.png'></image>
      <!-- 每日推荐内部文字 -->
      <text class='dayTxt'>{{dayStr}}</text>
    </view>
    <!-- 下面文字 -->
    <text>每日推荐</text>
  </view>
  <!-- 歌单类型 -->
  <view class='typeItem' bindtap='gdclick'>
    <!-- 上半部分 -->
    <view class='itemBG'>
      <image src='../../images/main/topbtn_list.png'></image>
    </view>
    <!-- 下面文字 -->
    <text>歌单</text>
  </view>
  <!-- 排行榜类型 -->
  <view class='typeItem' bindtap='phbclick'>
    <!-- 上半部分 -->
    <view class='itemBG'>
      <image src='../../images/main/topbtn_rank.png'></image>
    </view>
    <!-- 下面文字 -->
    <text>排行榜</text>
  </view>
</view>
<!-- 循环创建内容 -->
<block wx:for='{{dataListOne}}' wx:key='{{sectionIndex}}' wx:for-item='item'
wx:for-index='sectionIndex'>
  <!-- 分栏标题 -->
  <view class='columnsView'>
    <view>{{item.title}}</view>
    <image src='../../images/main/access.png'></image>
  </view>
  <!-- 单个展示内容 -->
  <view class='columnsConView' style='height: 620rpx'>
    <block wx:for='{{item.content}}' wx:key='{{index}}' wx:for-item='itemName'
wx:for-index='index'>
```

```
            <view class='columnsItemView' bindtap='gxtjItemClick' data-item='{{sectionIndex}}'
data-index='{{index}}'>
                <!-- 顶部图片 -->
                <image src='{{itemName.icon}}'></image>
                <!-- 下面文字 -->
                <text>{{itemName.title}}</text>
            </view>
        </block>
    </view>
    </block>
    </scroll-view>
    </swiper-item>
    <!-- 主播电台内容 -->
    <swiper-item class='zbdtView'>
    <scroll-view scroll-y style='width:100%;height:100%;'>
    <!-- 图片轮播 -->
    <swiper class='bannerView' indicator-dots='true' indicator-color='rgba(255,255,
255,0.5)' indicator-active-color='rgba(202,91,75,1)' autoplay='true' interval='3000'
circular='true'>
        <swiper-item><image
src='../../images/main/banner_01.jpg'></image></swiper-item>
        <swiper-item><image
src='../../images/main/banner_02.jpg'></image></swiper-item>
        <swiper-item><image
src='../../images/main/banner_03.jpg'></image></swiper-item>
    </swiper>
    <!-- 今日优选 -->
    <!-- 标题 -->
    <view class='jryxTit'>今日优选</view>
    <block wx:for="{{jsyxData}}" wx:key='{{index}}'>
    <!-- 内容 -->
    <view class='jryxView' bindtap='jryxClick' data-index='{{index}}'>
        <!-- 展示图标 -->
        <image class='icon' src='{{item.icon}}'></image>
        <!-- 标题 -->
        <text class='title'>{{item.title}}</text>
        <!-- 描述信息 -->
        <view class='detail'>
            <image class='headImv' src='{{item.headImg}}'></image>
            <text class='nickName'>{{item.nickname}}</text>
        </view>
        <!-- 播放按钮 -->
        <image class='playerImv' src='../../images/main/radio_play.png'></image>
    </view>
    </block>
    <!-- 循环创建内容 -->
    <block wx:for='{{dataListTwo}}' wx:key='{{index}}' wx:for-item='item' wx:for-
index='sectionIndex'>
    <!-- 分栏标题 -->
    <view class='columnsView'>
        <view>{{item.title}}</view>
        <image src='../../images/main/access.png'></image>
    </view>
```

```
        <!-- 单个展示内容 -->
        <view class='columnsConView' style='height: 310rpx'>
          <block wx:for='{{item.content}}' wx:key='{{index}}' wx:for-item='itemName'
wx:for-index='index'>
            <view class='columnsItemView' bindtap='zbdtItemClick' data-item='{{sectionIndex}}'
 data-index='{{index}}'>
              <!-- 顶部图片 -->
              <image src='{{itemName.icon}}'></image>
              <!-- 下面文字 -->
              <text>{{itemName.title}}</text>
            </view>
          </block>
        </view>
      </block>
    </scroll-view>
  </swiper-item>
</swiper>
```

注意

（1）在底部的block创建中，使用block嵌套block的方法。默认在一个block中，一个元素的名称为item，元素的下标为index，但是这种block嵌套block中的第二个默认元素需要重新起名，方法为wx:for-item='itemName';itemName就是元素的名称。修改元素下标的方法为wx:for-index='sectionIndex'; 'sectionIndex'就是元素的下标。

（2）单击block循环创建的元素，传值的时候使用data-name，name可以进行自定义。

（3）在页面跳转的时候使用wx.navigateTo，内部的url为要跳转的页面的路径，其中？后面的是传递的参数。"+"符号的作用是拼接字符串，例如："name"+"nick"结果为"namenick"。完成后效果如图8-1所示。

8.5.2 每日推荐逻辑

每日推荐的时间获取的是 app.js 中的全局变量，数据获取的是 utils 文件夹中的 dayData.js 数据，当 isSQ 字段为空时代表不显示 SQ 图标，当 isSQ 字段为 true 时显示 SQ 图标。这种有的显示，有的隐藏的情况，可以使用 wx:if 来判断组件是否渲染，也可以使用样式隐藏的方式来判断是否隐藏。

day.js 文件的代码如下：

```
// day.js
// 引用 app.js
const app = getApp();
// 引用 dayData 数据
var dayData = require('../../util/dayData.js');
Page({
  /**
   * 页面的初始数据
   */
  data: {
    dayDataList:[],
    dayStr: '0',
  },
  onLoad: function () {
```

```
        console.log(dayData);
        var dayStr = app.globalData.dayStr;// 获取全局数据
        this.setData({
            dayDataList: dayData.dayData,
            dayStr: dayStr
        });
    },
    // 全部播放单击事件
    allPlayClick: function(){
        var data = this.data.dayDataList[0];
        wx.navigateTo({
            url: './../play/play' + '?img=' + data.icon + '&title=' + data.title,
        })
    },
    // 单个事件单击事件
    itemClick: function(res){
        var index = res.currentTarget.dataset.index;
        var data = this.data.dayDataList[index];
        wx.navigateTo({
            url: './../play/play' + '?img=' + data.icon + '&title=' + data.title,
        })
    }
})
```

day.wxml 文件的代码如下：

```
<!-- day.wxml -->
<!-- 顶部图片 -->
<image class='topImv' src='../../images/day/daily_banner5.jpg'>
    <image class='dayImv' src='../../images/day/daily_cal_bg.png'></image>
    <text class='dayTxt'>{{dayStr}}</text>
    <!-- 小提示 -->
    <view class='detailView'>
        <image class='iconImv' src='../../images/day/icn_light.png'></image>
        <text class='detailTxt'>根据你的音乐口味生成，每天 6:00 更新</text>
    </view>
</image>
<!-- 播放功能视图 -->
<view class='playView' bindtap='allPlayClick'>
    <image class='playImv' src='../../images/day/list_icn_play.png'></image>
    <text class='playTxt'>播放全部</text>
</view>
<!-- 列表 -->
<block wx:for='{{dayDataList}}' wx:key='{{index}}'>
    <!-- 内容 -->
    <view class="itemView" bindtap='itemClick' data-index='{{index}}'>
        <!-- 图片 -->
        <image class='itemImv' src='{{item.icon}}'></image>
        <!-- 标题 -->
        <view class='itemTit'>{{item.title}}<text style='color:#8A8A8A'>{{item.
detail}}</text></view>
        <!-- 详情 -->
        <view class='itemDetial'>
            <image wx:if='{{item.isSQ}}' class='sqItem' src='../../images/day/icn_sq_
```

```
15.png'></image>
        <text class='detailTxt'>{{item.songer}}</text>
      </view>
    </view>
  </block>
```

这里 app.js 获取的数据方法为 const app = getApp();获取到的是 app.js 文件,其中 app.globalData 获取到的是 app.js 文件内的 globalData 字段中的数据。完成后效果如图 8-4 所示。

8.5.3 歌单逻辑

歌单列表数据获取的是 utils 文件夹中的 songListData.js 数据。songList.js 文件的代码如下:

```
// songList.js
// 引用 songListData 数据
var songListData = require('../../util/songListData.js');
Page({
  /**
   * 页面的初始数据
   */
  data: {
    songList:[],
  },
  onLoad: function () {
    console.log(songListData);
    this.setData({
      songList: songListData.songListData,
    })
  },
  itemClick: function (res){
    var index = res.currentTarget.dataset.index;
    var data = this.data.songList[index];
    wx.navigateTo({
      url: '../../songClass/songClass' + '?img=' + data.icon + '&title=' + data.title +
'&songer=' + data.songer,
    })
  }
})
```

songList.wxml 文件的代码如下:

```
<!-- songList.wxml -->
<!-- 顶部内容 -->
<image class='topImv' src='../../images/songList/daily_banner4.jpg'>
  <!-- 标题图片 -->
  <image class='topIconImv' src='../../images/coverPhoto/1099511163676024440.jpg'>
</image>
  <!-- 顶部文字 -->
  <text class='titleTxt'>精品歌单</text>
  <text class='detailOne'>听罢这般电影旋律</text>
  <text class='detialTwo'>穿梭于光影世界,感受百般人生。</text>
</image>
<!-- 分栏标题 -->
<view class='columnsView'>
```

```
    <view>全部歌单</view>
    <image src='../../images/main/access.png'></image>
</view>
<!-- 内容 -->
<block wx:for='{{songList}}' wx:key='{{idnex}}'>
    <view class='itemView' bindtap='itemClick' data-index='{{index}}'>
        <!-- 顶部图片内容 -->
        <image class='itemIconImv' src='{{item.icon}}'>
            <!-- 播放量 -->
            <view class='topView contentView'>
                <image src='../../images/songList/listen.png'></image>
                <text>{{item.playCount}}</text>
            </view>
            <!-- 作者 -->
            <view class='bottomView contentView'>
                <image src='../../images/songList/default_user.png'></image>
                <text>{{item.songer}}</text>
            </view>
        </image>
        <!-- 底部文字描述 -->
        <view class='detailView'>{{item.title}}</view>
    </view>
</block>
```

完成后效果如图 8-5 所示。

8.5.4　排行榜逻辑

排行榜数据也分为两个，一个是上部的排行榜数据，一个是下部的全球榜数据。数据获取的是 utils 文件夹中的 rankingData.js 数据。rankingData.js 文件的代码如下：

```
// rankingData.js
// 导出数据
module.exports = {
    dataListOne: dataListOne,
    dataListTwo: dataListTwo
};
```

ranking.js 文件的代码如下：

```
// ranking.js
// 引用 rankingData 数据
var rankingData = require('../../util/rankingData.js');
Page({
    /**
     * 页面的初始数据
     */
    data: {
        dataListOne: [],
        dataListTwo: [],
    },
    onLoad: function(){
        console.log(rankingData);
```

```
      this.setData({
        dataListOne: rankingData.dataListOne,
        dataListTwo: rankingData.dataListTwo
      });
    },
    /* 排行榜单击事件 */
    rangkingClick: function(res){
      var index = res.currentTarget.dataset.index;
      var title = '';
      switch (index){
        case 0:{
          title = '飙升榜';
        } break;
        case 1: {
          title = '新歌榜';
        } break;
        case 2: {
          title = '热歌榜';
        } break;
        case 3: {
          title = '原创榜';
        } break;
        case 4: {
          title = '歌手榜';
        } break;
      }
      var data = this.data.dataListOne[index];
      wx.navigateTo({
        url: './../songClass/songClass' + '?img=' + data.icon + '&title=' + title +
'&songer=' + '未知',
      })
    },
    /* 全球榜单击事件 */
    globalRangkingClick: function(res){
      var index = res.currentTarget.dataset.index;
      var data = this.data.dataListTwo[index];
      wx.navigateTo({
        url: './../songClass/songClass' + '?img=' + data.icon + '&title=' + data.title
+ '&songer=' + '未知',
      })
    }
  })
```

ranking.wxml 文件的代码如下：

```
<!-- ranking.wxml -->
<!-- 标题 -->
<view class='rankingTit'>排行榜</view>
<!-- 五大类排行榜 -->
<block wx:for='{{dataListOne}}' wx:key='{{index}}'>
  <view class='rangkingType' bindtap='rangkingClick' data-index='{{index}}'>
    <!-- 图片 -->
    <image class='iconImv' src='{{item.icon}}'></image>
```

```
    <!-- 第一名 -->
    <text class='firTxt rankingTxt'>1.{{item.tracks[0].first+'-'+item.tracks[0].second}}</text>
    <!-- 第二名 -->
    <text class='secTxt rankingTxt'>2.{{item.tracks[1].first+'-'+item.tracks[1].second}}</text>
    <!-- 第三名 -->
    <text class='thrTxt rankingTxt'>3.{{item.tracks[2].first+'-'+item.tracks[2].second}}</text>
  </view>
</block>
<!-- 标题 -->
<view class='rankingTit'>全球榜</view>
<block wx:for='{{dataListTwo}}' wx:key='{{index}}'>
  <view class='columnsItemView' bindtap='globalRangkingClick' data-index='{{index}}'>
    <!-- 顶部图片 -->
    <image src='{{item.icon}}'></image>
    <!-- 下面文字 -->
    <text>{{item.title}}</text>
  </view>
</block>
```

完成后效果如图 8-6 所示。

8.5.5　歌单列表逻辑

歌单列表上部的数据来源于上一级页面跳转时传递的数据。跳转的时候，在 url 后面拼接要传递的数据。如 url:'./../songClass/songClass?img=图片路径&title=标题&songer=歌手名称'，？后面即是传给下一级页面的数据，等号前面是字段，等号后面是值，每一个数据之前用&区分。下一级页面接收的时候会在 onLoad 方法中接收到。songClass.js 文件的代码如下：

```
// songClass.js
// 引用 dayData 数据
var dayData = require('../../util/dayData.js');
Page({
  /**
   * 页面的初始数据
   */
  data: {
    dayDataList:[],
    playImg:'',
    title:'',
    songer: '',
  },
  /**
   * 生命周期函数--监听页面加载
   */
  onLoad: function (options) {
    // 获取到传递的信息
    console.log(options);
    console.log(dayData);
    this.setData({
      dayDataList: dayData.dayData,
      playImg: options.img,
      title: options.title,
```

```
        songer: options.songer,
      });
    },
    // 全部播放单击事件
    allPlayClick: function () {
      var data = this.data.dayDataList[0];
      wx.navigateTo({
        url: '../../play/play' + '?img=' + data.icon + '&title=' + data.title,
      })
    },
    // 单个事件单击事件
    itemClick: function (res) {
      var index = res.currentTarget.dataset.index;
      var data = this.data.dayDataList[index];
      wx.navigateTo({
        url: '../../play/play' + '?img=' + data.icon + '&title=' + data.title,
      })
    }
})
```

songClass.wxml 文件的代码如下：

```
<!-- songClass.wxml -->
<!-- 顶部视图 -->
<view class='headView'>
  <!-- 顶部组件 -->
  <image class='iconImv' src='{{playImg}}'></image>
  <text class='titTxt'>{{title}}</text>
  <text class='nicknameTxt'>{{songer}}</text>
  <!-- 底部组件 -->
  <view class='bottomView'>
    <!-- 上面图片下面文字-添加 -->
    <view class='stxwView'>
      <image src='../../images/songClass/icn_fav_new.png'></image>
      <text>16348</text>
    </view>
    <!-- 上面图片下面文字-评论 -->
    <view class='stxwView'>
      <image src='../../images/songClass/icn_cmt.png'></image>
      <text>1616</text>
    </view>
    <!-- 上面图片下面文字-分享 -->
    <view class='stxwView'>
      <image src='../../images/songClass/icn_share.png'></image>
      <text>258</text>
    </view>
  </view>
</view>
<!-- 播放功能视图 -->
<view class='playView' bindtap='allPlayClick'>
  <image class='playImv' src='../../images/day/list_icn_play.png'></image>
  <text class='playTxt'>播放全部</text>
</view>
```

```
<!-- 歌曲列表 -->
<block wx:for='{{dayDataList}}' wx:key='{{index}}'>
  <view class='itemView' bindtap='itemClick' data-index='{{index}}'>
    <text class='itemNumber'>{{index+1}}</text>
    <text class='itemTitleTxt'>{{item.title}}</text>
    <text class='itemDetailTxt'>{{item.songer}}</text>
    <view class='lineView'></view>
  </view>
</block>
```

完成后效果如图 8-7 所示。

8.5.6　音频播放逻辑

音频播放页面的顶部标题是根据上级页面传递的数据展示的，而不是通过.json 文件来设置的，代码如下：

```
// 动态设置导航栏文字
wx.setNavigationBarTitle({
    title: options.title
  });
```

音乐播放使用背景播放的方式来播放，这样做的好处是方便自定义播放组件样式。音乐来源设置为网络获取，因为一个微信小程序的体积是很小的，所以一般视频、音乐等大体积资源都是通过网络来获取的。play.js 文件的代码如下：

```
//play.js
var angleTime = '';                                  // 旋转定时器
var angle = 0;                                        // 当前的角度
const bgMusic = wx.getBackgroundAudioManager();      // 全局播放控制
Page({
  /**
   * 页面的初始数据
   */
  data: {
    playImg: '',
    ani: '',                                          // 执行旋转的动画
    currentTime: '00:00',                             // 当前播放时间
    countTime: '06:41',                              // 总时间
    count: 401,                                       // 总进度
    playImvSrc:'../../images/play/ajd.png',          // 播放按钮图片路径
    value:0,                                          // 滑块当前值
  },
  /**
   * 生命周期函数--监听页面加载
   */
  onLoad: function (options) {
    var that = this;
    console.log(options);
    // 动态设置导航栏文字
    wx.setNavigationBarTitle({
      title: options.title
```

```
      });
      that.setData({
        playImg: options.img
      });
      // 获取全局播放的音乐 不支持本地音乐播放，只能播放 http 协议的音乐
      bgMusic.src = 'http://ws.stream.qqmusic.qq.com/M500001VfvsJ21xFqb.mp3?guid=
ffffffff82def4af4b12b3cd9337d5e7&uin=346897220&vkey=6292F51E1E384E061FF02C31F716658E5C
81F5594D561F2E88B854E81CAAB7806D5E4F103E55D33C16F3FAC506D1AB172DE8600B37E43FAD&fromtag=46'
      bgMusic.title = '此时此刻';
      bgMusic.epname = '魏松';
      // 监听音乐方法回调
      bgMusic.onTimeUpdate(function(res){
        // 计算出当前时间
        var currentTime = that.numberToTime(bgMusic.currentTime);
        // 计算出当前进度
        var value = parseInt(bgMusic.currentTime);
        // 赋值修改页面
        that.setData({
          currentTime: currentTime,
          value: value
        });
      })
      // 播放完成
      bgMusic.onEnded(function(){
        that.pause();
      })
    },
    // 滑动时间进度
    changeTime: function(res){
      var current = res.detail.value;
      bgMusic.seek(current);
    },
    /**
     * 生命周期函数--监听页面完成
     */
    onReady: function(){
      this.start(angle);
    },
    /**
     * 生命周期函数--监听页面卸载
     */
    onUnload: function () {
      angle = 0;              // 清空角度
      this.pause();           // 音乐播放暂停
    },
    /*播放按钮单击*/
    playClick: function(){
      if (this.data.playImvSrc == '../../images/play/ajf.png'){
        // 播放方法
        this.start();
      }else{
        // 暂停方法
        this.pause();
```

```
    }
  },
  // 播放
  start: function () {
    var that = this;
    bgMusic.play();              // 音乐播放
    // 播放按钮图片
    that.setData({
      playImvSrc: '../../images/play/ajd.png'
    })
    // 图片旋转
    angleTime = setInterval(function () {
      //console.log('图片角度旋转'+angle);
      angle += 20;
      var animation = wx.createAnimation({
        duration: 1000,
        timingFunction: 'linear',
        delay: 0,
      });
      animation.rotate(angle).step();
      that.setData({
        ani: animation.export()
      })
    }, 1000)// 一秒钟执行一次
  },
  // 暂停
  pause: function(){
    bgMusic.pause();             // 音乐暂停
    // 播放按钮图片
    this.setData({
      playImvSrc: '../../images/play/ajf.png'
    })
    clearInterval(angleTime); // 图片旋转暂停
  },
  // 数字转化为时间
  numberToTime: function(num){
    //var num = parseInt(num);
    var minTime = parseInt(num / 60);
    if (minTime < 10){
      minTime = '0' + minTime;
    }
    var secTime = parseInt(num % 60);
    if (secTime < 10) {
      secTime = '0' + secTime;
    }
    return minTime+':'+secTime;
  }
})
```

play.wxml 文件的代码如下：

```
<!-- play.wxml -->
<!-- 内容 -->
```

```
<view class='countView'>
  <image class='playTopImv' src='../../images/play/aag.png'></image>
  <image class='palybgImv' src='../../images/play/play.png'>
    <image class='playImv' src='{{playImg}}' animation='{{ani}}'></image>
  </image>
  <!-- 播放进度条 -->
  <view class='playerView'>
    <!-- 当前播放时间 -->
    <text class='time'>{{currentTime}}</text>
    <!-- 进度条 -->
    <slider class='playTime' min='0' max='{{count}}' step='1' value='{{value}}'
backgroundColor='#ffffff' activeColor='#CA5B4B' block-size='18' block-color='#CA5B4B'
bindchanging='changeTime'></slider>
    <!-- 总时间 -->
    <text class='time'>{{countTime}}</text>
  </view>
  <!-- 底部功能视图 -->
  <view class='bottomView'>
    <image class='itemView' src='../../images/play/cm2_icn_loop.png'></image>
    <image class='itemView' src='../../images/play/ajh.png'></image>
    <image class='playImv' src='{{playImvSrc}}' bindtap='playClick'></image>
    <image class='itemView' src='../../images/play/ajb.png'></image>
    <image class='itemView' src='../../images/play/cm2_icn_list.png'></image>
  </view>
</view>
```

注意，当前播放时间与进度条的拖动也是联动的。处理联动的方法就是分开考虑。例如 A、B 组件存在联动，先处理 A 对 B 的事件处理，完成后再处理 B 对 A 的事件处理。

（1）把当前的时间变成占总时间的比例，这个比例就是进度条应该在的值。例如 1 分 40 秒的音频总值为 100 秒，播放了 10 秒，那么就是播放了十分之一。

（2）获取到进度条当前的进度，乘以总时间，就是当前应该显示的时间。当这两个都完成后联动效果自然而然就完成了。

（3）界面上展示的是播放的时间，而处理的时候要的是进度比例，所以单独创建了一个函数 numberToTime 来把进度转化为时间展示。

（4）当播放时，创建定时器进行每一秒图片的旋转，时间的更新，进度条的更新，音乐播放。当暂停时，只需要把定时器删除，音乐播放暂停即可。当音乐播放完成时，定时器也暂停。

（5）定时器的创建使用 setInterval(function(执行的代码)，间隔时间单位为 ms)，销毁定时器使用 clearInterval（定时器）。注意，定时器一旦销毁就需要重新创建。

（6）监听音乐播放使用 onTimeUpdate 方法，只要音乐在播放就会每隔一定的时间调用一次。

关键性的代码如下：

```
// play.js
// 监听音乐方法回调
bgMusic.onTimeUpdate(function(res){
    // 计算出当前时间
    var currentTime = that.numberToTime(bgMusic.currentTime);
    // 计算出当前进度
    var value = parseInt(bgMusic.currentTime);
```

```
    // 赋值修改页面
    that.setData({
      currentTime: currentTime,
      value: value
    });
    // 滑动时间进度
    changeTime: function(res){
      var current = res.detail.value;
      bgMusic.seek(current);
    },
<!-- play.wxml -->
    <!-- 当前播放时间 -->
    <text class='time'>{{currentTime}}</text>
    <!-- 进度条 -->
    <slider class='playTime' min='0' max='{{count}}' step='1' value='{{value}}'
backgroundColor='#ffffff' activeColor='#CA5B4B' block-size='18' block-color='#CA5B4B'
bindchanging='changeTime'></slider>
      <!-- 总时间 -->
    <text class='time'>{{countTime}}</text>
```

完成后效果如图 8-8 所示。

8.6　项目小结

　　本章云音乐项目，主要的难点在于首页框架的搭建、页面数据的传递和获取、熟悉使用 block 组件、嵌套使用 block 组件和自定义音频播放的组件和音频播放。

　　对于复杂的页面，首先要考虑清楚如何用组件排列出来，也需要明白各个组件之间的差别在哪里，选取最合适的组件，可以减少大量的代码优化。例如本章的发现页面，scroll-view 组件是没有分页的效果的，而 swiper 是存在分页效果的。有时可能父控件设置了一种 display:flex;样式满足了内部子控件的排列，其子控件可能还需要再进行另外一种 display:flex;样式来满足它的子控件的排列。

　　对于联动的组件，要学会进行拆解，先完成 A 组件对 B 组件的修改，再反过来实现 B 组件对 A 组件的修改，即可完成大部分联动效果。当使用 block 循环创建多个组件的时候，默认元素的名称为 item，下标为 index。如果出现 block 嵌套使用的时候，就要学会 wx:for-item 和 wx:for-index 进行自定义修改元素的名称和下标。在 block 单击传值的时候要使用"data-名称"来区别出单击的是哪个组件。

　　本章还对音乐播放的 API、定时器和动画进行了综合的使用。需要注意的是，定时器一旦销毁就需要重新创建。定时器创建使用 setInterval(function(执行的代码), 间隔时间单位为 ms)，销毁定时器使用 clearInterval(定时器)。音乐播放监听使用 onTimeUpdate 方法，只要音乐在播放就会每隔一定的时间调用一次。

第9章　商城购物

在搭建项目的过程中，可能会出现很多开发者不满意的样式效果，或者报错的错误信息。遇到这些情况的时候，开发者就要结合微信开发工具为开发者提供的开发调试工具，以及开发者添加的打印代码"console.log(打印数据);"来调试项目。

对于页面布局，开发者在调试时可以先给组件添加背景颜色，以此来帮助定位问题；对于错误信息，一般会有详细的错误描述，可以根据错误描述来进行定位，还可以通过"console.log(数据内容);"打印出数据看是否与自身认为的数据和数据类型有出入。

微信开发工具提供了调试窗口，使用方法与网页端的调试窗口一致，常用的有"Console"面板查看打印信息，"Sources"面板断点调试功能，"Network"面板网络调试功能，还有最左侧的组件面板调试功能。在1.3.4节中有详细的使用介绍。

9.1　需求描述

本章将介绍商城购物项目，主要完成首页页面、分类页面、购物车页面、我的页面未登录状态，并学会使用本地数据来完成页面逻辑的实现，分类界面实现左右联动效果，购物车页面要完成添加、减少、全选、不全选等逻辑细节。

9.2　设计思路

再复杂的页面也是由一部分一部分的小页面组成的。开始写页面的时候，首先要把页面拆分成很多小的部分，然后一个部分一个部分地完成，最后就可以得到整体页面了。

9.2.1　首页描述

图9-1是商城购物首页，搜索框会固定在顶部，不跟随页面滚动。上面首先是一个图片轮播，接着是各个大类型的标签选择，且可以左右滑动查看更多，再往下是一个瀑布流布局的商品样式展示。

9.2.2　分类描述

顶部是一个搜索功能。下面左侧可以上下滚动选择要查看的商品大类别，右侧展示的为类别对应商品子标签，有些顶部会有图片有些没有，每个子标签下，还会有更详细的分类来展示类别信息，如图9-2所示。

9.2.3　购物车描述

购物车界面展示的商品是本地存在的，逻辑比较复杂：

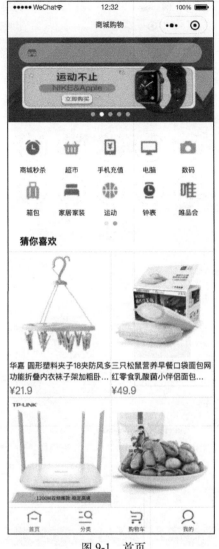

图 9-1　首页　　　　　　　　　　　　图 9-2　分类

（1）单击底部的选择按钮，可以执行所有商品的全选或全不选的操作。

（2）单击商铺名称前的选择按钮，可以对商铺内的商品执行全选或全不选的操作，同时可能会影响到底部的全选或全不选选择。

（3）单击单个商品的选择按钮可以进行单件商品的选择，也可以添加或减少商品的数量。同时，如果商铺内的所有商品都被选中，商铺名称左侧的选择按钮也会变为选中状态。如果所有的商品都被选中，则底部的选择按钮就会变为选中状态。

（4）每件商品都可以执行数量的增减及选择或不选择的操作，此操作会影响到底部的总价格和总件数数量，如图 9-3 所示。

9.2.4　我的未登录描述

我的页面本章为未登录时的状态，可以跳转到短信登录页面或注册页面，如图 9-4 所示。

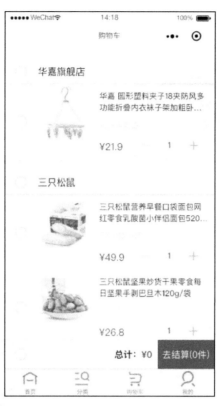

图 9-3　购物车

图 9-4　我的未登录

9.3　准备工作

　　商城项目的微信小程序可以分为四个模块，首页、分类、购物车、我的，其中我的页面中未登录状态有三个页面，都是为登录服务的，所以可以在我的页面中单独创建一个文件夹来存放登录功能的所有页面。

　　只要存在 tabBar 框架的页面，就需要在 app.json 中完成 tabBar 框架的搭建，一般会把 tabBar中存在的页面单独作为一个大文件夹来存放管理，其他的次级页面根据需求来选择是否需要单独存放在对应的子文件夹中，例如本章的我的页面，是把所有的登录页面单独存放在一个文件夹下。项目结构如图 9-5 所示。

图 9-5　项目结构

　　微信小程序特有的四个 app 文件单独放在最外层即可。

　　pages 字段内部要书写所有加载的页面.wxml 文件的路径，后缀不需要书写，会自动查找加载，代码如下：

```
app.json 文件
{
  "pages":[                           // 书写所有加载的页面路径
    "pages/main/main",
    "pages/class/class",
    "pages/shopping/shopping",
    "pages/login/nameLogin/nameLogin",
    "pages/login/smsLogin/smsLogin",
    "pages/login/phoneRegist/phoneRegist"
  ],
  "window":{
    "backgroundTextStyle":"light",      // 状态栏样式
```

```
      "navigationBarBackgroundColor": "#fff",  // 导航栏背景颜色
      "navigationBarTitleText": "商城购物",     // 导航栏文字没有单独设置的，默认为此处设置的
      "navigationBarTextStyle":"black"          // 导航栏文字颜色
  },
  "tabBar": {
      "color": "#313030",                       //tabBar 文字未选中颜色
      "selectedColor": "#D54331",               //tabBar 文字选中颜色
      "borderStyle": "black",                   //tabBar 顶部分割颜色
      "list": [
        {
          "pagePath": "pages/main/main",        // 页面对应的路径
          "text": "首页",                        //tabBar 文字描述
          "iconPath": "images/tabBar/tabBar_home_normal.png",      // 未选中图片的路径
          "selectedIconPath": "images/tabBar/tabBar_home_press.png" // 选中图片的路径
        },
        {
          "pagePath": "pages/class/class",
          "text": "分类",
          "iconPath": "images/tabBar/tabBar_category_normal.png",
          "selectedIconPath": "images/tabBar/tabBar_category_press.png"
        },
        {
          "pagePath": "pages/shopping/shopping",
          "text": "购物车",
          "iconPath": "images/tabBar/tabBar_cart_normal.png",
          "selectedIconPath": "images/tabBar/tabBar_cart_press.png"
        },
        {
          "pagePath": "pages/login/nameLogin/nameLogin",
          "text": "我的",
          "iconPath": "images/tabBar/tabBar_myJD_normal.png",
          "selectedIconPath": "images/tabBar/tabBar_myJD_press.png"
        }
      ]
  }
}
```

至此项目的整体架构搭建完成，剩下的就是关注每个页面的样式。在搭建页面样式时，可以尽量把相同的样式抽取出来，放在 app.wxss 中，也可以创建单独的.wxss 文件，然后进行引用。

9.4　页面搭建

页面搭建主要完成页面的静态展示，以及一些简单的逻辑功能。在搭建静态页面的时候，可以先给控件设置 background-color 以方便查看控件的大小和位置。当位置确认、调试完成之后，再把颜色属性注释掉。对于承载文字的控件，可以先在内部填充任意文字，在之后的逻辑搭建时再把文字删除掉。

9.4.1　首页页面搭建

（1）页面搭建一般按照从上到下、从左到右的顺序来搭建，首先搭建图片轮播与固定于顶部

的搜索框。main.wxml 文件的代码如下：

```
<!--main.wxml-->
<!-- 顶部搜索框 -->
<view class='searchView'>
  <image class='logoImv' src='../../images/main/jd_logo.png'></image>
  <image class='searchImv' src='../../images/class/search-normal.png'></image>
  <text class='searchTxt'>请输入搜索内容</text>
</view>
<!-- 顶部 banner 图 -->
<swiper   class='bannerView'  indicator-dots='{{true}}'  indicator-color='#afafaf'
indicator-active-color='#ffffff' autoplay='{{true}}' circular='{{true}}'>
  <block wx:for='{{5}}' wx:key='{{index}}'>
    <swiper-item>
      <image src=''></image>
    </swiper-item>
  </block>
</swiper>
```

main.wxss 文件的代码如下：

```
/* main.wxss */
/* 顶部搜索 */
.searchView{
  position: fixed;/* 固定不跟随滚动 */
  z-index: 99;/* 保证不被遮盖 */
  left: 40rpx;
  right: 40rpx;
  top: 20rpx;
  height: 70rpx;
  /* background-color: #F8F7FC; */
  background-color: rgba(248, 247, 252, 0.5);
  border-radius: 35rpx;
  /*opacity: 0.3;*//* 设置透明底 */
}
.searchView .logoImv{
  position: absolute;
  width: 39rpx;
  height: 30rpx;
  top: 20rpx;
  left: 30rpx;
  /* 通过边框做出右侧的分割线 */
  border-right: 1px solid #999999;
  /* 通过右侧内容的内边距，调整边框的位置 */
  padding-right: 20rpx;
}
.searchView .searchImv{
  position: absolute;
  top: 20rpx;
  left: 100rpx;
  width: 30rpx;
  height: 30rpx;
}
.searchView .searchTxt{
```

```
    position: absolute;
    top: 0rpx;
    left: 140rpx;
    line-height: 70rpx;
    color: #999999;
    font-size: 28rpx;
}
/* 顶部 banner 图 */
.bannerView{
    width: 100%;
    height: 300rpx;
}
.bannerView image{
    width: 100%;
    height: 100%;
    background-color: #999999;
}
```

注意

1）顶部搜索框固定在顶部可能会出现被遮盖的现象，所以使用"z-index:number;"把number 设置得大一点，保证其不会被遮盖。

2）使用background-color来设置顶部搜索框的透明度，而不用opacity，因为使用opacity来 设置子组件会继承父组件的透明度，使得子组件也有透明度。完成效果如图9-6所示。

图9-6　首页顶部

（2）可以左右滑动轮播图下面的大类别按钮查看更多选项，这是通过在 swiper 组件的基础上放置 view 组件来实现的。因为下面的大类别按钮是有分页效果的，所以使用 swiper 组件而不使用 scroll-view 组件，还有就是大类别底部是有选择点的，使用 swiper 组件可以直接使用微信团队提供的属性进行设置，而如果使用 scroll-view 组件，选择点就需要开发者自己来实现。main.wxml 文件的代码如下：

```
<!--main.wxml-->
<!-- 类别 item -->
<swiper    class='itemView'    indicator-dots='{{true}}'    indicator-color='#afafaf'
indicator-active-color='#e6e6e6' circular='{{true}}'>
    <swiper-item><!-- 一个页面 -->
      <block wx:for='{{10}}' wx:key='{{index}}'>
        <view class='item'>
          <image class='iconView' src=''></image>
          <view class='titleView'>标题</view>
        </view>
      </block>
    </swiper-item>
    <swiper-item><!-- 一个页面 -->
      <block wx:for='{{10}}' wx:key='{{index}}'>
        <view class='item'>
          <image class='iconView' src=''></image>
          <view class='titleView'>标题</view>
        </view>
      </block>
    </swiper-item>
</swiper>
```

main.wxss 文件的代码如下：

```
/* main.wxss */
/* 类别 item */
.itemView{
  margin-top: 40rpx;
  width: 100%;
  height: 350rpx;/*140*2+40*/
  display: flex;
  flex-wrap: wrap;
}
/* 单个 Item */
.itemView .item{
  display: inline-block;
  width: 102rpx;/*(750-(40*6))/5*/
  height: 140rpx;
  margin-left: 40rpx;
  /* background-color: yellow; */
}
/* 类别图片 */
.itemView .item .iconView{
  width: 102rpx;
  height: 102rpx;
  background-color: #eaeaea;
```

```
  border-radius: 51rpx;
}
/* 类别文字 */
.itemView .item .titleView{
  width: 102rpx;
  text-align: center;
  font-size: 24rpx;
  color: #000000;
}
```

使用 class='itemView'组件设置 "flex-wrap: wrap;" 属性是为了让内部子控件超出，从而自动换行，以此来达到多行显示的效果。完成效果如图 9-7 所示。

图 9-7　首页类别

（3）完成顶部的商品展示，直接使用 view 组件来摆放即可。main.wxml 文件的代码如下：

```
<!--main.wxml-->
<!-- 猜你喜欢标题 -->
<view class='cnxhTitle'>猜你喜欢</view>
<!-- 猜你喜欢内容 -->
<block wx:for='{{10}}' wx:key='{{index}}'>
    <view class='detailView'>
        <image class='detailImv' src=''></image>
        <text class='detailTxt'>商品标题</text>
        <text class='priceTxt'>¥999</text>
```

```
      </view>
  </block>
```

main.wxss 文件的代码如下：

```
/* main.wxss */
/* 猜你喜欢标题 */
.cnxhTitle{
  width: 100%;
  line-height: 70rpx;
  padding-left: 40rpx;
  /* 设置字体样式 */
  font-size: 34rpx;
  font-weight: bolder;
  color: #000000;
}
/* 商品展示 */
/* .list-masonry{
  瀑布流排列
  column-count: 2;
  column-gap: 20rpx;
  padding: 20rpx;
} */
.detailView{
  display: inline-block;
  border: 1px solid #eaeaea;
  box-sizing: border-box;
  width: 375rpx;
  height: 520rpx;/*375+105+40*/
  /* background-color: yellow; */
}
.detailView .detailImv{
  width: 375rpx;
  height: 375rpx;
  background-color: #999999;
}
.detailView .detailTxt{
  width: 375rpx;
  /* 设置文字样式 */
  font-size: 28rpx;
  color: #000000;
  /*限制2行*/
  -webkit-line-clamp: 2;
  line-clamp: 2;
  /* 文字超出部分变成省略号 */
  overflow: hidden;
  text-overflow: -o-ellipsis-lastline;
  text-overflow: ellipsis;
  display: -webkit-box;
  -webkit-box-orient: vertical;
}
.detailView .priceTxt{
  color: red;
```

```
    font-size: 34rpx;
}
```

class='detailTxt'组件设置较为麻烦，为了保证内部文字在两行内显示，超出部分显示省略号，"-webkit-line-clamp: 2; line-clamp: 2;"限制行数为 2 行，"overflow: hidden;text-overflow: -o-ellipsis-lastline; text-overflow: ellipsis; display: -webkit-box; -webkit-box-orient: vertical;"让多行文字超出部分显示省略号。完成效果如图 9-8 所示。

图 9-8　首页页面

9.4.2　分类页面搭建

分类页面顶部为一个搜索框，下面左侧是一个滑动的 scroll-view 组件，下面右侧也是一个滑动的 scroll-view 组件。首先搭建两侧的 scroll-view 组件，然后再实现联动效果。scroll-view 组件内部的内容通过 block 来循环创建即可。

（1）顶部搜索框和左侧 scroll-view 组件。class.wxml 文件的代码如下：

```
<!--class.wxml-->
<!-- 顶部搜索框 -->
<view class='searchHead'>
  <view class='searchView'>
    <image src='../../images/class/search-normal.png'></image>
    <text>搜索商品名称</text>
  </view>
</view>
```

```
<!-- 底部分类 -->
<!-- 分类左侧标签 -->
<scroll-view class='leftTitle' scroll-y>
  <block wx:for='{{20}}' wx:key='{{index}}'>
    <view class='titleView {{index==0?"selectTitleView":""}}' data-index='{{index}}'
bindtap='titleViewClick'>大类标题</view>
  </block>
</scroll-view>
```

class.wxss 文件的代码如下：

```
/**class.wxss**/
/* 顶部搜索框 */
.searchHead{
  background-color: #ffffff;
  width: 100%;
  height: 110rpx;
  border-top: 1px solid #F2F2F2;
  border-bottom: 1px solid #F2F2F2;
  position: relative;
}
.searchHead .searchView{
  background-color: #F2F2F2;
  position: absolute;
  left: 40rpx;
  right: 40rpx;
  top: 20rpx;
  height: 70rpx;
  border-radius: 40rpx;
  /* 让内部元素居中对齐 */
  display: flex;
  justify-content: center;
  align-items: center;
  /* 设置内部字体样式 */
  font-size: 28rpx;
  color: #999999;
}
.searchHead .searchView image{
  width: 40rpx;
  height: 40rpx;
  margin: 0 10rpx;
}
/* 底部分类 */
/* 分类左侧标签 */
.leftTitle{
  display: inline-block;
  width: 30%;
  height: 996rpx;/*1334(屏幕高度)-98(底部 tabBar 高度)-128(导航栏高度)-112(顶部搜索高度)*/
  background: #F2F2F2;
}
/* 未选中的样式 */
.leftTitle .titleView{
  width: 100%;
```

```
  /* 文字居中对齐 */
  text-align: center;
  line-height: 100rpx;
  /* 字体样式设计 */
  font-size: 24rpx;
  color: #000000;
}
/* 选中的样式 */
.leftTitle .selectTitleView{
  font-size: 28rpx;
  color: #9D2A37;
  background-color: #ffffff;
}
```

完成效果如图9-9所示。

图9-9 分类顶部和左侧

（2）右侧 scroll-view 组件。class.wxml 文件的代码如下：

```
<!--class.wxml-->
<!-- 分类右侧展示 -->
<scroll-view class='rightDetail' scroll-y>
  <!-- 顶部图片 -->
  <image src='' class='topImv' wx:if='{{true}}'></image>
  <block wx:for='{{5}}' wx:key='{{index}}'>
    <!-- 内容标题 -->
```

```
        <view class='titView'>子标签标题</view>
        <!-- 标题内内容 -->
        <block wx:for='{{6}}' wx:for-item='itemName' wx:for-index='indexName' wx:key=
'{{indexName}}'>
            <view class='itemView'>
              <image src='' class='icon'></image>
              <view class='detail'>标题</view>
            </view>
        </block>
    </block>
  </scroll-view>
```

class.wxss 文件的代码如下：

```
/**class.wxss**/
/* 分类右侧展示 */
.rightDetail{
  display: inline-block;
  width: 70%;
  height: 996rpx;/*1334(屏幕高度)-98(底部 tabBar 高度)-128(导航栏高度)-112(顶部搜索高度)*/
  background-color: #ffffff;
}
/* 顶部图片 */
.rightDetail .topImv{
  width: 480rpx;
  height: 200rpx;
  padding: 20rpx;
  background-color: red;
}
/* 内容标题 */
.rightDetail .titView{
  width: 100%;
  line-height: 60rpx;
  padding-left: 20rpx;
  /* 设置字体样式 */
  color: #000000;
  font-size: 28rpx;
  font-weight: bolder;
  /* background-color: yellow; */
}
/* 单个元素 */
.rightDetail .itemView{
  display: inline-block;
  margin-left: 20rpx;
  margin-bottom: 20rpx;
  width: 148rpx;
  height: 200rpx;
  background-color: green;
}
.rightDetail .itemView .icon{
  width: 100%;
  height: 148rpx;
  background-color: blue;
}
```

```
.rightDetail .itemView .detail{
  width: 100%;
  /* 让文字垂直居中 */
  line-height: 46rpx;/*200-148-6*/
  text-align: center;
  /* 设置文字样式 */
  color: #000000;
  font-size: 24rpx;
}
```

　　使用 scroll-view 组件时，一定要注意设置其内容大小，否则会出现显示问题。右侧的循环包含子标签标题和内部的单元显示。内部的单元显示也是通过 block 来循环创建的。完成效果如图 9-10 所示。

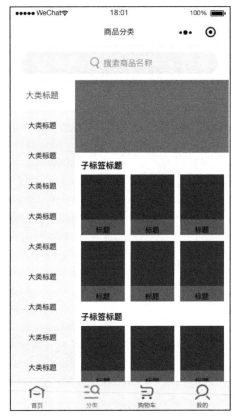

图 9-10　分类页面

9.4.3　购物车页面搭建

　　购物车页面底部为固定的 view 组件，上部为滚动的 scroll-view 组件。只需完成一个商铺的信息，其他的通过 block 标签来循环创建即可。商铺内的商品也是先完成一个后再通过 block 循环创建即可。shopping.wxml 文件的代码如下：

```
<!-- shopping.wxml-->
<!-- 购物车内容 -->
```

```
<scroll-view class='contentView' scroll-y>
  <block wx:for='{{3}}' wx:key='{{index}}'>
    <!--商铺标题 -->
    <view class='titleView'>
      <image class='titleImv' src='../../images/shopping/normal.png' data-item='{{index}}'>
</image>
      <text class='shopName'>商铺名称</text>
    </view>
    <!--商铺内选中的商品 -->
    <block wx:for='{{2}}' wx:for-item='subItem' wx:for-index='subIndex' wx:key=
'{{subIndex}}'>
      <!-- 单个商品样式 -->
      <view class='itemView'>
        <image class='choose' src='../../images/shopping/normal.png' data-item='{{index}}'
data-index='{{subIndex}}'></image>
        <image class='icon' src=''></image>
        <view class='detail'>商品详细描述</view>
        <view class='property'>商品属性</view>
        <view class='price'>¥999</view>
        <image class='reduce' src='../../images/shopping/reduce.png' data-item=
'{{index}}' data-index='{{subIndex}}'></image>
        <view class='number'>1</view>
        <image class='add' src='../../images/shopping/add.png' data-item='{{index}}'
data-index='{{subIndex}}'></image>
      </view>
    </block>
  </block>
</scroll-view>
<!-- 底部工具栏 -->
<view class='bottomView'>
  <image class='chooseImv' src='{{allIsSelect?"../../images/shopping/select.png":"
../../images/shopping/normal.png"}}' bindtap='allClick'></image>
  <text class='priceTxt'>总计: <text style='color: red'>¥0</text></text>
  <view class='countNum'>去结算(0 件)</view>
</view>
```

shopping.wxss 文件的代码如下：

```
/* shopping.wxss */
/* 购物车内容 */
.contentView{
  width: 100%;
  height: 1008rpx;/* 1334-128(导航高度)-98(tabBar 高度)-100 */
  /* background-color: red; */
}
/* 商铺标题 */
.contentView .titleView{
  border-top: 40rpx solid #F7F7F7;/*顶部线条样式*/
  border-bottom: 4rpx solid #e2e2e2;/*底部线条样式*/
  width: 100%;
  height: 80rpx;
  display: flex;
  align-items: center;
```

```
    /* background-color: yellow; */
}
.contentView .titleView .titleImv{
  margin: 0 40rpx;
  width: 40rpx;
  height: 40rpx;
}
.contentView .titleView .shopName{
  font-size: 34rpx;
  color: #000000;
}
/* 单个商品样式 */
.contentView .itemView{
  position: relative;
  width: 100%;
  height: 260rpx;
  /* background-color: yellow; */
  /* 设置文字样式 */
  font-size: 28rpx;
  color: #000000;
}
.contentView .itemView .choose{
  position: absolute;
  left: 40rpx;
  top: 110rpx;/* (260-40)*0.5 */
  width: 40rpx;
  height: 40rpx;
}
.contentView .itemView .icon{
  position: absolute;
  left: 120rpx;
  width: 200rpx;
  height: 200rpx;
  background-color: #e2e2e2;
}
.contentView .itemView .detail{
  position: absolute;
  left: 340rpx;
  top: 20rpx;
  right: 20rpx;
  height: 80rpx;
  /*限制2行*/
  -webkit-line-clamp: 2;
  line-clamp: 2;
  /* 文字超出部分变成省略号 */
  overflow: hidden;
  text-overflow: -o-ellipsis-lastline;
  text-overflow: ellipsis;
  display: -webkit-box;
  -webkit-box-orient: vertical;
}
.contentView .itemView .property{
  position: absolute;
  left: 340rpx;
```

```
    top: 120rpx;
    color: #e2e2e2;
}
.contentView .itemView .price{
    position: absolute;
    left: 340rpx;
    bottom: 20rpx;
    /* 设置字体样式 */
    color: red;
    font-size: 34rpx;
}
.contentView .itemView .reduce{
    position: absolute;
    right: 215rpx;
    bottom: 20rpx;
    width: 61rpx;
    height: 60rpx;
}
.contentView .itemView .number{
    position: absolute;
    right: 110rpx;
    bottom: 20rpx;
    width: 100rpx;
    height: 60rpx;
    background-color: #F7F7F7;
    /* 文字垂直居中 */
    line-height: 60rpx;
    text-align: center;
}
.contentView .itemView .add{
    position: absolute;
    right: 40rpx;
    bottom: 20rpx;
    width: 65rpx;
    height: 60rpx;
}
/* 底部工具栏 */
.bottomView{
    position: relative;
    bottom: 0;
    left: 0;
    width: 100%;
    height: 100rpx;
    background-color: #ffffff;
    border-top: 1px solid #EDEDED;
}
/* 选择按钮图片 */
.bottomView .chooseImv{
    position: absolute;
    left: 40rpx;
    top: 30rpx;
    width: 40rpx;
    height: 40rpx;
}
```

```
.bottomView .priceTxt{
  position: absolute;
  top: 0;
  right: 220rpx;
  line-height: 100rpx;/*让文字垂直居中*/
  /* 设置字体样式 */
  font-size: 32rpx;
  font-weight: bolder;
  color: #000000;
}
.bottomView .countNum{
  position: absolute;
  top: 0;
  right: 0;
  width: 200rpx;
  height: 100rpx;
  background-color: red;
  /* 设置字体样式 */
  font-size: 32rpx;
  color: #ffffff;
  /*让文字垂直水平居中*/
  line-height: 100rpx;
  text-align: center;
}
```

内部的分割线都是通过 border-top 或 border-bottom 属性来设置的。让组件内容的文字水平垂直居中的方法，一般是通过设置"line-height:numberValue;"高度等于父控件高度，这样可以垂直居中，"text-align：center;"让内容水平居中，同时设置这两个属性即可实现水平垂直居中。完成效果如图 9-11 所示。

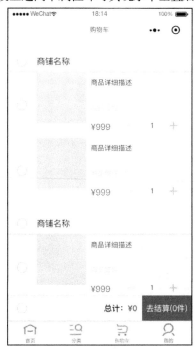

图 9-11　购物车页面

9.4.4　我的未登录页面搭建

我的未登录页面有很多样式基本一致，所以把共同的样式抽取出来，放在了 utils 文件夹下的 wxss 文件中，使用的时候在 app.wxss 中引用即可。app.wxss 文件的代码如下：

```
/**app.wxss**/
/* 引入登录的统一样式 */
@import '/utils/wxss/login.wxss';
```

login.wxss 文件的代码如下：

```
/* login.wxss */
/* 设置字体大小为 28 */
.font28{
  color: #999999;
  font-size: 28rpx;
}
/* 输入框样式 */
.input{
  margin: 0 40rpx;
  height: 70rpx;
  border-bottom: 1px solid #F1F1F1;
  font-size: 28rpx;
}
/* 输入框父层样式 */
.inputSuperView{
  display: flex;
  align-items: center;
  margin: 0 40rpx;
  border-bottom: 1px solid #F1F1F1;
  font-size: 28rpx;
}
/* 右侧文字样式 */
.subBtnView{
  font-size: 24rpx;
  color: #000000;
  border-left: 1px solid #E5E5E5;
  padding: 0 20rpx;
}
/* 底部登录按钮样式 */
.loginView{
  position: relative;
  top: 140rpx;
  margin: 0 40rpx;
  height: 80rpx;
  border-radius: 40rpx;
  background-color: #EBBCB6;
  /* 让文字居中 */
  text-align: center;
  line-height: 80rpx;
  color: #ffffff;
}
```

```
/* 同意协议 */
.protocol{
  position: absolute;
  bottom: 100rpx;
  width: 100%;
  text-align: center;
}
.protocol text{
  color: #6CA5F2;
}
```

（1）账号密码登录页面。nameLogin.wxml 文件的代码如下：

```
<!-- nameLogin.wxml -->
<!-- 输入账户 -->
<input class='phoneNameInput input' placeholder='用户名/邮箱/已验证手机'></input>
<!-- 输入密码 -->
<view class='pswView inputSuperView'>
  <input class='pswInput' placeholder='请输入密码' password='{{true }}'></input>
  <image src='{{imgSrc}}' class='pswImv'></image>
  <view class='subBtnView'>忘记密码</view>
</view>
<!-- 登录按钮 -->
<view class='loginView'>登 录</view>
<!-- 短信验证码登录 -->
<view class='smsLogin font28' bindtap='smsLoginClick'>短信验证码登录</view>
<!-- 手机快速注册 -->
<view class='phoneRegist font28' bindtap='phoneRegistClick'>手机快速注册</view>
<!-- 同意协议 -->
<view class='protocol font28'>登录即代表您已同意<text>商城隐私政策</text></view>
```

nameLogin.wxss 文件的代码如下：

```
/* nameLogin.wxss */
/* 输入账户 */
.phoneNameInput{
  position: relative;
  top: 40rpx;
}
/* 输入密码 */
.pswView{
  position: relative;
  top: 60rpx;
}
.pswView .pswInput{
  height: 70rpx;
  width: 450rpx;
  /* background-color: green; */
}
.pswView .pswImv{
  height: 28rpx;
  width: 28rpx;
  margin: 0 20rpx;
}
```

```
/* 短信验证码登录 */
.smsLogin{
  display: inline-block;
  position: absolute;
  top:  420rpx;
  left: 40rpx;
}
/* 手机快速注册 */
.phoneRegist{
  display: inline-block;
  position: absolute;
  top:  420rpx;
  right: 40rpx;
}
```

完成效果如图 9-12 所示。

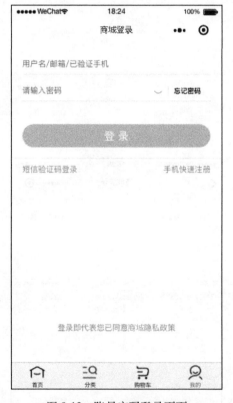

图 9-12　账号密码登录页面

（2）短信验证码登录。smsLogin.wxml 文件的代码如下：

```
<!-- smsLogin.wxml -->
<!-- 输入手机号 -->
<view class='phoneNameInput inputSuperView'>
  <input class='pswInput' placeholder='请输入手机号' type='number'></input>
  <view class='subBtnView' bindtap='yzmClick'>获取验证码</view>
</view>
```

```
<!-- 验证码 -->
<input class='input yzmInput' placeholder='请输入收到的验证码' type='number'></input>
<!-- 登录按钮 -->
<view class='loginView'>登 录</view>
<!-- 同意协议 -->
<view class='protocol font28'>登录即代表您已同意<text>商城隐私政策</text></view>
```

smsLogin.wxss 文件的代码如下：

```
/* smsLogin.wxss */
/* 输入账户 */
.phoneNameInput{
  position: relative;
  top: 40rpx;
}
.phoneNameInput .pswInput{
  height: 70rpx;
  width: 500rpx;
}
/* 验证码 */
.yzmInput{
  position: relative;
  top: 80rpx;
}
```

完成效果如图 9-13 所示。

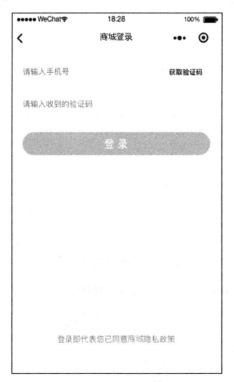

图 9-13　短信登录页面

（3）手机注册页面。phoneRegist.wxml 文件的代码如下：

```
<!-- phoneRegist.wxml -->
<!-- 输入手机号 -->
<view class='phoneNameInput inputSuperView'>
  <input class='pswInput' placeholder='请输入手机号' type='number'></input>
  <view class='subBtnView' bindtap='yzmClick'>获取验证码</view>
</view>
<!-- 验证码 -->
<input class='yzmInput input' placeholder='请输入收到的验证码' type='number'></input>
<!-- 注册按钮 -->
<view class='loginView'>注 册</view>
```

phoneRegist.wxss 文件的代码如下：

```
/* phoneRegist.wxss */
/* 输入账户 */
.phoneNameInput{
  position: relative;
  top: 40rpx;
}
.phoneNameInput .pswInput{
  height: 70rpx;
  width: 500rpx;
}
/* 验证码 */
.yzmInput{
  position: relative;
  top: 80rpx;
}
```

完成效果如图 9-14 所示。

图 9-14　手机注册页面

9.5 逻辑搭建

一般开发中，前端开发工程师需要先完成页面的开发，完成之后再与服务器进行交互，发送网络请求，获取数据，然后处理数据进行展示。这里数据使用本地数据来代替与服务器交互的过程。

在 utils 文件夹下的 data 文件夹下，存放本地使用到的数据。通过引用 JavaScript 文件，以及数据方法的导入、导出来模拟网络交互过程。如图 9-15 所示。

图 9-15 本地数据结构

9.5.1 首页逻辑

首页页面数据来源于 utils 文件夹下的 data 文件夹下的 mainData.js 文件。mainData.js 中有两个数据，一个是首页的轮播数据 bannerData，另一个是底部商品的数据 itemArrayData。中间的大类别数据，本章使用的是写死在 data 内的 classData 文件中。main.wxml 文件的代码如下：

```
<!-- main.wxml -->
<!-- 顶部搜索框 -->
<view class='searchView'>
  <image class='logoImv' src='../../images/main/jd_logo.png'></image>
  <image class='searchImv' src='../../images/class/search-normal.png'></image>
  <text class='searchTxt'>请输入搜索内容</text>
</view>
<!-- 顶部 banner 图 -->
<swiper  class='bannerView'  indicator-dots='{{true}}'  indicator-color='#afafaf'
indicator-active-color='#ffffff' autoplay='{{true}}' circular='{{true}}'>
  <block wx:for='{{banner}}' wx:key='{{index}}'>
    <swiper-item>
      <image src='{{item}}'></image>
    </swiper-item>
  </block>
</swiper>
<!-- 类别 item -->
<swiper  class='itemView'  indicator-dots='{{true}}'  indicator-color='#afafaf'
indicator-active-color='#e6e6e6' circular='{{true}}'>
  <swiper-item><!-- 一个页面 -->
    <block wx:for='{{classData.onePage}}' wx:key='{{index}}'>
      <view class='item'>
        <image class='iconView' src='{{item.icon}}'></image>
        <view class='titleView'>{{item.title}}</view>
      </view>
    </block>
  </swiper-item>
  <swiper-item><!-- 一个页面 -->
    <block wx:for='{{classData.twoPage}}' wx:key='{{index}}'>
      <view class='item'>
        <image class='iconView' src='{{item.icon}}'></image>
        <view class='titleView'>{{item.title}}</view>
      </view>
    </block>
```

```
    </swiper-item>
</swiper>
<!-- 猜你喜欢标题 -->
<view class='cnxhTitle'>猜你喜欢</view>
<!-- 猜你喜欢内容 -->
<block wx:for='{{itemArrayData}}' wx:key='{{index}}'>
    <view class='detailView'>
        <image class='detailImv' src='{{item.icon}}'></image>
        <text class='detailTxt'>{{item.title}}</text>
        <text class='priceTxt'>¥{{item.price}}</text>
    </view>
</block>
```

main.js 文件的代码如下：

```
// main.js
// 引入本地数据
var mainData = require('../../utils/data/mainData.js');
Page({
  data:{
    banner:[], // 图片轮播数据
    classData: {"onePage":[{ "title": "商城秒杀", "icon":"../../images/main/jdms_type.png"},
        { "title": "超市", "icon": "../../images/main/jdcs_type.png" },
        { "title": "手机充值", "icon": "../../images/main/sjcz_type.png" },
        { "title": "电脑", "icon": "../../images/main/dn_type.png" },
        { "title": "数码", "icon": "../../images/main/sm_type.png" },
        { "title": "箱包", "icon": "../../images/main/xb_type.png" },
        { "title": "家居家装", "icon": "../../images/main/jjjz_type.png" },
        { "title": "运动", "icon": "../../images/main/yd_type.png" },
        { "title": "钟表", "icon": "../../images/main/zb_type.png" },
        { "title": "唯品会", "icon": "../../images/main/wph_type.png" },], // 大类别第一页数据
        "twoPage": [{ "title": "领优惠券", "icon": "../../images/main/lgwq_type.png" },
        { "title": "9.9元拼", "icon": "../../images/main/9.9yp_type.png" },
        { "title": "找折扣", "icon": "../../images/main/zzk_type.png" },
        { "title": "品牌特卖", "icon": "../../images/main/pptm_type.png" },
        { "title": "领豆豆", "icon": "../../images/main/ljd_type.png" },
        { "title": "打卡领奖", "icon": "../../images/main/dkyj_type.png" },
        { "title": "商城服饰", "icon": "../../images/main/jdfs_type.png" },
        { "title": "商城生鲜", "icon": "../../images/main/jdsx_type.png" },
        { "title": "商城手机", "icon": "../../images/main/jdsj_type.png" },
        { "title": "全部频道", "icon": "../../images/main/qbpd_type.png" }]}, // 大类别
第二页数据
    itemArrayData:[] // 猜你喜欢数据
  },
  // 页面初始化
  onLoad: function(){
    this.setData({
      banner: mainData.bannerData,
      itemArrayData: mainData.itemArrayData
    })
  }
})
```

完成效果如图 9-1 所示。

9.5.2　分类逻辑

分类页面左侧的数据为一个数据源，右侧展示的数据为一个数据源，并且右侧展示的数据源是根据左侧选中的数据进行请求获取的，也就是说，左侧的一个元素标签对应了一组数据，选中不同的元素标签，进行不同的数据获取。class.wxml 文件的代码如下：

```
<!-- class.wxml -->
<!-- 顶部搜索框 -->
<view class='searchHead'>
  <view class='searchView'>
    <image src='../../images/class/search-normal.png'></image>
    <text>搜索商品名称</text>
  </view>
</view>
<!-- 底部分类 -->
<!-- 分类左侧标签 -->
<scroll-view class='leftTitle' scroll-y>
  <block wx:for='{{titleArray}}' wx:key='{{index}}'>
    <view class='titleView {{index==selectIndex?"selectTitleView":""}}' data-index=
'{{index}}' bindtap='titleViewClick'>{{item}}</view>
  </block>
</scroll-view>
<!-- 分类右侧展示 -->
<scroll-view class='rightDetail' scroll-y>
  <!-- 顶部图片 -->
  <image src='{{contentArr.image}}' class='topImv' wx:if='{{contentArr.image}}'>
</image>
  <block wx:for='{{contentArr.content}}' wx:key='{{index}}'>
    <!-- 内容标题 -->
    <view class='titView'>{{item.title}}</view>
    <!-- 标题内内容 -->
    <block wx:for='{{item.contentArr}}' wx:for-item='itemName' wx:for-index='index
Name' wx:key='{{indexName}}'>
      <view class='itemView'>
        <image src='{{itemName.icon}}' class='icon'></image>
        <view class='detail'>{{itemName.detail}}</view>
      </view>
    </block>
  </block>
</scroll-view>
```

class.js 文件的代码如下：

```
// class.js
// 引入本地数据
var classData = require('../../utils/data/classData.js');
Page({
  // 本页的数据
  data:({
    titleArray: [],// 左侧数据
    contentArr: {},// 右侧数据
    selectIndex: 0,// 左侧选中的下标，从 0 开始
```

```
  }),
  // 页面初始加载
  onLoad: function(){
    this.setData({
      titleArray: classData.titleArray,
      contentArr: classData.hotData
    })
  },
  // 左侧菜单标签单击事件
  titleViewClick: function(res){
    var index = res.currentTarget.dataset.index;
    // 针对不同的类型获取不同的数据
    if (index == 0){              // 热搜推荐
      this.setData({
        contentArr: classData.hotData
      })
    }else if (index == 1){        // 手机数码
      this.setData({
        contentArr: classData.phoneData
      })
    } else if (index == 2) {      // 家用电器
      this.setData({
        contentArr: classData.householdData
      })
    }else{                        // 其他
      this.setData({
        contentArr: classData.hotData
      })
    }
    // 设置当前选中的下标
    this.setData({
      selectIndex: index
    })
  }
})
```

　　当单击左侧标签的时候，获取单击的下标，即可知道用户想要查看的是什么类型的数据。这时进行对应的网络请求获取数据展示即可。本章只进行了前三个数据的切换。完成效果如图 9-2 所示。

9.5.3　我的未登录逻辑

　　我的页面未登录状态主要是页面的跳转逻辑，还有密码的显示与隐藏。密码的显示与隐藏通过控制 input 组件的 password 来达到效果，同时控制图片的路径。

　　nameLogin.wxml 文件的代码如下：

```
<!-- nameLogin.wxml -->
<!-- 输入账户 -->
<input class='phoneNameInput input' placeholder='用户名/邮箱/已验证手机'></input>
<!-- 输入密码 -->
<view class='pswView inputSuperView'>
  <input class='pswInput' placeholder='请输入密码' password='{{!isShow}}'></input>
  <image src='{{imgSrc}}' class='pswImv' bindtap='hideShowClick'></image>
```

```
      <view class='subBtnView' bindtap='forgetPswClick'>忘记密码</view>
</view>
<!-- 登录按钮 -->
<view class='loginView'>登录</view>
<!-- 短信验证码登录 -->
<view class='smsLogin font28' bindtap='smsLoginClick'>短信验证码登录</view>
<!-- 手机快速注册 -->
<view class='phoneRegist font28' bindtap='phoneRegistClick'>手机快速注册</view>
<!-- 同意协议 -->
<view class='protocol font28'>登录即代表您已同意<text>商城隐私政策</text></view>
```

nameLogin.js 文件的代码如下：

```
// nameLogin.js
Page({
  // 页面的初始数据
  data:{
    isShow: false,
    imgSrc: '../../../images/my/psw_hide.png',
  },
  // 生命周期函数--监听页面加载
  onLoad: function(){
  },
  // 显示隐藏方法单击事件
  hideShowClick: function(){
    if (this.data.isShow){// 密码显示
      this.setData({
        isShow: false,
        imgSrc: '../../../images/my/psw_hide.png'
      })
    }else{// 密码隐藏
      this.setData({
        isShow: true,
        imgSrc: '../../../images/my/psw_display.png'
      })
    }
  },
  // 短信验证码登录
  smsLoginClick: function(){
    wx.navigateTo({
      url: '../smsLogin/smsLogin',
    })
  },
  // 手机快速注册
  phoneRegistClick: function(){
    wx.navigateTo({
      url: '../phoneRegist/phoneRegist',
    })
  },
  // 忘记密码
  forgetPswClick: function(){
  }
})
```

完成效果如图 9-16 所示。

图 9-16 我的登录页面

9.5.4 购物车逻辑

购物车逻辑比较复杂，数据使用本地的数据，存放在 utils 文件夹下的 shoppingData.js 中。功能点如下：

（1）单击底部的选择按钮，可以执行全选和全不选操作。

（2）单击商铺名称前的选择按钮，可以执行商铺内所有商品的全选和全不选操作。同时可能会修改底部的全选和全不选操作。

（3）单击商品前的选择按钮，可以进行商品的选择和不选择，同时可能会修改当前商铺名称前的全选和全不选功能，也可能会修改底部的全选和全不选操作。

（4）单击商品的增减按钮可以修改对应商品的数量，选中的商品修改数量也会影响总计价格和去结算的数量。

shopping.wxml 文件的代码如下：

```
<!-- shopping.wxml -->
<!-- 购物车内容 -->
<scroll-view class='contentView' scroll-y>
  <block wx:for='{{shoppingData}}' wx:key='{{index}}'>
    <!--商铺标题 -->
```

```
        <view class='titleView'>
          <image class='titleImv' src='{{item.sel?"../../images/shopping/select.png":"
../../images/shopping/normal.png"}}' bindtap='shoppingSelectClick'
data-item='{{index}}'></image>
          <text class='shopName'>{{item.shoppingName}}</text>
        </view>
        <!—商铺内选中的商品 -->
        <block wx:for='{{item.commodity}}' wx:for-item='subItem' wx:for-index='subIndex'
wx:key='{{subIndex}}'>
          <!-- 单个商品样式 -->
          <view class='itemView'>
            <image class='choose' src='{{subItem.sel?"../../images/shopping/select.png":"
../../images/shopping/normal.png"}}' bindtap='singleSelectClick' data-item='{{index}}'
data-index='{{subIndex}}'></image>
            <image class='icon' src='{{subItem.icon}}'></image>
            <view class='detail'>{{subItem.title}}</view>
            <view class='property'>{{subItem.property}}</view>
            <view class='price'>¥{{subItem.price}}</view>
            <image class='reduce' src='../../images/shopping/reduce.png' bindtap=
'reduceClick' data-item='{{index}}' data-index='{{subIndex}}'></image>
            <view class='number'>{{subItem.count}}</view>
            <image class='add' src='../../images/shopping/add.png' bindtap='addClick'
data-item='{{index}}' data-index='{{subIndex}}'></image>
          </view>
        </block>
      </block>
    </scroll-view>
    <!-- 底部工具栏 -->
    <view class='bottomView'>
      <image class='chooseImv' src='{{allIsSelect?"../../images/shopping/select.png":"
../../images/shopping/normal.png"}}' bindtap='allClick'></image>
      <text class='priceTxt'>总计: <text style='color: red'>¥{{allPrice}}</text></text>
      <view class='countNum'>去结算({{allCount}}件)</view>
    </view>
```

shopping.js 文件的代码如下：

```
// shopping.js
// 引入本地数据
var shoppingData = require('../../utils/data/shoppingData.js');
Page({
  data:{
    shoppingData:[],// 购物车数据
    allIsSelect: false,// 全选和全不选
    allPrice: 0.00,// 选中的商品总价格
    allCount: 0,// 选中的商品总个数
  },
  onLoad:function(){
    // 对数据进行初始化修改
    for(var i=0;i<shoppingData.shoppingData.length;i++){
      // 获取单个商铺
      var shopping = shoppingData.shoppingData[i];
      shopping.sel = false;// 默认为没选中
```

```
        for (var j = 0; j < shopping.commodity.length;j++){
          // 获取到商铺内选择的商品
          var item = shopping.commodity[j];
          item.count = 1;// 默认数量为1
          item.sel = false;// 默认为没选中
        }
      }
      this.setData({
        shoppingData: shoppingData.shoppingData
      })
    },
    // 全选和全不选
    allClick: function(){
      if (this.data.allIsSelect){
        // 遍历数据，改为全不选
        for (var i = 0; i < shoppingData.shoppingData.length; i++) {
          // 获取单个商铺
          var shopping = shoppingData.shoppingData[i];
          shopping.sel = false;// 设置为没选中
          for (var j = 0; j < shopping.commodity.length; j++) {
            // 获取到商铺内选择的商品
            var item = shopping.commodity[j];
            item.sel = false;// 设置为没选中
          }
        }
        this.setData({
          shoppingData: shoppingData.shoppingData,
          allIsSelect: false
        })
      }else{
        // 遍历数据，改为全选
        for (var i = 0; i < shoppingData.shoppingData.length; i++) {
          // 获取单个商铺
          var shopping = shoppingData.shoppingData[i];
          shopping.sel = true;// 设置为选中
          for (var j = 0; j < shopping.commodity.length; j++) {
            // 获取到商铺内选择的商品
            var item = shopping.commodity[j];
            item.sel = true;// 设置为选中
          }
        }
        this.setData({
          shoppingData: shoppingData.shoppingData,
          allIsSelect: true
        })
      }
      // 调用计算总价格和总件数
      this.allPriceAndCount();
    },
    // 店铺全选和全不选
    shoppingSelectClick: function (res) {
      var index = res.currentTarget.dataset.item;
      // 获取操作的商铺
```

```
    var shopping = shoppingData.shoppingData[index];
    // 商铺应该全选还是全不选
    shopping.sel = !shopping.sel;
    var shoppingAllSel = shopping.sel;
    for (var i = 0; i < shopping.commodity.length; i++) {
      var item = shopping.commodity[i];
      item.sel = shoppingAllSel;
    }
    // 判断是否需要全选或全不选
    var allIsSelect = true;
    for (var i = 0; i < shoppingData.shoppingData.length; i++) {
      var shopping = shoppingData.shoppingData[i];
      if (!shopping.sel) {// 有一个商铺为全不选，则所有的为全不选
        allIsSelect = false
      }
    }
    this.setData({
      allIsSelect: allIsSelect,
      shoppingData: shoppingData.shoppingData
    })
    // 计算总价格和总件数
    this.allPriceAndCount();
},
// 计算总价格和总件数
allPriceAndCount: function(){
  var allPrice = 0;
  var allCount = 0;
  // 遍历数据
  for (var i = 0; i < shoppingData.shoppingData.length; i++) {
    // 获取单个商铺
    var shopping = shoppingData.shoppingData[i];
    for (var j = 0; j < shopping.commodity.length; j++) {
      // 获取到商铺内选择的商品
      var item = shopping.commodity[j];
      if (item.sel){
        // 单件商品被选择中
        allPrice += parseFloat(item.price, 2) * parseInt(item.count);
        allCount += parseInt(item.count);
      }
    }
  }
  allPrice = allPrice.toFixed(2);// 确保是两位小数
  this.setData({
    allPrice: allPrice,
    allCount: allCount
  })
},
// 单个商品数量计算
// 单个商品数量减少单击
reduceClick: function(res){
  this.singleCount(true, res);
},
// 单个商品数量增加单击
```

```
addClick:function(res){
  this.singleCount(false,res);
},
singleCount: function(addOrReduce,res){
  var dataset = res.currentTarget.dataset;
  // 获取操作的商铺
  var shopping = shoppingData.shoppingData[dataset.item];
  // 获取操作的商品
  var item = shopping.commodity[dataset.index];
  if(addOrReduce){// 减
    if (item.count == 1) {// 最少为 1
      return;
    }
    item.count -= 1;
  }else{// 加
    item.count += 1;
  }
  this.setData({
    shoppingData: shoppingData.shoppingData
  })
  // 每次加减之后都要计算总的
  this.allPriceAndCount();
},
// 单个商品选择单击
singleSelectClick: function(res){
  var dataset = res.currentTarget.dataset;
  // 获取操作的商铺
  var shopping = shoppingData.shoppingData[dataset.item];
  // 获取操作的商品
  var item = shopping.commodity[dataset.index];
  if (item.sel){// 选中的变为未选中
    item.sel = false;
  } else {// 未选中的变为选中
    item.sel = true;
  }
  // 判断当前商铺是否需要全选或全不选
  var shoppingSel = true;
  for (var i = 0; i < shopping.commodity.length; i++){
    var item = shopping.commodity[i];
    if(!item.sel){// 有一个为未选中, 则商铺全选为假
      shoppingSel = false
    }
  }
  shopping.sel = shoppingSel; // 进行当前商铺选择状态的修改
  // 判断是否需要全选或全不选
  var allIsSelect = true;
  for (var i = 0; i < shoppingData.shoppingData.length; i++){
    var shopping = shoppingData.shoppingData[i];
    if (!shopping.sel) {// 有一个商铺为全不选, 则所有的为全不选
      allIsSelect = false
    }
  }
  this.setData({
```

```
        allIsSelect: allIsSelect,
        shoppingData: shoppingData.shoppingData
      })
      // 计算总价格和总件数
      this.allPriceAndCount();
    }
  })
```

完成效果如图 9-3 所示。

在完成比较复杂的逻辑时，要把逻辑进行拆分，就像搭建页面时一样，一步一步地来完成。当各个步骤都完成后，整体功能也就完成了。例如本节的逻辑，就可以分步完成。

（1）完成底部全选和全不选的功能。单击调用 allClick 方法。然后对所有商品进行遍历，修改商品和商铺的选择状态。

（2）完成商铺全选和全不选的功能，完成后判断是否需要进行底部的全选和全不选。

单击调用 shoppingSelectClick 方法。var shopping = shoppingData.shoppingData[index];获取到商铺的数据进行遍历修改商铺内商品的状态和商铺的选择状态。之后进行遍历看是否所有的商铺状态都是全选，这里使用商铺状态遍历而不使用单个商品的遍历是因为这样做可以减少遍历的数据量，从而进行性能的优化。

（3）完成单个商品的选择，之后判断商铺全选和全不选的功能，最后完成底部全选和全不选的功能。

单击调用 singleSelectClick 方法。var dataset = res.currentTarget.dataset;获取单击的组件信息，var shopping = shoppingData.shoppingData[dataset.item];获取单击的是哪个商铺，var item = shopping.commodity[dataset.index];获取单击的是商铺内的哪件商品，先确定操作的对象。之后对当前的店铺进行遍历操作，看是否需要执行当前商铺的全选和全不选功能。完成之后再进行所有商铺的遍历，看是否需要执行底部的全选和全不选功能。

（4）完成单件商品个数的增加和减少功能。增加单击调用 addClick 事件，减少单击调用 reduceClick 事件，在两个事件的内部都调用 singleCount 事件，根据传递的参数不同进行区分。addOrReduce 参数为 boolen 类型，true 为 addClick 事件调用，false 为 reduceClick 事件调用。res 参数为单击事件传递的参数信息。var shopping = shoppingData.shoppingData[dataset.item];获取单击的是哪个商铺，var item = shopping.commodity[dataset.index];获取单击的是商铺内的哪件商品，先确定操作的对象。调用商品对象的 count 属性获取当前商品对象的数量。

（5）每次操作选择后都进行一次总价格和总件数的计算。所以把这个常用的方法提取出来，为 allPriceAndCount 函数方法。

（6）在决定是否需要更改状态之前，将需要改变状态的 boolen 类型的值默认设置为 true，一旦遇到判断结果是 false 的，就改变 boolen 类型的值为 false。

（7）每次修改完数据之后，都需要把数据重新赋值，这样才能修改 wxml 上面的数据。

需要注意的是：

1）获取的本地数据有时是没有办法直接展示使用的，需要把数据处理一下，比如本节中，为数据增加了两个字段。"count" 商品的数量字段和 "sel" 商品的选中状态，以及商铺的选中状态。

2）对于多层嵌套的循环，需要在单击事件中添加 data-name，然后在单击事件的方法中 "res.currentTarget.datasetname." 进行判断区分，以此来判断单击的到底是哪个元素。

9.6 项目小结

本章通过商城购物项目，主要复习了页面结构的搭建。在获取到的数据中，如何再次进行本地的数据处理，以及复杂的逻辑练习。对于复杂的逻辑功能，要像页面搭建时一样，学会进行逻辑的分步实现和函数代码的提取，只要每个步骤都完成了，那么整体就可以完成。

服务器获取到的数据有时是不能进行直接展示的，这就需要在使用之前对数据进行一个操作，然后重新赋值使用。

当单击事件有多层 block 嵌套使用时要学会使用 data-name 来进行单击数据的区分。

第 10 章 外卖配送

在完成项目的过程中，需要不断地查看搭建的页面是否与设计图一致，组件摆放是否合理，获取到的网络请求的响应是什么，数据处理结果是否正确。如果在开发过程中出现了与开发者认为的结果不一致的情况，就需要不断地进行调试来发现问题原因，然后进行解决。

对于页面布局的调试，可以通过给组件添加背景颜色、观察背景颜色来确定问题；也可以利用微信小程序提供的调试工具来选择组件，然后查看相应的组件样式。

对于数据、逻辑的调试，一般通过"console.log(数据内容);"把数据内容打印出来，然后在控制台中查看调试；也可以通过微信小程序提供的调试工具——"Sources"窗口进行断点调试，在"Watch"中查看元素的对应值。

10.1 需求描述

本章将完成外卖配送项目，该项目的界面比较复杂，之前的各种页面结构都会有所体现，希望读者通过这个项目掌握页面的搭建和调试，在数据方面使用本地数据模拟获取数据，然后展示在页面中。

10.2 设计思路

在开始动手写代码之前，一定要先分析一下各个页面之间使用哪些组件，如何进行组件的摆放搭建，然后再动手实现。本章主要实现外卖配送的首页、大类型页面、为你优选页面和商铺详情页面，其中比较复杂的是商铺详情页面，页面架构相对复杂逻辑功能比较多。

10.2.1 首页描述

图 10-1 是外卖配送首页，顶部为用户的位置信息。上部的搜索框和商铺顶部的排序功能会跟随页面滚动到顶部就不再滚动。上部为 10 大类型分类按钮和为你优选的商铺信息，可以左右滑动查看更多，为你优选的每个商铺都会展示出商铺内的一道菜的图片，下面是商铺的 logo 图片、名称和简介。底部为商铺的信息展示内容，左侧为商铺的 logo 图片，右侧为商铺的各种详细信息，包括名称、星级、参与的活动、距离、配送时间等。

10.2.2 大类型描述

单击首页的几个大类型进入大类型页面，页面顶部为搜索和排序，排序功能跟随页面滚动到顶部就不再滚动。底部的商铺信息与首页底部的商铺信息页面一致。左侧为商铺的 logo 图片，右侧为商铺的各种详细信息，包括名称、星级、参与的活动、距离、配送时间等，如图 10-2 所示。

图 10-1　首页

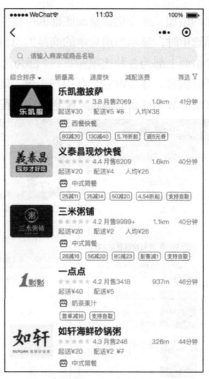

图 10-2　大类型

10.2.3　为你优选描述

单击首页"为你优选"模块进入"为你优选"页面，"为你优选"页面顶部为一张图片，下面为商铺信息，每家商铺都会展示出商铺内的三件示例商品，包含图片、名称和价格，价格可能存在历史价格，也可能不存在历史价格，如图 10-3 所示。

10.2.4　商铺详情描述

商铺详情页面比较复杂，顶部为商铺信息的描述，包含名称、logo 图片、参与的活动和简介等。然后是三个标签选项，单击可以更改对应的底部内容，同时底部的内容滑动也可以改变标签栏的选中状态，选中的标签栏会进行加粗，以及底部添加橘色下划线来进行区分。

菜单内容分为左侧的选项标签和右侧的内容展示，底部显示的是当前选择的商品价格总和。单击左侧的标签列表，右侧的列表也会随之移动。左侧选中的标签会在左侧添加橘色竖线，文字会进行加粗。在右侧的展示内容中，左边为商品图片，右边为商品名称和描述，底部为价格和数量选择。

图 10-3　为你优选

单击商品的添加、减少也会修改底部的价格总和。当未选择任何商品时，总价钱显示为起送价格，当有商品选中时，显示当前选中的商品的总价。

　　评价页面上部为各种选项标签，下部为选项标签对应展示的评价。单击顶部的标签会随之改变底部的评价内容，评价内容只有用户头像、昵称、用户评价星级和评价的文字内容。

　　商家页面展示商家的地址、配送方式和配送时间。如图 10-4 所示。

图 10-4　商铺详情

10.3　准备工作

　　外卖配送的微信小程序分为三个模块：首页，订单，我的。本章主要完成首页模块，这个项目架构还是存在 tabBar 的，只是订单页面和我的页面为空。

　　存在 tabBar 框架的页面，都需要在 app.json 中完成框架的搭建，之后只需把每个页面当成普通的页面单独处理即可。当搭建项目框架时，一般先配置 app.json 文件来确定是否使用 tabBar 和整体项目样式。项目结构如图 10-5 所示。

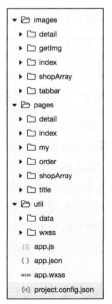

　　pages 文件夹下存放所有页面的文件夹，每个文件夹中又包含当前页面的四个文件。因为项目用到的图片较多，所以在 images 文件夹下再根据页面创建对应的文件夹。getImg 文件夹存放本地数据用到的图片。util 文件夹为工具类，其中 data 文件夹存放本地数据文件，wxss 文件夹存放公共样式文件。微信小程序特有的四个文件单独放在最外层。

图 10-5　项目框架

app.json 文件：

```json
{
    "pages":[
        "pages/index/index",
        "pages/order/order",
        "pages/my/my",
        "pages/title/title",
        "pages/shopArray/shopArray",
        "pages/detail/detail"
    ],
    "window":{
        "backgroundTextStyle":"light",                                    // 状态栏样式
        "navigationBarBackgroundColor": "#fff",                           // 导航栏背景颜色
        "navigationBarTextStyle":"black"                                  // 导航栏文字颜色
    },
    "tabBar": {
        "color": "#979797",                                              // tabBar 文字未选中颜色
        "selectedColor": "#EEB860",                                      // tabBar 文字选中颜色
        "list": [
            {
                "pagePath": "pages/index/index",                        // 页面对应的路径
                "text": "首页",                                          // tabBar 文字描述
                "iconPath": "./images/tabBar/tabBar_home.png",          // 未选中图片的路径
                "selectedIconPath": "./images/tabBar/tabBar_home_selected.png" // 选中图片的路径
            },
            {
                "pagePath": "pages/order/order",
                "text": "订单",
                "iconPath": "./images/tabBar/tabBar_order.png",
                "selectedIconPath": "./images/tabBar/tabBar_order_selected.png"
            },
            {
                "pagePath": "pages/my/my",
                "text": "我的",
                "iconPath": "./images/tabBar/tabBar_mine.png",
                "selectedIconPath": "./images/tabBar/tabBar_mine_selected.png"
            }
        ]
    },
    "permission": {
        "scope.userLocation": {
            "desc": "你的位置信息将用于小程序位置接口的效果展示"
        }
    }
}
```

至此页面的整体框架搭建完成，接下来就要关注每个页面的搭建了。在搭建项目的同时可以考虑把相同的代码提取出来，从而减少代码量，提高扩展性和维护性。

10.4　页面搭建

页面搭建要求开发者能够熟练地掌握微信团队提供的各种 UI 组件，并且了解每个组件的特性，

从而在搭建页面框架的时候能灵活选取运用。选取最符合设计的组件来使用，可以大量减少代码量。有时为了完成某些功能，也会对组件进行组合使用。例如 textarea 组件本身是不提供内容字数的属性的，这时可以通过添加 text 组件来配合 textarea 组件的使用，达到效果。

页面搭建顺序一般是从上到下，从左到右。

10.4.1　首页页面搭建

（1）首先从上到下把页面搭建出来，不考虑复杂的页面逻辑。搭建页面时，有时会添加背景颜色以方便直观查看效果，之后再把背景颜色注释掉即可。index.wxml 文件的代码如下：

```
<!--index.wxml-->
<!--顶部获取用户位置-->
<view class="topLocation">
    <!-- 定位图标 -->
<image class="addressImv" src="../../images/index/my_address.png"></image>
<!-- 定位位置的文字 -->
    <text class="adressTxt">高新科技园</text>
    <image class="moreImv" src="../../images/index/more.png"></image>
</view>
<!--顶部搜索框-->
<view class="searchbgView">
    <!-- 搜索框内部内容 -->
    <view class="search" style="border-radius: 5px;">
        <image class="searchImv" src="../../images/index/search_icon_black.png">
</image>
        <text class="searchTxt">鸭血粉丝</text>
    </view>
</view>
<!--顶部大的分类-->
<view class="headClass">
  <block wx:for='{{10}}' wx:key='{{index}}'>
    <!-- 单个具体类型 -->
    <view class="iconItem" bindtap="iconItemClick">
        <image class="icon" src="{{item.image}}"></image>
        <text>{{item.title}}</text>
    </view>
  </block>
</view>
<!--为你优选顶部模块-->
<view class="wnyxView">
    <text class="wnyxTxt">为你优选</text>
    <text class="moreTxt" bindtap='moreShop'>更多</text>
    <image class="moreImv" src="../../images/index/more.png"></image>
</view>
<!--为你优选展示内容模块-->
<scroll-view class="wnyxContentView" scroll-x>
  <block wx:for='{{6}}' wx:key='{{index}}'>
    <!-- 单个为你优选商铺信息 -->
    <view class="wnyxItem" bindtap='moreShop'>
        <!-- 商品大图展示 -->
        <image class="iconImv" src=''>
```

```
        <!--商铺 logo 展示-->
        <image class="logoImv" src=''></image>
        <!--商铺满减展示-->
        <view class="discount">80 减 30</view>
    </image>
    <view class="nameView">商铺名称</view>
    <view class="detailView">商铺介绍</view>
  </view>
</block>
<!-- 查看更多 -->
<view class="lookMoreView" bindtap='moreShop'>
    <image class="lookMoreImv" src="../../images/index/look_more.png"></image>
</view>
</scroll-view>
<!--附近商家-->
<!--附近商家标题-->
<view class="fjsjView">附近商家</view>
<!-- 排序功能视图 -->
<view class="sortSel {{scrTop >= 400? 'sortFix':''}}" bindtap="selectClick"><!-- 排
序 sortFix -->
    <view class="zhpx">
        综合排序
        <image src="../../images/index/drowview_down.png"></image>
    </view>
    <view class="mr30"> 销量高 </view>
    <view class="mr30"> 速度快 </view>
    <view class="mr30"> 减配送费 </view>
    <view class="sort">
        筛选
        <image src="../../images/index/dropdown_activity.png"></image>
    </view>
</view>
<!-- 商铺数据展示 -->
<block wx:for='{{10}}' wx:key='{{index}}'>
    <!--商铺展示-->
    <view class="shopItem" bindtap="shopDetailClick">
        <!--商铺 logo-->
        <image class="logoImv" src=''></image>
        <!--商铺名称-->
        <view class="titleName">商铺名称</view>
        <!--商铺星级-->
        <block wx:for="{{2}}" wx:key="{{index}}">
            <image class="star" src="../../images/index/star_highlighted.png" style=
"left:{{200+index*25}}rpx"></image>
        </block>
        <block wx:for="{{2}}" wx:key="{{index}}" wx:for-item='halfStarItem'>
            <image class="star" src="../../images/index/star_half.png" style="left:{{200+
(2+index)*25}}rpx"></image>
        </block>
        <block wx:for="{{1}}" wx:key="{{index}}" wx:for-item='endStarItem'>
            <image class="star" src="../../images/index/review_star.png" style="left:{{200+
(4-index)*25}}rpx"></image>
        </block>
```

```
    <!--评价分数-->
    <text class="number">2.4</text>
    <!--月销量-->
    <text class="sales">月售 999+</text>
    <!--配送距离-->
    <text class="distance rightLine">1.0km</text>
    <!--配送时间-->
    <text class="time">40 分钟</text>
    <!-- 详细信息 -->
    <view class="detailView">
        <!--起送价格-->
        <text class="qsTxt rightLine">起送¥15</text>
        <!--配送价格-->
        <text class="psTxt rightLine">配送¥15<text class="delTxt">¥20</text></text>
        <!--人均价格-->
        <text class="rjTxt">人均¥40</text>
    </view>
    <!--商铺类型-->
    <view class="shopType">
        <image src="../../images/index/recommend_poi_logo.png"></image>
        商铺类型
    </view>
    <!--优惠活动-->
    <view class="yhActive">
        <!-- 红色类 -->
        <block wx:for='{{2}}' wx:for-item='redItem' wx:key='{{index}}'>
          <text class="redTxt">80 减 30</text>
        </block>
        <!-- 绿色类 -->
        <block wx:for='{{2}}' wx:for-item='greenItem' wx:key='{{index}}'>
          <text class="redTxt greenTxt">支持自取</text>
        </block>
        <image src="../../images/index/home_offer_arrow_down.png"></image>
    </view>
  </view>
</block>
```

index.wxss 文件的代码如下:

```
/**index.wxss**/
/*顶部搜索框*/
.searchbgView{
  width: 100%;
  height: 80rpx;
  background: white;
}
.searchbgView .search{
  display: flex;
  align-items: center;
  height: 64rpx;
  background-color: #eeeeee;
  margin: 10rpx 20rpx;
}
```

```
.searchbgView .search .searchImv{
  width: 18px;
  height: 18px;
  margin: 0 10px;
}
.searchbgView .search .searchTxt{
  font-size: 12px;
  color: #8C8C8C;
}
/*顶部获取用户位置*/
.topLocation{
  display: flex;
  align-items: center;
  margin-left: 20rpx;
}
.topLocation .addressImv{
  width: 20px;
  height: 20px;
}
.topLocation .moreImv{
  width: 5px;
  height: 9px;
}
.topLocation .adressTxt{
  margin-right: 5px;
  font-size: 28rpx;
}
/*顶部大的分类*/
.headClass{
  display: flex;
  flex-flow: wrap;
  width: 100%;
  /* background-color: red; */
}
/*一个分类的容器*/
.headClass .iconItem{
  width: 110rpx;
  /*height: 110rpx;*/
  /* background-color: #8C8C8C; */
  font-size: 13px;
  text-align: center;
  margin: 0 20rpx 10rpx;
}
.headClass .icon{
  width: 110rpx;
  height: 110rpx;
}
/*为你优选功能模块*/
.wnyxView{
  /*width: 100%;*/
  position: relative;
  margin: 0 20rpx;
}
```

```
.wnyxView .wnyxTxt{
  font-size: 18px;
  color: black;
}
.wnyxView .moreTxt{
  position: absolute;
  right: 9px;
  bottom: 2px;
  font-size: 12px;
  color: #8C8C8C;
}
.wnyxView .moreImv{
  position: absolute;
  right: 0;
  bottom: 6px;
  width: 5px;
  height: 9px;
}
/*为你优选展示内容模块*/
.wnyxContentView{
  width: 100%;
  padding: 0 20rpx;/*注意 scroll-view默认 width 为 100%,要想留出边距可以使用 padding*/
  box-sizing: border-box;/*设置边距*/
  /* background-color: red; */
  overflow: hidden;/*超出部分隐藏*/
  white-space: nowrap;/*超出部分不换行*/
}
.wnyxContentView .wnyxItem{
  display: inline-block;/*保证 view 在一行中*/
  margin-right: 20rpx;/*设置每一个 Item 间距*/
  width: 270rpx;
}
/* 商品大图显示 */
.wnyxContentView .wnyxItem .iconImv{
  border: 1px solid #8C8C8C;
  overflow: visible;/*让超出部分可见*/
  width: 270rpx;
  height: 200rpx;
  border-radius: 14rpx;
  /* background-color: yellow; */
  position: relative;/*使用相对布局方便内部元素布局*/
}
/*商铺 logo 展示*/
.wnyxContentView .wnyxItem .logoImv{
  position: absolute;
  left: 20rpx;
  bottom: -6px;
  width: 90rpx;
  height: 90rpx;
  border-radius: 10rpx;
  background-color: green;
  border: 1px solid white;/*设置一像素的白色边框*/
}
```

```
/*商铺满减展示*/
.wnyxContentView .wnyxItem .discount{
  position: absolute;
  left: 140rpx;
  bottom: -6px;
  height: 38rpx;
  background-color: #dc4b37;
  border-radius: 8rpx;
  padding: 0 4px;/*用内部间距把宽度撑起来*/
  color: white;
  font-size: 10px;
  line-height: 38rpx;
}
/*商铺名称展示*/
.wnyxContentView .wnyxItem .nameView{
  width: 100%;
  font-size: 16px;
  color: black;
  /*保证文字超出部分显示为省略号*/
  text-overflow:ellipsis;
  overflow: hidden;
  white-space: nowrap;
}
/*展示详情介绍*/
.wnyxContentView .wnyxItem .detailView{
  width: 100%;
  font-size: 12px;
  color: #8C8C8C;
  margin: 2px 0;/*设置上下间距*/
  /*保证文字超出部分显示为省略号*/
  text-overflow:ellipsis;
  overflow: hidden;
  white-space: nowrap;
}
/*查看更多*/
.wnyxContentView .lookMoreView{
  display: inline-block;
  vertical-align: top;
}
.wnyxContentView .lookMoreImv{
  width: 60rpx;
  height: 200rpx;
}
/*选择排序筛选*/
.sortSel{
  width: 100%;
  height: 60rpx;
  display: flex;
  align-items: center;
  color: #8C8C8C;
  font-size: 12px;
  background-color: white;
}
```

```
/*综合排序*/
.sortSel .zhpx{
  margin: 0 20rpx;
  position: relative;
}
.sortSel .zhpx image{
  width: 7px;
  height: 4px;
}
/*设置边距*/
.sortSel .mr30{
  margin: 0 30rpx;
}
/*筛选*/
.sortSel .sort{
  position: absolute;
  right: 20rpx;
}
.sortSel .sort image{
  width: 11px;
  height: 11px;
}
/*商铺展示*/
.shopItem{
  width: 100%;
  height: 220rpx;
  /*background-color: red;*/
  position: relative;
  /*统一字体样式*/
  font-size: 12px;
  color: #8C8C8C;
}
/*商铺 logo*/
.shopItem .logoImv{
  position: absolute;
  width: 160rpx;
  height: 120rpx;
  background-color: green;
  border-radius: 10rpx;
  top: 0;
  left: 20rpx;
}
/*商铺名称*/
.shopItem .titleName{
  position: absolute;
  top: 0;
  left: 200rpx;/*20边距+20边距+160图片大小*/
  font-size: 17px;
  font-weight: bolder;
  color: black;
}
/*商铺星级*/
.shopItem .star{
```

```
   position: absolute;
   top: 50rpx;
   /*left: 200rpx;*//*在.wxml 中设置*/
   width: 20rpx;
   height: 20rpx;
}
/*评价分数*/
.shopItem .number{
   position: absolute;
   top: 45rpx;
   left: 331rpx;/*200+5*25 左侧间距加上 5 个星星的宽度再加上 6 像素的左边距*/
}
/*月销量*/
.shopItem .sales{
   position: absolute;
   top: 45rpx;
   left: 370rpx;
}
/*配送距离*/
.shopItem .distance{
   position: absolute;
   top: 45rpx;
   right: 110rpx;
}
/*配送时间*/
.shopItem .time{
   position: absolute;
   top: 45rpx;
   right: 20rpx;
}
/*详细信息*/
.shopItem .detailView{
   position: absolute;
   top: 80rpx;
   left: 180rpx;
   right: 20rpx;
}
/*原价配送费*/
.shopItem .delTxt{
   text-decoration:line-through;
   margin-left: 10rpx;
}
/*"人均消费"内容设置左边距*/
.shopItem .rjTxt{
   margin-left: 20rpx;
}
/*右侧竖线样式*/
.shopItem .rightLine{
   padding: 0 20rpx;
   border-right: 1px solid #eeeeee;
}
/*商铺类型*/
.shopItem .shopType{
```

```
    position: absolute;
    top: 120rpx;
    left: 200rpx;
    /*保证图片文字在一条水平线上*/
    display: flex;
    align-items: center;
}
.shopItem .shopType image{
    width: 40rpx;
    height: 40rpx;
    margin: 0 10rpx 0 0;
}
/*优惠活动*/
.shopItem .yhActive{
    position: absolute;
    top: 170rpx;
    left: 190rpx;
    right: 20rpx;
}
.shopItem .yhActive .redTxt{
    margin: 0 0 0 16rpx;
    font-size: 10px;
    border-radius: 4px;
    padding: 0 6rpx;
    color: #dc4b37;
    border: 1px solid #dc4b37;
}
.shopItem .yhActive .greenTxt{
    color: #04806D;
    border: 1px solid #04806D;
}
.shopItem .yhActive image{
    position: absolute;
    top: 10rpx;
    right: 20rpx;
    width: 16rpx;
    height: 16rpx;
}
/*附近商家*/
/*附近商家标题*/
.fjsjView{
    margin: 0 20rpx;
    font-size: 18px;
    font-weight: bolder;
    color: black;
}
```

完成效果如图 10-6 所示。

（2）完成页面的特殊效果。当页面滚动到一定效果时，顶部的搜索框和排序功能会停留在最顶部，不再跟随页面滚动。

要实现这种不跟随页面滚动的效果，一般是改变布局方式，使用 position: fixed 将其固定，同时获取到当前页面滚动的距离，当达到一定值时，再设置对应的样式，然后因为更改了组件的布局

方式，会让其他自动布局的组件位置上移，所以单独创建一个组件来填充其上移的位置。index.js
文件获取滚动距离的代码如下：

```
// index.js
Page({
  /**
   * 页面的初始数据
   */
  data: {
    scrTop:0,// 距离顶部的距离
  },
  /*监听页面的滚动*/
  onPageScroll: function (res) {
    //console.log(res.scrollTop);// 打印页面滚动距离
```

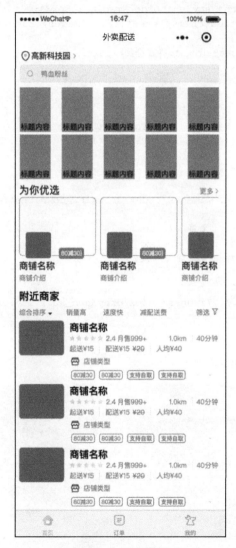

图 10-6　首页页面

```
    this.setData({
        scrTop: res.scrollTop
    })
  },
})
```

index.wxml 文件的代码如下:

```
<!--index.wxml-->
<!--顶部搜索框-->
<!--优化部分,不让下面的内容突然顶上来-->
<view class="searchbgView" hidden="{{scrTop < 20}}">
</view>
<!--固定部分-->
<view class="searchbgView {{scrTop >= 20? 'searchFix':''}}">
    <view class="search" style="border-radius: 5px;">
        <image class="searchImv" src="../../images/index/search_icon_black.png">
</image>
        <text class="searchTxt">鸭血粉丝</text>
    </view>
</view>
<!--选择排序筛选-->
<!--优化部分,不让下面的内容突然顶上来-->
<view class="sortSel" hidden="{{scrTop < 400}}"></view>
<view class="sortSel {{scrTop >= 400? 'sortFix':''}}" bindtap="selectClick"><!-- 排
序 sortFix -->
    <view class="zhpx">
        综合排序
        <image src="../../images/index/drowview_down.png"></image>
    </view>
    <view class="mr30"> 销量高 </view>
    <view class="mr30"> 速度快 </view>
    <view class="mr30"> 减配送费 </view>
    <view class="sort">
        筛选
        <image src="../../images/index/dropdown_activity.png"></image>
    </view>
</view>
```

index.wxss 文件的代码如下:

```
/**index.wxss**/
/*搜索固定位置*/
.searchFix{
    position: fixed;
    z-index: 999;
    top: 0;
    left: 0;
    right: 0;
}
/*排序固定位置*/
.sortFix{
    position: fixed;
```

```
    z-index: 999;
    top: 80rpx;
    left: 0;
    right: 0;
}
```

借助微信团队提供的关于页面滚动位置的事件来监听页面的滚动。当页面滚动时调用 onPageScroll 事件，传递的参数包含了页面滚动离顶部的距离 res.scrollTop，这个数据因为没有在页面的 data 中，所以没有办法传递到 wxml 页面中。因此在 data 中添加 scrTop，然后再进行赋值 this.setData({scrTop: res.scrollTop})与 wxml 页面进行交互。class="searchbgView {{scrTop >= 20? 'searchFix':"}}"通过三目运算符来进行样式的添加操作。完成效果如图 10-7 所示。

图 10-7　首页特殊效果页面

10.4.2　大类型页面搭建

大类型页面与首页顶部搜索、排序、商铺信息页面类似，并且大类型页面的排序功能也会先跟随滚动，到顶部后会停留在顶部。可以把相同的样式文件提取出来，存放在 util 文件夹下的 wxss 文件中，然后在 app.wxss 中引用即可。如图 10-8 所示。

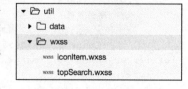

图 10-8　抽取样式文件

topSearch.wxss 为顶部搜索框样式文件，iconItem.wxss 为排序样式和商铺信息样式文件。

app.wxss 文件中的样式相当于全局样式，代码如下：

```
/**app.wxss**/
```

```
/*引入商铺列表样式*/
@import '/util/wxss/iconItem.wxss';
/*引入顶部搜索样式*/
@import '/util/wxss/topSearch.wxss';
```

title.wxml 文件的代码如下:

```
/**app.wxss**/
<!--title.wxml-->
<!--顶部搜索框-->
<view class="searchbgView">
    <!-- 搜索框内部内容 -->
    <view class="search" style="border-radius: 32rpx;">
        <image class="searchImv" src="../../images/index/search_icon_black.png"></image>
        <text class="searchTxt">请输入商家或商品名称</text>
    </view>
</view>
<!--优化部分,不让下面的内容突然顶上来-->
<view class="sortSel" hidden="{{scrTop < 44}}">
</view>
<!--选择排序筛选-->
<view class="sortSel {{scrTop >= 44? 'sortFix':''}}">
    <!-- 排序功能视图 -->
    <view class="zhpx">
        综合排序
        <image src="../../images/index/drowview_down.png"></image>
    </view>
    <view class="mr30"> 销量高 </view>
    <view class="mr30"> 速度快 </view>
    <view class="mr30"> 减配送费 </view>
    <view class="sort">
        筛选
        <image src="../../images/index/dropdown_activity.png"></image>
    </view>
</view>
<!-- 商铺数据展示 -->
<block wx:for='{{10}}' wx:key='{{index}}'>
    <!--商铺展示-->
    <view class="shopItem" bindtap="shopDetailClick">
    <!--商铺logo-->
    <image class="logoImv" src=''></image>
    <!--商铺名称-->
    <view class="titleName">商铺名称</view>
    <!--商铺星级-->
    <block wx:for="{{2}}" wx:key="{{index}}">
        <image class="star" src="../../images/index/star_highlighted.png" style=
"left:{{200+index*25}}rpx"></image>
    </block>
    <block wx:for="{{2}}" wx:key="{{index}}" wx:for-item='halfStarItem'>
        <image class="star" src="../../images/index/star_half.png" style="left:{{200+
(2+index)*25}}rpx"></image>
    </block>
    <block wx:for="{{1}}" wx:key="{{index}}" wx:for-item='endStarItem'>
        <image class="star" src="../../images/index/review_star.png" style="left:
```

```
{{200+(4-index)*25}}rpx"></image>
    </block>
    <!--评价分数-->
    <text class="number">2.4</text>
    <!--月销量-->
    <text class="sales">月售 999+</text>
    <!--配送距离-->
    <text class="distance rightLine">1.0km</text>
    <!--配送时间-->
    <text class="time">40 分钟</text>
    <!-- 详细信息 -->
    <view class="detailView">
        <!--起送价格-->
        <text class="qsTxt rightLine">起送¥15</text>
        <!--配送价格-->
        <text class="psTxt rightLine">配送¥15<text class="delTxt">¥20</text></text>
        <!--人均价格-->
        <text class="rjTxt">人均¥40</text>
    </view>
    <!--商铺类型-->
    <view class="shopType">
        <image src="../../images/index/recommend_poi_logo.png"></image>
        商铺类型
    </view>
    <!--优惠活动-->
    <view class="yhActive">
        <!-- 红色类 -->
        <block wx:for='{{2}}' wx:for-item='redItem' wx:key='{{index}}'>
          <text class="redTxt">80 减 30</text>
        </block>
        <!-- 绿色类 -->
        <block wx:for='{{2}}' wx:for-item='greenItem' wx:key='{{index}}'>
          <text class="redTxt greenTxt">支持自取</text>
        </block>
        <image src="../../images/index/home_offer_arrow_down.png"></image>
    </view>
  </view>
</block>
```

title.wxss 文件的代码如下：

```
/**title.wxss**/
/*排序固定位置*/
.sortFix{
  position: fixed;
  z-index: 999;
  top: 0;
  left: 0;
  right: 0;
}
```

title.js 文件的代码如下：

```
// title.js
```

```
Page({
  /**
   * 页面的初始数据
   */
  data: {
    scrTop:0,                        // 距离顶部的距离
  },
  /*监听页面的滚动*/
  onPageScroll: function (res) {
    // console.log(res.scrollTop);    // 打印页面滚动距离
    this.setData({
      scrTop: res.scrollTop
    })
  },
}))
```

因为 app.wxss 中已经存在样式，所以在.wxss 中不需要再设置样式了。z-index 属性值越大，其图层级别越高，越不会被遮盖掉。

如果组件设置了 position:fixed;，那么组件就脱离了标准样式流，将导致底部的组件往上移动，所以此处为了不让控件上移，单独创建了一个控件<view class="sortSel" hidden="{{scrTop < 44}}"></view>来填充脱离了标准流的组件位置。完成效果如图 10-9 所示。

图 10-9　大类型页面

10.4.3 为你优选页面搭建

为你优选页面中有些样式同样可以使用首页的商铺信息中的样式，然后在.wxss 中再重写一些
属性即可。shopArray.wxml 文件的代码如下：

```
<!-- shopArray.wxml -->
<!-- 顶部图片 -->
<image src='../../images/shopArray/top_img.png' class='topImg'></image>
<!-- 商铺数据 -->
<block wx:for='{{5}}' wx:key='{{index}}'>
  <!-- 单个商铺信息 -->
  <view class='shopItem'>
    <!--商铺logo-->
    <image class='logoImv' src=''></image>
    <!--商铺名称-->
    <view class="titleName">商铺名称</view>
    <!-- 进店 -->
    <view class='goinView'>进店</view>
    <!-- 详细信息 -->
    <view class="detailView">
      <!--起送价格-->
      <text class="qsTxt rightLine">起送¥15</text>
      <!--配送价格-->
      <text class="psTxt rightLine">配送¥15<text class="delTxt">¥20</text></text>
      <!--人均价格-->
      <text class="rjTxt">人均¥40</text>
    </view>
    <view class='activeView'>参与的活动</view>
    <view class='bpDetailView'>
      <block wx:for='{{3}}' wx:for-item='itemName' wx:for-index='indexName' wx:key=
'{{indexName}}'>
        <!-- 单个商品信息 -->
        <view class='bpItemView'>
          <image class='imv' src=''></image>
          <view class='title'>商品名称</view>
          <view class='price'>¥40<text class='oldPrice'>¥60</text></view>
        </view>
      </block>
    </view>
  </view>
</block>
```

shopArray.wxss 文件的代码如下：

```
/* shopArray.wxss */
/* 顶部图片 */
.topImg{
  width: 100%;
  height: 300rpx;
}
/* 商铺数据 */
.shopItem{
  width: 100%;
```

```
  height: 450rpx;/*300+150*/
  position: relative;
}
/* 进店 */
.shopItem .goinView{
  position: absolute;
  top: 0rpx;
  right: 20rpx;
  background-color: yellow;
  border-radius: 8rpx;
  padding: 5rpx 20rpx;/*让文字与边缘空出距离*/
  /* 字体样式继承自shopItem */
}
/* 详细信息 */
.shopItem .detailView{
  top: 54rpx;
}
.shopItem .activeView{
  position: absolute;
  top: 94rpx;
  left: 200rpx;
  /* 字体样式继承自shopItem */
}
/* 商铺爆品 */
.shopItem .bpDetailView{
  position: absolute;
  left: 0;
  right: 0;
  top: 140rpx;
  height: 300rpx;
  /* background-color: #e0e0e0; */
}
/* 单个商铺爆品 */
.shopItem .bpDetailView .bpItemView{
  display: inline-block;
  width: 223rpx;/*(750-20*4)/3*/
  margin-left: 20rpx;
  height: 300rpx;
}
.shopItem .bpDetailView .bpItemView .imv{
  width: 223rpx;
  height: 180rpx;
  background-color: #e0e0e0;
}
.shopItem .bpDetailView .bpItemView .title{
  width: 223rpx;
  line-height: 40rpx;
  text-align: center;
  color: #000000;
  font-size: 28rpx;
}
.shopItem .bpDetailView .bpItemView .price{
  text-align: center;
```

```
    line-height: 50rpx;
    font-size: 34rpx;
    color: red;
}
.shopItem .bpDetailView .bpItemView .oldPrice{
    text-decoration:line-through;
    margin-left: 10rpx;
    font-size: 24rpx;
    color: #e0e0e0;
}
```

完成效果如图 10-10 所示。

图 10-10　为你优选页面

10.4.4　商铺详情页面搭建

（1）商铺详情页面比较复杂，上部为固定的商铺描述，底部为一个联动的标签页效果，每个标签页下都是可以滑动的，对于这种联动的标签页效果，一般使用 swiper 组件，因为如果使用 scroll-view 组件的话不能达到分页的效果。先搭建出一个整体的框架。detail.wxml 文件的代码如下：

```
<!--detail.wxml-->
<!--顶部商铺描述-->
<view class="headView">
    <image class="logoImv" src=''></image>
    <text class="peTime">配送约 40 分钟</text>
```

```
        <text class="detailTxt">公告:展示公告的详情</text>
        <!--优惠活动-->
        <view class="discount">
          <block wx:for='{{2}}' wx:key='{{index}}'>
            <text>参与的活动</text>
          </block>
        </view>
        <image class="moreImv" src="../../images/index/more.png"></image>
    </view>
    <!--顶部分类标签-->
    <view class="titleView">
        <view class="titView {{selIndex == 0? 'select':''}}" bindtap='menuClick'>菜单
</view>
        <view class="titView {{selIndex == 1? 'select':''}}" bindtap='pingjiaClick'>评价
</view>
        <view class="titView {{selIndex == 2? 'select':''}}" bindtap='shoppingClick'>商
家</view>
    </view>
    <!--底部展示内容-->
    <swiper    class="contentView"    indicator-dots="{{false}}"    autoplay="{{false}}"
bindchange='contentChange' current='{{selIndex}}'>
        <!-- 菜单 -->
        <swiper-item class="caidanView"></swiper-item>
        <!-- 评价 -->
        <swiper-item class="pingjiaView"></swiper-item>
        <!-- 商家 -->
        <swiper-item class="shangjiaView"></swiper-item>
    </swiper>
```

detail.wxss 文件的代码如下:

```
/**detail.wxss**/
/*顶部商铺描述*/
.headView{
  width: 100%;
  height: 200rpx;
  background-color: #333333;
  position: relative;
  /*设置统一的文字样式*/
  color: white;
  font-size: 26rpx;
}
.headView .logoImv{
  position: absolute;
  left: 20rpx;
  top: 20rpx;
  width: 160rpx;
  height: 160rpx;
  background-color: white;
  border-radius: 8rpx;
}
.headView .peTime{
  position: absolute;
  left: 200rpx;
```

```
    top: 30rpx;
}
.headView .detailTxt{
    position: absolute;
    left: 200rpx;
    right: 20rpx;
    top: 80rpx;
    /*保证文字超出省略号展示*/
    text-overflow:ellipsis;
    overflow: hidden;
    white-space: nowrap;
}
/*优惠活动 View*/
.headView .discount{
    position: absolute;
    bottom: 30rpx;
    left: 190rpx;
    right: 60rpx;
}
/*优惠活动详情*/
.headView .discount text{
    background-color: #dc4b37;
    margin: 0 10rpx;
    padding: 0 6rpx;
}
/*更多图片*/
.headView .moreImv{
    position: absolute;
    bottom: 35rpx;
    right: 20rpx;
    width: 5px;
    height: 9px;
}
/*顶部分类标签*/
.titleView{
    position: relative;
    width: 100%;
    height: 80rpx;
    line-height: 75rpx;
    border-bottom: 1px solid #a6a6a6;
}
.titleView .titView{
    display: inline-block;
    margin: 0 40rpx;
    color: #8C8C8C;
    font-size: 34rpx;
}
.titleView .select{
    color: #333333;
    font-weight: bolder;
    border-bottom: 3px solid #E3AB54;
}
/*底部展示内容*/
```

```
.contentView{
  width: 100%;
  height: 926rpx;/*667*2-200-80-64*2*/
}
/*菜单页面*/
.contentView .caidanView{
  background-color: red;
}
/*评价页面*/
.contentView .pingjiaView{
  background-color: green;
}
/*商家页面*/
.contentView .shangjiaView{
  background-color: blue;
}
```

detail.js 文件的代码如下：

```
}
//detail.js
Page({
  /**
   * 页面的初始数据
   */
  data: {
    selIndex: 0,
  },
  // 菜单标签单击
  menuClick: function(){
    this.setData({
      selIndex: 0
    })
  },
  // 评价标签单击
  pingjiaClick: function () {
    this.setData({
      selIndex: 1
    })
  },
  // 商家标签单击
  shoppingClick: function () {
    this.setData({
      selIndex: 2
    })
  },
  // 底部内容滚动
  contentChange: function (event){
    var selIndex = event.detail.current;
    this.setData({
      selIndex: selIndex
    })
  },
})
```

　　data 中的 selIndex 字段代表当前选择的是哪个标签，0 代表菜单标签选中，1 代表评价标签选中，2 代表商家标签选中。通过 swiper 组件的 current 属性，来达到单击标签页，修改底部 swiper 组件内容的效果。通过 siper 组件的 bindchange 属性，传递事件为 contentChange。在接收的参数中 var selIndex = event.detail.current;selIndex 就是当前底部滚动到了哪个 swiper-item，下标从 0 开始，获取到后进行赋值 this.setData({selIndex: selIndex})来达到底部滚动修改顶部标签选项的功能。

　　完成效果如图 10-11 所示，页面大致框架搭建完成。

图 10-11　商铺详情页面框架

　　(2) 页面框架完成后就要来专注页面内容模块的开发，首先完成菜单页，左侧和右侧是两个互相独立的 scroll-view 组件，顶部留有一个商品类型标签的组件。detail.wxml 文件的代码如下：

```
<!--detail.wxml-->
 <!-- 菜单页面内容 -->
 <swiper-item class="caidanView">
      <!--左侧：菜单页面-->
      <scroll-view class="bigClass" scroll-y="{{true}}" bindscroll='menuListScroll'>
        <block wx:for="{{10}}" wx:key='{{index}}'>
          <!-- <view class="classItem select"> 热销</view> -->
          <view class="classItem">类型标题</view>
        </block>
      </scroll-view>
      <!--右侧：商品展示页面 -->
      <scroll-view class="detailView" scroll-y="{{true}}" bindscroll='shopDetailScroll'>
        <block wx:for='{{menuList}}' wx:for-item='itemName' wx:for-index='itemIndex'
wx:key='{{itemIndex}}'>
          <!--商品类别的标题-->
```

```
            <view class="classTit">类型标题</view>
            <block wx:for="{{4}}" wx:key="{{index}}">
                <!--类别内的商品-->
                <view class="shopDetail">
                    <image class="iconImv" src=''></image>
                    <view class="miaoshuView">商品标题</view>
                    <view class="jieshaoView">商品详细描述</view>
                    <view class="pingjia">月售 20 赞 10</view>
                    <view class="shoujia">¥100<text class="yuanjia" > ¥120</text>
</view>
                    <!--数量控制-->
                    <image class="reduceimv" src="../../images/detail/btn_reduce_
order.png" bindtap='reduceClick'></image>
                    <image class="addimv" src="../../images/detail/btn_add_order.png"
bindtap='addClick' ></image>
                    <text class="count">0</text>
                </view>
            </block>
        </block>
    </scroll-view>
    <!--固定的标题-->
    <!-- <view class="fixTitle">固定的标题</view> -->
    <!--菜单底部购物车-->
    <view class="shoppingCar">
        <!--送货小人-->
        <image class="songhuoren" src="../../images/detail/icon_shoppingcart_
unempty.png"></image>
        <!--起送价格-->
        <view class="startPri">30 元起送</view>
        <!--当前购物车价格-->
        <!-- <view class="countMoney">总金额元</view> -->
    </view>
</swiper-item>
```

detail.wxss 文件的代码如下：

```
/**detail.wxss**/
/*菜单页面*/
.contentView .caidanView{
  background-color: #ffffff;
  /* background-color: red; */
}
/*菜单底部购物车*/
.contentView .caidanView .shoppingCar{
  background-color: #333333;
  width: 100%;
  height: 120rpx;
  position: relative;
}
/*送货小人*/
.contentView .caidanView .songhuoren{
  position: absolute;
  left: 20rpx;
  bottom: 10rpx;
```

```
    width: 94rpx;
    height: 138rpx;
}
/*起送价格*/
.contentView .caidanView .startPri{
    position: absolute;
    right: 0;
    bottom: 0;
    width: 240rpx;
    height: 120rpx;
    line-height: 120rpx;
    text-align: center;
    color: #8C8C8C;
    font-size: 34rpx;
    font-weight: bolder;
}
/*当前购物车价格*/
.contentView .caidanView .countMoney{
    position: absolute;
    right: 0;
    bottom: 0;
    width: 240rpx;
    height: 120rpx;
    background-color: #E3AB54;
    line-height: 120rpx;
    text-align: center;
    color: #ffffff;
    font-size: 34rpx;
    font-weight: bolder;
}
/*菜单页面类别*/
.contentView .caidanView .bigClass{
    display: inline-block;
    width: 30%;
    height: 806rpx;/*926rpx-120rpx整体底部的高度减去底部购物车*/
    background-color: #333333;
}
/*菜单类目*/
.contentView .caidanView .bigClass .classItem{
    background-color: #ffffff;
    overflow: hidden;/*超出内容隐藏*/
    padding: 30rpx 20rpx;/*设置上下和左右的内部间距*/
    line-height: 40rpx;/*设置行高,用行高来撑起view高度*/
    font-size: 34rpx;
    color: #333333;
}
/*菜单类目选中的样式*/
.contentView .caidanView .bigClass .select{
    border-left: 6rpx solid #E3AB54;
    font-weight: bolder;
}
/*菜单固定的标题*/
.contentView .caidanView .fixTitle{
```

```
  position: absolute;
  top: 0;
  right: 0;
  width: 70%;
  height: 70rpx;
  padding: 0 20rpx;
  box-sizing: border-box;/*在内部修改边距*/
  line-height: 70rpx;
  font-size: 34rpx;
  background-color: #ffffff;
}
/*菜单页面商品*/
.contentView .caidanView .detailView{
  display: inline-block;
  width: 70%;
  height: 806rpx;/*926rpx-120rpx整体底部的高度减去底部购物车*/
  background-color: #ffffff;
}
/*商品类别的标题*/
.contentView .caidanView .detailView .classTit{
  height: 70rpx;
  line-height: 70rpx;
  font-size: 34rpx;
  background-color: #ffffff;
  padding: 0 20rpx;
}
/*类别内的商品*/
.contentView .caidanView .detailView .shopDetail{
  height: 200rpx;
  position: relative;
}
/*商品图片*/
.contentView .caidanView .detailView .shopDetail .iconImv{
  position: absolute;
  left: 20rpx;
  top: 20rpx;
  height: 160rpx;
  width: 160rpx;
  background-color: #8C8C8C;
}
/*商品标题*/
.contentView .caidanView .detailView .shopDetail .miaoshuView{
  position: absolute;
  left: 200rpx;
  top: 20rpx;
  right: 20rpx;
  color: #000000;
  font-size: 34rpx;
  font-weight: bolder;
  /*保证文字超出省略号展示*/
  text-overflow:ellipsis;
  overflow: hidden;
  white-space: nowrap;
```

```
    }
    /*商品描述*/
    .contentView .caidanView .detailView .shopDetail .jieshaoView{
      position: absolute;
      left: 200rpx;
      top: 65rpx;
      right: 20rpx;
      color: #8C8C8C;
      font-size: 24rpx;
      /*保证文字超出省略号展示*/
      text-overflow:ellipsis;
      overflow: hidden;
      white-space: nowrap;
    }
    /*商品月售和赞*/
    .contentView .caidanView .detailView .shopDetail .pingjia{
      position: absolute;
      left: 200rpx;
      top: 100rpx;
      right: 20rpx;
      color: #8C8C8C;
      font-size: 24rpx;
    }
    /*商品售价*/
    .contentView .caidanView .detailView .shopDetail .shoujia{
      position: absolute;
      left: 200rpx;
      top: 130rpx;
      color: red;
      font-size: 40rpx;
      font-weight: bolder;
    }
    /*商品原价*/
    .contentView .caidanView .detailView .shopDetail .shoujia .yuanjia{
      color: #8C8C8C;
      font-size: 28rpx;
      font-weight: normal;
      text-decoration:line-through;
    }
    .contentView .caidanView .detailView .shopDetail .reduceimv{
      position: absolute;
      right: 120rpx;
      top: 130rpx;
      width: 45rpx;
      height: 45rpx;
    }
    .contentView .caidanView .detailView .shopDetail .addimv{
      position: absolute;
      right: 20rpx;
      top: 130rpx;
      width: 45rpx;
      height: 45rpx;
    }
```

```
.contentView .caidanView .detailView .shopDetail .count{
  position: absolute;
  right: 65rpx;/*20+45*/
  top: 130rpx;
  width: 55rpx;/*120-20-45*/
  color: #333333;
  font-size: 32rpx;
  line-height: 50rpx;
  text-align: center;
}
```

完成效果如图 10-12 所示。

图 10-12 商铺菜单页面

（3）评价页面分为顶部的选项标签和底部的评价内容展示，不可以直接放置组件，而要放在 scroll-view 中，让其在 scroll-view 中滚动。detail.wxml 文件的代码如下：

```
<!--detail.wxml-->
  <!-- 评价页面内容 -->
  <scroll-view class="pingjiaContentView" scroll-y="true">
    <!--评价标题类别-->
    <view class="evaluateView">
      <block wx:for="{{10}}" wx:key="{{index}}">
        <view class="evaluateItem" data-index='{{index}}'>标签标题</view>
      </block>
    </view>
```

```
                    <!--评价对应内容-->
                    <view class="evaluateDetailView">
                      <block wx:for='{{10}}' wx:key='{{index}}'>
                        <!--单个评价内容-->
                        <view class="detailItem" style="height: 200rpx">
                          <image class="headImg" src=""></image>
                          <text class="nickname">用户名称</text>
                          <text class="time">评价时间</text>
                          <!--评价星级-->
                          <block wx:for="{{3}}" wx:for-index='highlightedIndex' wx:key=
"{{highlightedIndex}}">
                              <image class="star" src="../../images/index/star_highlighted.png" style=
"left:{{130+highlightedIndex*25}}rpx">highlightedIndex</image>
                          </block>
                          <block wx:for="{{2}}" wx:for-index='reviewIndex' wx:key="{{reviewIndex}}">
                              <image class="star" src="../../images/index/review_star.png" style=
"left:{{130+(4-reviewIndex)*25}}rpx"></image>
                          </block>
                          <text class="sucTime">40 分钟送达</text>
                          <text class="pjContentTxt">用户评价的内容</text>
                        </view>
                      </block>
                    </view>
                </scroll-view>
```

detail.wxss 文件的代码如下：

```
/**detail.wxss**/
/*评价页面*/
.contentView .pingjiaView{
  /* background-color: #F3F3F3; */
  background-color: green;
  /*设置统一的字体样式*/
  color: #333333;
  font-size: 28rpx;
}
.contentView .pingjiaView .pingjiaContentView{
  width: 100%;
  height: 926rpx;/*667*2-200-80-64*2*/
}
/*评价标题*/
.contentView .pingjiaView .evaluateView{
  margin: 20rpx 0;
  padding: 20rpx;
  background-color: #ffffff;
}
/*未选中的评价标题*/
.contentView .pingjiaView .evaluateItem{
  display: inline-block;
  margin: 10rpx;
  padding: 10rpx;
  border: 1px solid #8C8C8C;
  box-sizing: border-box;
}
```

```css
/*选中的评价标题*/
.contentView .pingjiaView .select{
  background-color: #FDF7E7;
  border: 1px solid #E3AB54;
  color: #E3AB54;
}
/*评价内容*/
.contentView .evaluateDetailView{
  background-color: #ffffff;
  margin: 20rpx 0;
  padding: 20rpx;
}
/*单个用户评级内容*/
.contentView .evaluateDetailView .detailItem{
  border-bottom: 1px solid #333333;
  position: relative;
}
/*评价用户头像*/
.contentView .evaluateDetailView .detailItem .headImg{
  position: absolute;
  top: 20rpx;
  left: 20rpx;
  width: 90rpx;
  height: 90rpx;
  background-color: #8C8C8C;
}
.contentView .evaluateDetailView .detailItem .nickname{
  position: absolute;
  top: 20rpx;
  left: 130rpx;
  font-size: 32rpx;
  color: #000000;
}
.contentView .evaluateDetailView .detailItem .time{
  position: absolute;
  top: 20rpx;
  right: 20rpx;
  font-size: 28rpx;
  color: #8C8C8C;
}
.contentView .evaluateDetailView .detailItem .star{
  position: absolute;
  top: 70rpx;
  /*left: 130rpx;*//*在.wxml中设置*/
  width: 20rpx;
  height: 20rpx;
}
.contentView .evaluateDetailView .detailItem .sucTime{
  position: absolute;
  top: 65rpx;
  left: 270rpx;
  font-size: 24rpx;
  color: #8C8C8C;
}
```

```
.contentView .evaluateDetailView .detailItem .pjContentTxt{
  position: absolute;
  /* top: 70rpx; */
  top: 100rpx;
  left: 130rpx;
  right: 20rpx;
  font-size: 28rpx;
  color: #000000;
}
```

这里的分割线使用 margin-top 外间距的方式来设置。完成效果如图 10-13 所示。

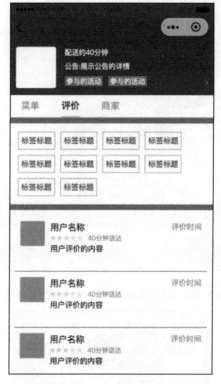

图 10-13　商铺评价页面

（4）商家页面比较简单，直接排列即可，因为内容大小不会操作屏幕内容。文字样式是可以继承的，所以可以把统一的字体样式写在大的容器中，这样内部的组件会自动使用父组件的字体样式。detail.wxml 文件的代码如下：

```
<!--detail.wxml-->
  <!-- 商家页面内容 -->
    <view class="detailView">
      <image src="../../images/detail/location.png"></image>
      <text>商铺的具体位置信息</text>
    </view>
    <view class="detailView">
      <image src="../../images/detail/delivery.png"></image>
      <text>配送服务：由 商家 提供配送服务</text>
```

```
    </view>
    <view class="detailView">
      <image src="../../images/detail/time.png"></image>
      <text>配送时间: 10:00-22:30</text>
    </view>
```

detail.wxss 文件的代码如下:

```
/**detail.wxss**/
/*商家页面*/
.contentView .shangjiaView{
  /* background-color: #F3F3F3; */
  background-color: blue;
  /*设置统一的字体样式*/
  color: #333333;
  font-size: 28rpx;
}
/*商家地址*/
.contentView .shangjiaView .detailView{
  background-color: #ffffff;
  display: flex;
  align-items: center;
  padding: 20rpx;
  margin: 20rpx 0;
}
.contentView .shangjiaView .detailView image{
  width: 30rpx;
  height: 30rpx;
  margin-right: 20rpx;
}
```

这里的分割线使用margin外间距的方式来设置。完成效果如图 10-14 所示。

图 10-14　商铺商家页面

10.5　逻辑搭建

　　完成项目页面结构的搭建之后接下来要完成页面逻辑的搭建。页面逻辑搭建一般要与服务器进行交互，发送网络请求，在页面的基础上，处理、展示获取到的对应数据。本章使用的是本地数据，因为商铺数据信息较多，所以本章商铺详情页面只使用一家商铺信息。

　　在 util 文件夹中创建 data 文件夹专门存放数据。如图 10-15 所示。

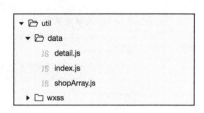

图 10-15　本地数据结构

10.5.1　首页逻辑

　　首页页面数据存放在 util 文件夹下的 data 文件夹中的 index.js 文件中。因为首页数据类别较多，所以分为顶部分类的 indexData.topData，为你优选内容字段 indexData.wnyxData 和附近商铺的 indexData.nearShopData 字段。在实际开发中只要是不固定的内容，尽量都用网络获取的方式来得到，而不要存在本地。index.wxml 文件的代码如下：

```
<!--index.wxml-->
<!--顶部获取用户位置-->
<view class="topLocation">
    <image class="addressImv" src="../../images/index/my_address.png"></image>
    <text class="adressTxt">高新科技园</text>
    <image class="moreImv" src="../../images/index/more.png"></image>
</view>
<!--顶部搜索框-->
<!--优化部分,不让下面的内容突然顶上来-->
<view class="searchbgView" hidden="{{scrTop < 20}}">
</view>
<!--固定部分-->
<view class="searchbgView {{scrTop >= 20? 'searchFix':''}}">
    <view class="search" style="border-radius: 5px;">
        <image class="searchImv" src="../../images/index/search_icon_black.png">
</image>
        <text class="searchTxt">鸭血粉丝</text>
    </view>
</view>
<!--顶部大的分类-->
<view class="headClass">
  <block wx:for='{{topData}}' wx:key='{{index}}'>
    <view class="iconItem" bindtap="iconItemClick">
        <image class="icon" src="{{item.image}}"></image>
        <text>{{item.title}}</text>
    </view>
  </block>
</view>
<!--为你优选展示内容模块-->
<scroll-view class="wnyxContentView" scroll-x>
  <block wx:for='{{wnyxData}}' wx:key='{{index}}'>
    <view class="wnyxItem" bindtap='moreShop'>
```

```
        <!-- 商品大图展示 -->
        <image class="iconImv" src='{{item.bgImage}}'>
          <!--商铺 logo 展示-->
          <image class="logoImv" src='{{item.icon}}'></image>
          <!--商铺满减展示-->
          <view class="discount">{{item.tag}}</view>
        </image>
        <view class="nameView">{{item.nickname}}</view>
        <view class="detailView">{{item.detail}}</view>
      </view>
    </block>
    <!-- 查看更多 -->
    <view class="lookMoreView" bindtap='moreShop'>
      <image class="lookMoreImv" src="../../images/index/look_more.png"></image>
    </view>
  </scroll-view>
  <!--附近商家-->
  <!--附近商家标题-->
  <view class="fjsjView">附近商家</view>
  <!--选择排序筛选-->
  <!--优化部分,不让下面的内容突然顶上来-->
  <view class="sortSel" hidden="{{scrTop < 400}}"></view>
  <view class="sortSel {{scrTop >= 400? 'sortFix':''}}" bindtap="selectClick"><!-- 排
序 sortFix -->
      <view class="zhpx">
          综合排序
          <image src="../../images/index/drowview_down.png"></image>
      </view>
      <view class="mr30"> 销量高 </view>
      <view class="mr30"> 速度快 </view>
      <view class="mr30"> 减配送费 </view>
      <view class="sort">
          筛选
          <image src="../../images/index/dropdown_activity.png"></image>
      </view>
  </view>
  <!-- 商铺数据展示 -->
  <block wx:for='{{nearShopData}}' wx:key='{{index}}'>
    <!--商铺展示-->
    <view class="shopItem" bindtap="shopDetailClick">
      <!--商铺 logo-->
      <image class="logoImv" src='{{item.logo}}'></image>
      <!--商铺名称-->
      <view class="titleName">{{item.name}}</view>
      <!--商铺星级-->
      <block wx:for="{{item.jsStar.allStar}}" wx:key="{{index}}">
          <image class="star" src="../../images/index/star_highlighted.png" style=
"left:{{200+index*25}}rpx"></image>
      </block>
      <block wx:for="{{item.jsStar.halfStar}}" wx:key="{{index}}" wx:for-item=
'halfStarItem'>
          <image class="star" src="../../images/index/star_half.png" style="left:
{{200+item.jsStar.allStar*25}}rpx"></image>
```

```
            </block>
            <block wx:for="{{item.jsStar.endStar}}" wx:key="{{index}}" wx:for-item='endStarItem'>
                <image class="star" src="../../images/index/review_star.png" style="left:
{{200+(5-item.jsStar.endStar)*25}}rpx"></image>
            </block>
            <!--评价分数-->
            <text class="number">{{item.star}}</text>
            <!--月销量-->
            <text class="sales">月售{{item.sales}}</text>
            <!--配送距离-->
            <text class="distance rightLine">{{item.long}}</text>
            <!--配送时间-->
            <text class="time">{{item.time}}</text>
            <!-- 详细信息 -->
            <view class="detailView">
                <!--起送价格-->
                <text class="qsTxt rightLine">起送¥{{item.qsCount}}</text>
                <!--配送价格-->
                <text class="psTxt rightLine">配送¥{{item.psCount}}<text class="delTxt" wx:if=
'{{item.ypsCount}}'>¥{{item.ypsCount}}</text></text>
                <!--人均价格-->
                <text class="rjTxt" wx:if='{{item.rjCount}}'>人均¥{{item.rjCount}}</text>
            </view>
            <!--商铺类型-->
            <view class="shopType">
                <image src="../../images/index/recommend_poi_logo.png"></image>
                {{item.type}}
            </view>
            <!--优惠活动-->
            <view class="yhActive">
                <!-- 红色类 -->
                <block wx:for='{{item.active}}' wx:for-item='redItem' wx:key='{{index}}'>
                    <text class="redTxt">{{redItem}}</text>
                </block>
                <!-- 绿色类 -->
                <block wx:for='{{item.tag}}' wx:for-item='greenItem' wx:key='{{index}}'>
                    <text class="redTxt greenTxt">{{greenItem}}</text>
                </block>
                <image src="../../images/index/home_offer_arrow_down.png"></image>
            </view>
        </view>
    </block>
```

index.js 文件的代码如下：

```
// index.js
var indexData = require('../../util/data/index.js');
Page({
    /**
     * 页面的初始数据
     */
    data: {
        scrTop:0,   // 距离顶部的距离
        topData:[], // 顶部大类
```

```
      wnyxData:[],        // 为你优选数据
      nearShopData:[],    // 附近商家
    },
  // 计算星星数量
  jisuanStar: function(star){
    // 半个的星星
    var halfStar = (star.split(".")).pop();
    halfStar = halfStar > 5 ? 0 : 1;
    // 完整的星星
    var allStar = parseInt(star) + (1 - halfStar);
    // 未点量的星星
    var endStar = 5 - allStar - halfStar;
    return { "star": star, "allStar": allStar, "halfStar": halfStar, "endStar":
endStar};
  },
  onLoad: function(){
    for (var i = 0; i < indexData.nearShopData.length; i++){
      var itemData = indexData.nearShopData[i];
      var star = this.jisuanStar(itemData.star);
      indexData.nearShopData[i].jsStar = star; // 增加新属性 jsStar
    }
    this.setData({
      topData: indexData.topData,
      wnyxData: indexData.wnyxData,
      nearShopData: indexData.nearShopData
    })
    wx.getLocation({
      success: function(res){
        console.log(res);
        // 发送网络请求获取信息
      }
    })
  },
  /* 类别类单击 */
  iconItemClick: function (res) {
    wx.navigateTo({
      url: './../title/title'
    })
  },
  /*商铺详情*/
  shopDetailClick: function (res) {
    wx.navigateTo({
      url: './../detail/detail'
    })
  },
  /*监听页面滚动*/
  onPageScroll: function (res) {
    //console.log(res.scrollTop);                    // 打印页面滚动距离
    this.setData({
      scrTop: res.scrollTop
    })
  },
  /*排序按钮单击*/
```

```
    selectClick: function () {
      wx.pageScrollTo({
        scrollTop: 400,
        duration: 300
      })
    },
    /* 为你优选更多 */
    moreShop: function (){
      wx.navigateTo({
        url: './../shopArray/shopArray'
      })
    }
  })
```

注意　有时通过服务器获取到的数据是不能直接进行展示使用的，需要进行数据处理，例如本章的星星级别，需要获取到数据后计算全星星有几个，半颗星星有几个，灰色星星有几个，修改完成后重新返回给数据本身。

单击排序功能调用微信团队提供的 API "wx.pageScrollTo" 来使页面滚动到指定位置。

在星星类别和个数计算时 var halfStar = (star.split(".")).pop()；把小数点位取出，然后进行三目运算 halfStar = halfStar > 5 ? 0 : 1；如果是大于 5 的说明小数点后的值是 0.5 以上就有一个半星，如果是 0.5 以下说明没有半星的状态，只有全星和不全星。计算全星的数量 var allStar = parseInt(star) + (1 – halfStar);把星级进行取整，然后加上 1 减去半星的数量就是全星的数量。例如 4.6 全星数应该为 5，3.3 全星数应该为 3。parseInt 是直接取整，例如 4.6，parseInt(4.6)会变为 4，而不是 5。不全星的数量等于 5 减去全星数再减去半星数。var endStar = 5 – allStar – halfStar。完成效果如图 10-1 所示。

10.5.2　大类型逻辑

大类型页面使用的数据和页面样式与首页基本一致。数据来源为 util 文件夹下的 index.js 文件，数据导用为 var indexData = require('../../util/data/index.js');其中 indexData.nearShopData 为页面上使用的数据。

里面获取到的数据不可以直接使用，需要本地进行数据的遍历，然后进行数据处理之后才可以使用。for (var i = 0; i < indexData.nearShopData.length; i++)方法就是遍历内部的数据。星级处理方式与 10.5.1 节中的处理方式一样。title.wxml 文件的代码如下：

```
<!--title.wxml-->
<!--顶部搜索框-->
<view class="searchbgView">
    <view class="search" style="border-radius: 32rpx;">
        <image class="searchImv" src="../../images/index/search_icon_black.png">
</image>
        <text class="searchTxt">请输入商家或商品名称</text>
    </view>
</view>
<!--优化部分,不让下面的内容突然顶上来-->
<view class="sortSel" hidden="{{scrTop < 44}}">
</view>
<!--选择排序筛选-->
```

　　　　　　　　　　　　　　　　　　励志照亮人生　编程改变命运

```
<view class="sortSel {{scrTop >= 44? 'sortFix':''}}">
    <view class="zhpx">
        综合排序
        <image src="../../images/index/drowview_down.png"></image>
    </view>
    <view class="mr30"> 销量高 </view>
    <view class="mr30"> 速度快 </view>
    <view class="mr30"> 减配送费 </view>
    <view class="sort">
        筛选
        <image src="../../images/index/dropdown_activity.png"></image>
    </view>
</view>
<!-- 商铺数据展示 -->
<block wx:for='{{nearShopData}}' wx:key='{{index}}'>
  <!--商铺展示-->
  <view class="shopItem" bindtap="shopDetailClick">
    <!--商铺logo-->
    <image class="logoImv" src='{{item.logo}}'></image>
    <!--商铺名称-->
    <view class="titleName">{{item.name}}</view>
    <!--商铺星级-->
    <block wx:for="{{item.jsStar.allStar}}" wx:key="{{index}}">
        <image class="star" src="../../images/index/star_highlighted.png" style=
"left:{{200+index*25}}rpx"></image>
    </block>
    <block wx:for="{{item.jsStar.halfStar}}" wx:key="{{index}}" wx:for-item=
'halfStarItem'>
        <image class="star" src="../../images/index/star_half.png" style="left:
{{200+item.jsStar.allStar*25}}rpx"></image>
    </block>
    <block wx:for="{{item.jsStar.endStar}}" wx:key="{{index}}" wx:for-item='end
StarItem'>
        <image class="star" src="../../images/index/review_star.png" style="left:
{{200+(5-item.jsStar.endStar)*25}}rpx"></image>
    </block>
    <!--评价分数-->
    <text class="number">{{item.star}}</text>
    <!--月销量-->
    <text class="sales">月售{{item.sales}}</text>
    <!--配送距离-->
    <text class="distance rightLine">{{item.long}}</text>
    <!--配送时间-->
    <text class="time">{{item.time}}</text>
    <view class="detailView">
        <!--起送价格-->
        <text class="qsTxt rightLine">起送¥{{item.qsCount}}</text>
        <!--配送价格-->
        <text class="psTxt rightLine">配送¥{{item.psCount}}<text class="delTxt"
wx:if='{{item.ypsCount}}'>¥{{item.ypsCount}}</text></text>
        <!--人均价格-->
        <text class="rjTxt" wx:if='{{item.rjCount}}'>人均¥{{item.rjCount}}</text>
    </view>
```

```
    <!--商铺类型-->
    <view class="shopType">
        <image src="../../images/index/recommend_poi_logo.png"></image>
        {{item.type}}
    </view>
    <!--优惠活动-->
    <view class="yhActive">
        <!-- 红色类 -->
        <block wx:for='{{item.active}}' wx:for-item='redItem' wx:key='{{index}}'>
          <text class="redTxt">{{redItem}}</text>
        </block>
        <!-- 绿色类 -->
        <block wx:for='{{item.tag}}' wx:for-item='greenItem' wx:key='{{index}}'>
          <text class="redTxt greenTxt">{{greenItem}}</text>
        </block>
        <image src="../../images/index/home_offer_arrow_down.png"></image>
    </view>
  </view>
</block>
```

title.js 文件的代码如下：

```
//title.js
var indexData = require('../../util/data/index.js');
Page({
  /**
   * 页面的初始数据
   */
  data: {
    scrTop:0,// 距离顶部的距离
    nearShopData: [],// 附近商家
  },
  // 计算星星数量
  jisuanStar: function (star) {
    // 半个的星星
    var halfStar = (star.split(".")).pop();
    halfStar = halfStar > 5 ? 0 : 1;
    // 完整的星星
    var allStar = parseInt(star) + (1 - halfStar);
    // 未点亮的星星
    var endStar = 5 - allStar - halfStar;
    return { "star": star, "allStar": allStar, "halfStar": halfStar, "endStar":
endStar };
  },
  onLoad: function () {
    for (var i = 0; i < indexData.nearShopData.length; i++) {
      var itemData = indexData.nearShopData[i];
      var star = this.jisuanStar(itemData.star);
      indexData.nearShopData[i].jsStar = star; // 增加新属性 jsStar
    }
    this.setData({
      nearShopData: indexData.nearShopData
    })
  },
```

```
onPageScroll: function (res) {
  //console.log(res.scrollTop);  // 打印页面滚动距离
  this.setData({
    scrTop: res.scrollTop
  })
  this.onLoad()
},
// 跳转到商铺详情
shopDetailClick: function(res){
  wx.navigateTo({
    url: './../detail/detail'
  })
}
})
```

完成效果如图 10-2 所示。

10.5.3　为你优选逻辑

为你优选页面数据来源于 util 文件夹下的 shopArray.js。数据导用为 var shopArrayData = require
('../../util/data/shopArray.js');其中　shopArrayData.listArrData　为页面上使用的数据。shopArray.wxml
文件的代码如下：

```
<!--shopArray.wxml-->
<!-- 顶部图片 -->
<image src='../../images/shopArray/top_img.png' class='topImg'></image>
<!-- 商铺数据 -->
<block wx:for='{{shopArrayData}}' wx:key='{{index}}'>
  <view class='shopItem' bindtap='shopItemClick'>
    <!--商铺logo-->
    <image class='logoImv' src='{{item.logo}}'></image>
    <!--商铺名称-->
    <view class="titleName">{{item.name}}</view>
    <!-- 进店 -->
    <view class='goinView'>进店</view>
    <!-- 详细信息 -->
    <view class="detailView">
      <!--起送价格-->
      <text class="qsTxt rightLine">起送¥{{item.qsCount}}</text>
      <!--配送价格-->
      <text class="psTxt rightLine">配送¥{{item.psCount}}<text class="delTxt"
wx:if='{{item.ypsCount}}'>¥{{item.ypsCount}}</text></text>
      <!--人均价格-->
      <text class="rjTxt" wx:if='{{item.rjCount}}'>人均¥{{item.rjCount}}</text>
    </view>
    <view class='activeView'>{{item.active}}</view>
    <view class='bpDetailView'>
      <block wx:for='{{item.detail}}' wx:for-item='itemName' wx:for-index='indexName'
wx:key='{{indexName}}'>
        <view class='bpItemView'>
          <image class='imv' src='{{itemName.image}}'></image>
          <view class='title'>{{itemName.title}}</view>
```

```
            <view class='price'>¥{{itemName.price}}<text class='oldPrice' wx:if=
'{{itemName.oldPrice}}'>¥{{itemName.oldPrice}}</text></view>
          </view>
        </block>
      </view>
    </view>
  </block>
```

shopArray.js 文件的代码如下:

```
// shopArray.js
var shopArrayData = require('../../util/data/shopArray.js');
Page({
  /**
   * 页面的初始数据
   */
  data: {
    shopArrayData:[],
  },
  onLoad: function () {
    this.setData({
      shopArrayData: shopArrayData.listArrData
    })
  }
})
```

完成效果如图 10-3 所示。

10.5.4 商铺详情逻辑

(1)顶部内容页面。

内部内容字段比较多,需要在 data 中定义很多内容,然后展示在 wxml 页面中。detail.wxml
文件的代码如下:

```
<!--detail.wxml-->
<!--顶部商铺描述-->
<view class="headView">
  <image class="logoImv" src='{{logo}}'></image>
  <text class="peTime">配送约{{psTime}}分钟</text>
  <text class="detailTxt">公告:{{detail}}</text>
  <!--优惠活动-->
  <view class="discount">
    <block wx:for='{{active}}' wx:key='{{index}}'>
      <text>{{item}}</text>
    </block>
  </view>
  <image class="moreImv" src="../../images/index/more.png"></image>
</view>
<!--顶部分类标签-->
<view class="titleView">
  <view class="titView {{selIndex == 0? 'select':''}}" bindtap='menuClick'>菜单</view>
  <view class="titView {{selIndex == 1? 'select':''}}" bindtap='pingjiaClick'>评价
```

```
</view>
    <view class="titView {{selIndex == 2? 'select':''}}" bindtap='shoppingClick'>商家
</view>
  </view>
  <!--底部展示内容-->
  <swiper class="contentView" indicator-dots="{{false}}" autoplay="{{false}}" bindchange=
'contentChange' current='{{selIndex}}'>
```

detail.js 文件的代码如下：

```
// detail.js
var indexData = require('../../util/data/detail.js');
Page({
  /**
   * 页面的初始数据
   */
  data: {
    selIndex: 0,
    logo: '',            // logo 地址
    psTime: '',          // 配送时间
    detail: '',          // 描述
    active: [],          // 活动
    qiSong: 0,           // 起送价格
    countPrice: 0,       // 总价格
    menuList: [],        // 商家商品数据
    itemTit: 0,          // 菜单分类选中
    selectID: 'id_0',    // 菜单对应内容标题
    pingjiaData: [],     // 评价标签
    pjTypeSel: 0,        // 评价类型选择
    pjDetailData: [],    // 评价内容数组
    address:'',          // 商铺地址
    psSever:'',          // 配送服务
    openTime:'',         // 营业时间
  },
  onLoad: function(){
    var topData = indexData.topData;
    this.setData({
      logo: topData.logo,
      psTime: topData.psTime,
      detail: topData.detail,
      active: topData.active,
      qiSong: topData.qiSong,
      menuList: indexData.menuList,
      pingjiaData: indexData.pingjiaData,
      pjDetailData: indexData.pjDetailData,
      address: topData.address,
      psSever: topData.psSever,
      openTime: topData.openTime
    })
  },
```

完成顶部商铺信息的展示，在 detail.js 的 data({}})中需要定义很多字段来对应商铺顶部的信息
数据展示，每个字段都需要在获取到数据后，再与 data({}})中的字段进行赋值，只有 data({}})中的

字段才能与 wxml 数据进行交互。

（2）菜单标签下的页面。

在 scroll-view 中，如果想设置滚动到某个指定位置，只能通过设置 id 值来操作。detail.wxml 文件的代码如下：

```
<!-- 菜单 -->
<swiper-item class="caidanView">
  <!--菜单页面-->
  <scroll-view class="bigClass" scroll-y="{{true}}" bindscroll='menuListScroll'>
    <block wx:for="{{menuList}}" wx:key='{{index}}'>
      <!-- <view class="classItem select"> 热销</view> -->
      <view class="classItem {{itemTit==index?'select':''}}" data-index='{{index}}'
 bindtap='itemTitClick'>{{item.title}}</view>
    </block>
  </scroll-view>
  <!-- 商品展示页面 -->
  <scroll-view class="detailView" scroll-y="{{true}}" bindscroll='shopDetailScroll'
scroll-into-view='{{selectID}}'>
    <block wx:for='{{menuList}}' wx:for-item='itemName' wx:for-index='itemIndex'
wx:key='{{itemIndex}}'>
      <!--商品类别的标题-->
      <view class="classTit" id='id_{{itemIndex}}'>{{itemName.title}}</view>
      <block wx:for="{{itemName.count}}" wx:key="{{index}}">
        <!--类别内的商品-->
        <view class="shopDetail">
          <image class="iconImv" src='{{item.image}}'></image>
          <view class="miaoshuView">{{item.title}}</view>
          <view class="jieshaoView">{{item.detail}}</view>
          <view class="pingjia">月售{{item.sales}} 赞{{item.goods}}</view>
          <view class="shoujia">¥{{item.price}}
            <text class="yuanjia" wx:if='{{item.oldPrice}}'> ¥{{item.oldPrice}}</text>
          </view>
          <!--数量控制-->
          <image class="reduceimv" src="../../images/detail/btn_reduce_order.png"
bindtap='reduceClick' data-item='{{itemIndex}}' data-index='{{index}}'></image>
          <image    class="addimv"    src="../../images/detail/btn_add_order.png"
bindtap='addClick' data-item='{{itemIndex}}' data-index='{{index}}'></image>
          <text class="count">{{item.count}}</text>
        </view>
      </block>
    </block>
  </scroll-view>
  <!--固定的标题-->
  <!-- <view class="fixTitle">固定的标题</view> -->
  <!--菜单底部购物车-->
  <view class="shoppingCar">
    <!--送货小人-->
    <image class="songhuoren" src="../../images/detail/icon_shoppingcart_unempty.png">
</image>
    <!--起送价格-->
    <view class="startPri" wx:if='{{countPrice==0}}'>{{qiSong}}元起送</view>
    <!--当前购物车价格-->
```

```
        <view class="countMoney" wx:if='{{countPrice!=0}}'>{{countPrice}}元</view>
    </view>
</swiper-item>
```

detail.js 文件的代码如下：

```
// detail.js
  // 减方法单击
  reduceClick: function(res){
    this.jisuanNumber('-',res);
    this.jisuanCountPrice();
  },
  // 加方法单击
  addClick:function(res){
    this.jisuanNumber('+',res);
    this.jisuanCountPrice();
  },
  // 计算数量
  jisuanNumber: function(end,res){
    var itemClick = res.currentTarget.dataset;        // 获取单击的标识
    var menuList = this.data.menuList;                // 获取数据
    var itemArray = menuList[itemClick.item];         // 获取标签下的数据
    var itemDetailArray = itemArray.count;            // 获取到标签下的数据列表
    var item = itemDetailArray[itemClick.index];      // 获取到单击的元素
    item.count = parseInt(item.count);                // 转为整数
    if (end == '+'){
      item.count += 1;                                // 数据加一
      this.setData({
        menuList: menuList
      })
    }else{
      // 去除负数情况
      if (item.count == 0) {
        return;
      }
      item.count -= 1;                                // 数据减一
      this.setData({
        menuList: menuList
      })
    }
  },
  // 左侧目录滚动
  menuListScroll: function(res){
    console.log('左侧目录滚动'+res.detail.scrollTop);
  },
  // 右侧商品滚动
  shopDetailScroll: function(res){
    console.log('右侧商品滚动'+res.detail.scrollTop);
  },
  // 计算总价格
  jisuanCountPrice:function(){
    var countPrice = 0;
    var menuList = this.data.menuList;
```

```
    for(var i = 0;i < menuList.length;i++){     // 遍历大的数据
      var itemArr = menuList[i].count;
      for (var j = 0; j < itemArr.length;j++){ // 遍历内部的子数据
        var item = itemArr[j];
        countPrice += Number(item.price) * Number(item.count);
      }
    }
    this.setData({
      countPrice: countPrice
    })
  },
// 左侧菜单类型单击事件
  itemTitClick: function(res){
var index = res.currentTarget.dataset.index;
// 让右侧菜单滚动到指定位置
    this.setData({
      itemTit: index,
      selectID: 'id_'+index,
    })
  },
```

reduceClick 为商品减方法单击对应的事件，addClick 为商品加方法单击对应的事件，两个事件都调用 jisuanNumber 方法，通过传递的参数不同来进行区分，加按钮传递 string 值为"+"，减按钮传递 string 值为"-"，单击商品对象通过 res 来进行传递。当商品数量处理完成后，调用 jisuanCountPrice 方法，Number()把 string 类型转为数据类型（Number），对所有数据进行遍历，item.price 为商品的价值，item.count 为商品的数量，countPrice 为总价格，countPrice += Number(item.price) * Number(item.count);为所有商品的价格。

左侧菜单类型单击会调用 itemTitClick 事件，var index = res.currentTarget.dataset.index;为单击的组件的下标，从 0 开始计算，在 wxml 文件中已经对每个标签添加了 id 值，<view class="classTit" id='id_{{itemIndex}}'>{{itemName.title}}</view>，通过设置 scroll-view 组件的 scroll-into-view='{{selectID}}'值，可以实现单击使 scroll-view 组件自动滚动到对应的 id 组件的位置。

（3）评价标签下的页面。detail.wxml 文件的代码如下：

```
<!-- 评价 -->
<swiper-item class="pingjiaView">
  <scroll-view class="pingjiaContentView" scroll-y="true">
    <!--评价标题-->
    <view class="evaluateView">
      <block wx:for="{{pingjiaData}}" wx:key="{{index}}">
        <view class="evaluateItem {{index == pjTypeSel ? 'select':''}}" bindtap='pjTypeClick' data-index='{{index}}'>{{item.title+'('+item.count+')'}}</view>
      </block>
    </view>
    <!--评价内容-->
    <view class="evaluateDetailView">
      <block wx:for='{{pjDetailData}}' wx:key="{{index}}">
        <!--单个评价内容-->
        <view class="detailItem" style="height: 200rpx">
          <image class="headImg" src="{{item.icon}}"></image>
```

```
            <text class="nickname">{{item.nickName}}</text>
            <text class="time">{{item.time}}</text>
            <!--评价星级-->
            <block wx:for="{{item.star}}" wx:for-index='highlightedIndex' wx:key=
"{{highlightedIndex}}">
                <image class="star" src="../../images/index/star_highlighted.png" style=
"left:{{130+highlightedIndex*25}}rpx">highlightedIndex</image>
            </block>
            <block wx:for="{{5-item.star}}" wx:for-index='reviewIndex' wx:key=
"{{reviewIndex}}">
                <image class="star" src="../../images/index/review_star.png" style=
"left:{{130+(4-reviewIndex)*25}}rpx"></image>
            </block>
            <text class="sucTime">{{item.sdtime}}分钟送达</text>
            <text class="pjContentTxt">
                    {{item.detail}}
                </text>
        </view>
      </block>
    </view>
  </scroll-view>
</swiper-item>
```

detail.js 文件的代码如下：

```
// 评价类型单击事件
pjTypeClick: function(res){
  this.setData({
    pjTypeSel: res.currentTarget.dataset.index
  })
  // 发送网络请求获取对应类型的评价数据
}
```

这里没有进行评价数据的获取和区分，数据来源于 indexData.pjDetailData。星级评价处理方式与 10.5.1 节的首页星级处理方式一样。

（4）商铺页面。

```
<!-- 商家 -->
<swiper-item class="shangjiaView">
  <view class="detailView">
    <image src="../../images/detail/location.png"></image>
    <text>{{address}}</text>
  </view>
  <view class="detailView">
    <image src="../../images/detail/delivery.png"></image>
    <text>配送服务: 由 {{psSever}} 提供配送服务</text>
  </view>
  <view class="detailView">
    <image src="../../images/detail/time.png"></image>
    <text>配送时间: {{openTime}}</text>
  </view>
</swiper-item>
</swiper>
```

完成效果如图 10-4 所示。注意：

1）在.wxml 中"{{}}"符号中的内容都需要在对应的.js 文件的 data({})中设置，否则会报错。

2）在计算金额时要注意数据类型的计算。例如，如果是 String 类型的"1"+"2"结果是 12 而不是 3。

3）对于复杂的数据结构，借用 console.log（打印数据）一层一层地去解析查看。

10.6　项目小结

本章通过外卖配送项目，主要复习页面结构的搭建，对于复杂的页面和数据，如何搭建项目框架。在商品详情页面，练习使用了一些逻辑思维和算法的知识。对于页面布局和样式要学会把相同的地方抽取出来，减少代码量，对于逻辑算法更是如此。对于复杂的数据、页面，要学会一层一层地解析、拆解。

对于固定位置的布局一般使用 position: fixed 布局，有时要配合 z-index:number 来保证组件不会被覆盖。设置了 position: fixed 布局的组件会脱离标准流，其下面的组件会往上移动，一般做法是使用控件来填充上移的位置。

获取到的数据有时是不能直接使用的，一般会取出修改之后，重新传递进去再使用。

推荐阅读

华章前端经典

推荐阅读

本书是HTML 5与CSS 3领域公认的标杆之作，被读者誉为"系统学习HTML 5与CSS 3的标准著作"，也是Web前端工程师案头必备工作手册。

前3版累计印刷超过25次，网络书店评论超过14000条，98%以上的评论都是五星级好评。不仅是HTML 5与CSS 3图书领域当之无愧的领头羊，而且在整个原创计算机图书领域也是佼佼者。

第4版首先从技术的角度根据最新的HTML 5和CSS 3标准进行了更新和补充，其次是根据读者的反馈对内容的组织结构和写作方式做了进一步的优化，内容更实用，阅读体验也更好。

全书共26章，本书分为上下两册：

上册（1~14章）

全面系统地讲解了HTML 5相关的各项主要技术，以HTML 5对现有Web应用产生的变革开篇，顺序讲解了HTML 5与HTML 4的区别、HTML 5的结构、表单及新增页面元素、ECMAScript、文件API、本地存储、XML HttpRequest、Web Workers、Service Worker、通信API、Web组件、绘制图形、多媒体等内容。

下册（15~26章）

全面系统地讲解了CSS 3相关的各项主要技术，以CSS 3的功能和模块结构开篇，顺序讲解了各种选择器、文字与字体、盒相关样式、背景与边框、变形处理、动画、布局、多媒体，以及CSS 3中的一些其他重要样式。

全书一共300余个示例页面和1个综合性的案例，所有代码均通过作者上机调试，读者可下载书中代码，直接在浏览器查看运行结果。

推荐阅读

畅销书，由Flask官方团队的开发成员撰写，得到了Flask项目核心维护者的高度认可。

内容上，本书从基础知识到进阶实战，再到Flask原理和工作机制解析，涵盖完整的Flask Web开发学习路径，非常全面。

实战上，本书从开发环境的搭建、项目的建立与组织到程序的编写，再到自动化测试、性能优化，最后到生产环境的搭建和部署上线，详细讲解完整的Flask Web程序开发流程，用5个综合性案例将不同难度层级的知识点及具体原理串联起来，让你在开发技巧、原理实现和编程思想上都获得相应的提升。

畅销书，这不是一本单纯讲解前端编程技巧的书，而是一本注重思想提升和内功修炼的书。

全书以问题为导向，精选了前端开发中的34个疑难问题，从分析问题的原因入手，逐步给出解决方案，并分析各种方案的优劣，最后针对每个问题总结出高效编程的实践和各种性能优化的方法。